机器视觉技术及其在智能制造中的应用

谢经明　周诗洋　编著

U0370475

华中科技大学出版社

中国·武汉

内 容 简 介

机器视觉作为一门多学科交叉的技术,具有较强大的理论基础支撑和广泛的应用前景。本书以机器视觉技术应用为主线,分别介绍了机器视觉系统的基本组成、图像处理的常用算法、三维重建,以及机器视觉技术在制造领域中的典型应用案例。本书共分5章,第1章介绍了机器视觉技术的特点、发展和其智能制造中的应用,以及这些应用的发展趋势;第2章介绍了机器视觉系统的基本组成,包括硬件选型和软件(算法)设计;第3章从图像滤波、图像分割和图像形态学等三方面介绍了机器视觉技术中常用的图像处理算法;第4章介绍了相机标定、双目立体视觉和结构光立体视觉等图像三维重建方法;第5章介绍了机器视觉技术在智能制造中的若干典型应用案例。

本书可供从事机器视觉技术、智能控制等相关领域研究与开发的专业技术人员参考,也可供普通高等院校以及职业院校的电子信息、机电一体化、计算机等相关专业教学使用。

图书在版编目(CIP)数据

机器视觉技术及其在智能制造中的应用/谢经明,周诗洋编著. —武汉:华中科技大学出版社,2021.10(2025.1重印)
ISBN 978-7-5680-7553-4

Ⅰ.①机… Ⅱ.①谢… ②周… Ⅲ.①计算机视觉 ②智能制造系统 Ⅳ.①TP302.7 ②TH166

中国版本图书馆 CIP 数据核字(2021)第 206237 号

机器视觉技术及其在智能制造中的应用　　　　　　　谢经明　周诗洋　编著
Jiqi Shijue Jishu Jiqi zai Zhineng Zhizao zhong de Yingyong

策划编辑:万亚军
责任编辑:邓　薇
封面设计:原色设计
责任监印:周治超
出版发行:华中科技大学出版社(中国·武汉)　　　　电话:(027)81321913
　　　　　武汉市东湖新技术开发区华工科技园　　　　邮编:430223
录　排:华中科技大学惠友文印中心
印　刷:武汉邮科印务有限公司
开　本:710mm×1000mm　1/16
印　张:16　插页:8
字　数:362 千字
版　次:2025 年 1 月第 1 版第 5 次印刷
定　价:58.00 元

前　　言

　　人类通过眼、鼻、耳、舌、身接受来自外界的信息,进而感知世界,其中大约有75%的信息是通过视觉系统获取的,正如谚语所云,"百闻不如一见"。当我们的视觉从周围事物环境中获取了一定的信息之后,会将其送入大脑,再由大脑根据知识与经验对信息进行推理与加工,最终对周围事物做出识别和理解并加以判断。机器视觉也可以称为工业视觉,作为人工智能正在快速发展的一个分支,其技术涉及计算机科学、图像处理、模式识别等诸多交叉学科。简单说来,机器视觉就是用计算机和相机等器件模拟人的视觉功能,将被拍摄目标转换成图像信号,传送给图像处理系统,得到被拍摄目标的形态信息,然后根据像素分布和亮度、颜色等信息,将其转变成数字信号;图像处理系统对这些数字信号进行各种运算来抽取目标的特征,进行处理并加以理解。机器视觉主要应用于产品检测如瑕疵检测、识别定位、精密测量、医学检测,以及人们无法工作的危险区域的机器人视觉引导等。

　　机器视觉技术的研究是从 20 世纪 60 年代中期美国学者 L. R. 罗伯兹关于理解多面体组成的积木世界研究开始的。当时运用的预处理、边缘检测、轮廓线构成、对象建模、匹配等技术,后来一直在机器视觉领域中得到深入研究和广泛运用。20 世纪 70 年代,机器视觉形成了几个重要研究分支:目标制导的图像处理;图像处理和分析的并行算法;从二维图像提取三维信息;序列图像分析和运动参量求值;视觉知识的表示;视觉系统的知识库;等等。到了 20 世纪 90 年代,机器视觉技术在我国开始受到广大科研工作者的关注,随着我国逐步成为全球制造业的加工中心,高要求的零部件加工及其相应的先进生产线,使许多具有国际先进水平的机器视觉系统和应用也进入国内。如今,我国正成为世界机器视觉研究与应用最活跃的地区之一,应用范围涵盖了工、农、医药、军事、航天、交通、安全生产、科教等国民经济的各个行业,其中电子制造、汽车、制药和包装机械占据了近 70% 的机器视觉市场份额。

　　当前制造业面临的巨大难题在于劳动力成本不断上升,产能需求越来越大,产品质量要求越来越高,产品上市周期越来越快,工厂对生产设备的信息化与自动化程度的要求也越来越高。作为自动化程度较高的设备的工业机器人,它在制造业中的应用程度也就越来越高。传统的机器人是在提前编程和示教的基础上完成作业的;随着机器视觉技术的引入,目标识别和目标位姿求取方面的技术优势使得工业机器人的功能延伸性更强,即机器视觉的感知技术可以有效应用于智能制造中的产品检测、精密测控以及自动化生产线等领域。机器视觉技术使得工业机器人具备更强的感知能力:图像识别功能使其不必事先具备离线编程机制,就可摆脱预先设定的运动轨迹;通过感知能力能自动识别并处理场景信息,抓取指定物体,使得生产过程更加智能化和柔性化。随着制造业"机器换人"的演变,作为设备智能化过程必不可少的机器视觉技术也会迅速发展。可以预见的是,随着机器视觉技术自身的成熟和发展,它将在现代和未来的制造企业中得到越来越广泛的应用。

本书围绕机器视觉技术在智能制造中的典型应用来组织内容,使读者了解和熟悉机器视觉的基本原理、组成,以及图像处理的常用算法;结合制造业中的一些典型案例分析,从需求分析、光路设计与硬件选型、软件开发到系统集成与调试的开发全流程来介绍机器视觉系统的应用。

本书由两位编著者合作完成,全书内容包括编著者及其所在课题组近些年的大部分研究成果,同时也涵盖了编著者指导过的各位博士、硕士研究生的研究成果。本书在编写过程中得到了刘默耘、关皓天、郝靖、何磊、杨挺、梅文宝等人的大力协作,汤晓华、胡凯、钟明等人提出了很多好的建议并给予大力支持,在此深表感谢!编著者在书稿撰写过程中也参考了相关专业的文献资料,由于篇幅的原因未能一一列出,在此对这些文献的作者们深表歉意!鉴于编者水平,书中不足在所难免,恳请读者和专家批评指正!

谢经明　周诗洋

2021 年 8 月于喻园

目　　录

第1章 绪 论

1.1 机器视觉技术的特点

机器视觉是一门新兴的交叉学科,涉及人工智能、光学、数字图像处理、人机交互、计算机图形学、模式识别、机器学习、深度学习、神经科学,以及机器人等诸多领域,如图 1-1-1 所示。简单说来,机器视觉就是用机器代替人眼来做测量和判断。机器视觉系统是通过机器视觉产品,即图像传感器,通常分为 CMOS(complementary metal oxide semiconductor,互补金属氧化物半导体)和 CCD(charge coupled device,电荷耦合器件)两种,将被摄取目标转换成图像信号,传送给专用的图像处理系统,得到被摄目标的形态信息,然后根据像素分布和亮度、颜色等信息,将其转变成数字信号,图像处理系统对这些数字信号进行各种运算来抽取被摄取目标的特征,进而根据判别的结果来控制现场的设备动作。

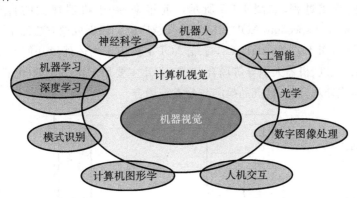

图 1-1-1 机器视觉的学科交叉类别

计算机视觉和机器视觉两个术语既有区别又有联系。计算机视觉主要采用数字图像处理、机器学习和模式识别等技术相结合的手段,经常采用几何模型、复杂的知识表达,以及基于模型的匹配和搜索技术,其中搜索的策略常使用自底向上、自顶向下、分层和启发式的策略。机器视觉以实际工程问题为研究对象,偏重于计算机视觉技术的工程化,通过获取和分析特定的图像,以控制相应的行为,主要涉及传感器原理、光学工程、自动控制原理和机械工程等技术,如图 1-1-2 所示。具体来说,计算机视觉为机器

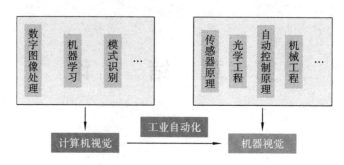

图 1-1-2　机器视觉与计算机视觉的区别与联系

视觉提供图像分析的理论及算法基础,机器视觉为计算机视觉的实现提供传感器模型、系统构造和实现手段。因此,一个机器视觉系统可以对获取的一幅或多幅目标物体图像的各种特征量进行处理、分析和测量,并对测量结果做出定性分析和定量解释,从而得到有关目标物体的某种认识并做出相应的决策。机器视觉和计算机视觉都是从图像或图像序列中获取对世界的描述,都包含对底层的图像获取、图像处理,中层的图像分割、图像分析和高层的图像理解。通过上面的分析可以看出,机器视觉和计算机视觉并没有明显的划分界限,两者是紧密地联系在一起的,它们有着相同的理论基础,只是在实际应用中根据具体应用目标的不同而有所差异。

美国机械工程师协会(American Society of Mechanical Engineers,ASME)指出,机器视觉是使用光学器件进行非接触感知,自动获取和解释一个真实场景的图像,以获取信息、控制机器或过程,如图 1-1-3 所示。近年来,基于机器视觉的自动光学检测(automatic optical inspection,AOI)的应用越来越广泛。根据成像方法的不同,AOI 又可分为三维(3D)AOI 和二维(2D)AOI,三维 AOI 主要用于物体外形几何参数的测量、零件分组、定位、识别、机器人引导等场合;二维 AOI 主要用于产品外观(色彩、缺陷等)检测、不同物体或外观分类、良疵品检测与分类等场合。

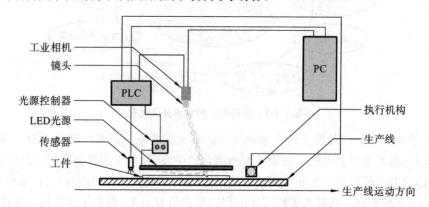

图 1-1-3　机器视觉检测生产线组成

一个典型的机器视觉应用系统包括图像捕捉模块、光源系统、图像数字化模块、数字图像处理模块、智能判断决策模块和机械控制执行模块,如图 1-1-4 所示。

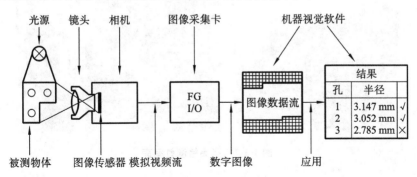

图 1-1-4　机器视觉硬件与软件集成

机器视觉的工作流程主要分为采集图像、分析图像、输出结果和控制执行机构运动这四个步骤,如图 1-1-5 所示。首先,工作人员利用图像采集装置将被采集目标转换成图像信号,传送给图像处理系统;其次,图像处理系统根据像素分布和亮度、颜色等信息,进行运算来抽取目标的面积、长度、数量、位置等特征;然后,图像处理系统根据预设的判据来输出结果,如尺寸、角度、偏移量、个数、合格/不合格、有/无等;最后,图像处理系统根据输出的结果指导和控制执行机构进行诸如定位或分选等相应动作。

采集图像 ➡ 分析图像 ➡ 输出结果 ➡ 控制执行机构运动

图 1-1-5　工作流程

机器视觉主要有如下三个方面的特点:

第一,机器视觉具有非接触式的特点,环境适应性好,尤其是在一些不适合人工作业的危险工作环境或人工视觉难以满足要求的场合,如图 1-1-6 所示。

图 1-1-6　非接触式检测

第二,机器视觉具有检测效率高和检测精度理想的特点,尤其是在大批量的工业生产过程中(见图 1-1-7),采用机器视觉检测方法可以大大提高生产效率和生产的自动化程度。因此,机器视觉广泛地应用于工况监视、成品检验和质量控制等领域。

第三,机器视觉易实现信息集成(见图 1-1-8),可以极大地提高生产的柔性和自动化程度,是实现智能制造的基础技术之一。机器视觉相当于给生产过程赋予了一双"眼

图 1-1-7　产品检测效率高

图 1-1-8　信息集成

睛",让制造智能化,打开了智能制造的新"视界"。

1.2　机器视觉技术的发展

　　机器视觉有时也称作计算机视觉,其本质都是数字图像处理,因此机器视觉技术的发展历史,也就是数字图像处理技术的发展历史。相较于计算机视觉,机器视觉更偏向于工业系统及工程应用。就图像处理技术而言,机器视觉是传承于计算机视觉的,而就系统架构而言,机器视觉涵盖的领域及范畴更宽泛。机器视觉系统是以光机电一体化为有机整体,来服务于系统功能的。

　　图像处理的起源可以追溯到旧石器时代。从图像信息处理技术角度来说,我们可以认为图像处理是开始于中国古代发明的活字印刷术,但真正意义上的图像处理应用出现在 20 世纪 20 年代左右,例如,当时的新闻记者利用纽约-伦敦海底电缆,采用编码纸带方式,通过特殊字符传输数字化的新闻图片(见图 1-2-1(a)),传递时间需要一个多星期。到了 20 世纪 40 年代,出现了数字计算机,尽管数字计算机开始展现数值计算能力,但当时的计算性能特别是存储容量,还不能满足数字图像处理的需要。因此,直到数字计算机发展到大规模集成电路阶段,真正的数字图像处理技术才开始得到应用。数字图像处理必须依靠数字计算机的计算能力及数据存储、显示和传输等相关技术的发展。20 世纪 50 年代中期,在太空计划的推动下,人们开始研究数字图像处理技术的应用,其重要标志是 1964 年美国喷气推进实验室(JPL)正式使用数字计算机对"徘徊者 7 号"太空船送回的四千多张月球照片进行了处理(见图 1-2-1(b))。在进行太空应用的同时,数字图像处理技术在 20 世纪 60 年代末和 20 世纪 70 年代初开始用于医学图像、地球遥感监测和天文学等领域,如图 1-2-2 所示。随着计算机硬件和软件技术的不断发展,以及用户需求的提高,图像处理技术得到了快速发展。

(a) 新闻图片传输

(b) 月球表面图片处理

图 1-2-1 早期的图像处理应用

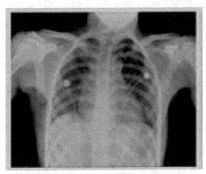
(a) X 光医学图像

(b) 风云卫星图像

图 1-2-2 数字图像处理应用

机器视觉理论研究是从 20 世纪 60 年代中期美国学者 L. R. 罗伯兹关于理解多面体组成的积木世界研究开始的。当时运用的预处理、边缘检测、轮廓线构成、对象建模、匹配等技术,后来一直在机器视觉中应用。罗伯兹在图像分析过程中,采用了自底向上的方法,用边缘检测技术来确定轮廓线,用区域分析技术将图像划分为由灰度相近的像素组成的区域,这些技术统称为图像分割。其目的在于用轮廓线和区域对所分析的图像进行描述,以便同计算机内存储的模型进行比较、匹配。实践表明,只用自底向上的分析太困难,必须同时采用自顶向下,即把目标分为若干子目标的分析方法,运用启发式知识对对象进行预测。这同言语理解中采用的自底向上和自顶向下相结合的方法是一致的。在图像理解研究中,A. 古兹曼提出运用启发式知识,表明用符号过程来解释轮廓画的方法不必求助于诸如最小二乘法匹配之类的数值计算程序。

20 世纪 70 年代中期,MIT(Massachusetts Institute of Technology,麻省理工学院)人工智能实验室正式开设"机器视觉"课程。1977 年,David Marr 提出了不同于"积木世界"分析方法的计算机视觉(computational vision)理论,也就是著名的 Marr 视觉理论,该理论在 20 世纪 80 年代成为机器视觉研究领域中的一个十分重要的理论框架。在此阶段,机器视觉形成几个重要研究分支:目标制导的图像处理;图像处理和分析的并行算法;从二维图像提取三维信息;序列图像分析和运动参量求值;视觉知识的表示;视觉系统的知识库等。从 20 世纪 80 年代开始,全球性的研究热潮兴起,不仅出现了基于感知特征群的物体识别理论框架、主动视觉理论框架、视觉集成理论框架等概念,而且产生了很多新的研究方法和理论,无论是对一般二维信息的处理,还是针对三维图像的模型及算法的研究都有了很大的提高。机器视觉获得了蓬勃发展,新概念、新理论不断涌现。到了 20 世纪 90 年代,机器视觉理论得到进一步的发展,同时开始在工业领域得到应用。另外,机器视觉理论在多视几何领域的应用也得到快速的发展。

进入 21 世纪后,随着计算机技术的不断发展,机器视觉作为人工智能的一个重要分支,在深度学习算法出现之前,其算法大致可以分为以下 5 个步骤:特征感知、图像预处理、特征提取、特征筛选、推理预测与识别。早期的机器学习中,占优势的统计机器学习群体中,对特征是不大关心的。特征或者视觉特征,就是把这些数值综合起来用统计或非统计的形式,把想识别或检测的部件或者整体对象表现出来。深度学习"流行"之前,大部分的设计图像特征就是基于此,即把一个区域内的像素级别的信息综合表现出来,以利于后面的分类学习。其中一个难点在于,手工设计特征需要大量的经验,需要机器视觉工程师对这个领域和数据特别了解,并且,设计出特征后还需要大量的调试工作;另一个难点在于,机器视觉工程师不只需要手工设计特征,还要在此基础上掌握一个比较合适的分类器算法。然而,要在设计特征的同时选择一个分类器,使两者合并达到最优的效果,几乎是不可能完成的任务。于是,学术界开始研究开发不需手动设计特征、不挑选分类器的机器视觉系统,希望机器视觉系统同时学习特征和分类器,即输入某一个模型的时候,输入只是图片,输出就是它自己的标签。随着深度学习迅猛发展,卷积神经网络(CNN)的出现使得该希望得以实现,基于深度学习的计算机视觉研究发展迅速。如今,深度学习几乎成了机器视觉研究的标配,人脸识别、图像识别、视频识别、行人检测、大规模场景识别的相关论文里都用到了深度学习,深度学习可以做到传统方法无法企及的精度。目前计算机视觉在很多应用领域达到了实用水平,在诸如产品的检测与分类等工业场合得到大量应用。

在我国,机器视觉技术的研究始于 20 世纪 90 年代,主要涉及军事、航天和医疗领域。随着机器视觉技术逐渐成熟、计算机技术的飞速发展以及制造业发展向智能化方向转型,我国正成为世界机器视觉发展最活跃的地区之一。机器视觉的应用范围涵盖工、农、医药、军事、航天、交通、安全生产、科教等国民经济的各个行业。其重要原因是我国已经成为全球制造业的加工中心,高要求的零部件加工及其相应的先进生产线,使许多具有国际先进水平的机器视觉系统和应用经验也进入我国。

经历过长期的蛰伏,2010 年我国机器视觉市场迎来了爆发式增长。数据显示,当年我国机器视觉市场规模达到 8.3 亿元,同比增长 48.2%,其中智能相机、软件、光源和板卡的增长幅度都达到了 50%,工业相机和镜头也保持了 40% 以上的增幅,皆为 2007年以来的最高水平。

2011 年,我国机器视觉市场步入后增长调整期。相较 2010 年的高速增长,虽然增长率有所下降,但仍保持很高的水平。2011 年,我国机器视觉市场规模为 10.8 亿元,同比增长 30.1%,增速比 2010 年下降 18.1 个百分点,其中智能相机、工业相机、软件和板卡都保持了不低于 30% 的增速,光源也达到了 28.6% 的增长幅度,增幅远高于我国整体自动化市场的增长速度。电子制造行业仍然是拉动需求高速增长的主要因素。2011 年,我国机器视觉产品电子制造行业的市场规模为 5.0 亿人民币,增长 35.1%,市场份额达到了 46.3%。电子制造、汽车、制药和包装机械占据了近 70% 的机器视觉市场份额。

2019 年,我国工业机器视觉市场规模约为 139 亿元,增速约为 4.8%,虽然增速放缓,但总量上持续保持增长,并且在全球市场的占比有所提升。随着工业控制对精确度和自动化的要求越来越高,3D 机器视觉将在许多"痛点型应用场景"中大显身手,成为当前智能制造最炙手可热的技术之一。2D 向 3D 的转变将成为继黑白到彩色、低分辨率到高分辨率、静态图像到动态影像后的第四次视觉技术突破。

总的说来,经多年的发展,机器视觉中图像处理经历了从静止图像到活动图像、从灰度图像到彩色图像、从客观图像到主观图像、从二维图像到三维图像的发展历程;机器视觉系统在制造业中应用的发展也是经历了从"贵族"到"平民",从可选到必选的过程。并且,机器视觉技术及机器视觉系统将随着计算机技术的发展而得到越来越广泛的应用。

1.3　机器视觉技术在智能制造中的应用及其发展趋势

机器视觉的应用优势在于无须与被测物体接触,因此被测物体和测量装置在操作过程中都不会损坏,是一种相对更安全可靠的检测手段。此外,测量装置的适用范围和互换性都非常广泛,不仅仅局限于某一类物体。理论而言,机器视觉技术甚至可以用来探测人眼无法观察到的部分,例如红外线、微波、超声波等,通过传感器可以将这些信息进行捕获和处理,从而拓展了人类的视觉范围。相对机器视觉而言,人类视觉容易受到个体状态的影响,难以进行长时间的观测,在恶劣环境下表现不理想,因此,机器视觉技术常常用于长时间进行检测的工作和在线处理,以及人类无法工作的极端环境。

正是因为这些特性,机器视觉技术被广泛应用于工业生产的各个环节,如图 1-3-1

所示。在智能制造体系中,机器视觉的应用可以主要归纳为四个方向:图像识别或计数、物体定位、尺寸测量、零件缺陷检测。

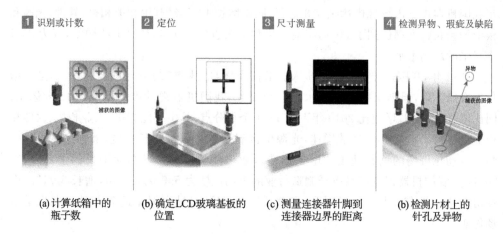

图 1-3-1　视觉系统的工业应用

1.3.1　引导与定位

传统制造业中的焊接、搬运、装配等固定流程正在逐步被工业机器人取代,这些步骤对于工业机器人来说,只需要生成指定的程序,然后按照程序依次执行即可。在机器人的操作过程中,零件的初始状态(如位置和姿态等)与机器人的相对位置并不是固定的。这导致工件的实际摆放位置和理想加工位置存在差距,机器人难以按照原定的程序进行加工。随着机器视觉技术以及更灵活的机器手臂的出现,这个问题得到了很好地解决,为智能制造的迅速发展提供了动力。

引导是指使用机器视觉来报告组件的位置和方向,即定位。首先,机器视觉系统可以确定组件的位置和方向,在指定的公差范围内,将待定位组件与标准的组件进行比较,并确保组件处于正确的角度,以验证组件是否正确组装。接下来,可以使用引导将 2D 或 3D 空间内的组件的位置和方向报告给机器人或机器控制器,使机器人能够定位组件或机器,以对齐组件。

在许多任务中,机器视觉引导比手动定位具有更高的速度和精度,例如将部件放入托盘或从托盘中拾取部件、从传送带上拾取包装部件、定位组件和对齐以适应其他组件、将组件放在工作框架上或从箱子中取出组件。图 1-3-2 显示了不同环境背景下的工作定位。

视觉引导与定位是工业机器人应用领域中广泛存在的问题。对于工作在自动化生产线上的工业机器人来说,其完成最多的一类操作是"抓取—放置"动作。为了完成这类操作,获取被操作物体的定位信息是必要的。首先,机器人必须知道物体被操作前的位姿,以保证机器人准确地抓取;其次,必须知道物体被操作后的目标位姿,以保证机器人准确地完成任务。在大部分工业机器人应用场合,机器人只是按照固定

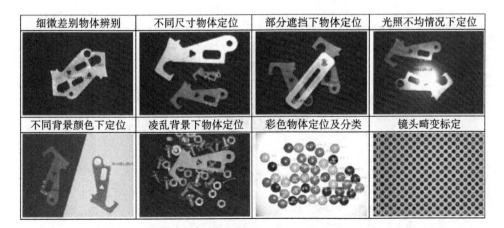

图 1-3-2　不同环境背景下的工件定位

的程序进行操作,物体的初始位姿和终止位姿是事先规定的,作业任务完成的质量由生产线的定位精度来保证。为了高质量作业,就要求生产线相对固定,定位精度高,这样的结果却是生产柔性下降、成本大大增加,此时生产线的柔性和产品质量是相互矛盾的。

　　视觉引导与定位是解决上述矛盾的理想工具。工业机器人可以通过视觉系统实时地了解工作环境的变化,相应调整动作,保证任务的正确完成。这种情况下,即使生产线的调整或定位有较大的误差也不会对机器人准确作业造成多大影响,视觉系统实际上提供了外部闭坏控制机制,保证机器人自动补偿由于环境变化而产生的误差。

　　引导还可用于与其他机器视觉工具对齐,这是机器视觉的一个非常强大的功能。因为在生产过程中,组件可能以未知方向呈现给相机。机器视觉通过定位组件和将其他机器视觉工具与组件对齐来实现自动工具定位。

1.3.2　测量

　　随着制造工艺的不断提高,工业产品尤其是大型构件的外形设计日趋复杂。同时,大型构件因体积和质量限制而不便于经常移动,这给传统的测量方式带来了巨大的困扰。机器视觉测量技术是一种基于光学成像、数字图像处理、计算机图形学的无接触的测量方式,拥有严密的理论基础,相对于传统测量方式,测量范围更广,测量精度和效率更高。图 1-3-3 所示的工件的图像测量就使用了机器视觉测量技术。

　　狭义图像测量(2D/3D)在机器视觉中就是把获取的图像像素信息标定成常用的度量衡单位,然后在图像中精确计算出需要知道的几何尺寸(见图 1-3-4)。通过图像的方式更容易测量一些组合复杂的尺寸或基准复杂的尺寸。广义的图像测量还包含灰度、色彩、纹理、微观表面等参数的获取。

　　当然,在现场工业环境中存在许多影响测量精度的因素,可概括总结为以下

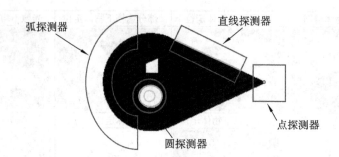

图 1-3-3　工件的图像测量

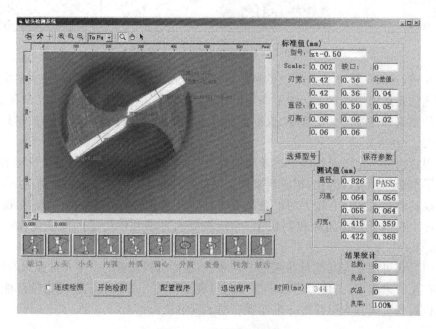

图 1-3-4　钻头尺寸检测

四个：

（1）硬件条件，如相机分辨率（见图 1-3-5）、动态范围、A/D（analog/digital，模/数）转换及存储位数、温度漂移情况；镜头分辨率、像差（畸变）、光透反比、颜色的还原性、机械结构可靠性；光源波长、亮度稳定性；等等。

（2）软件条件，如方法和参数设置、稳定性、亚像素能力、标定精度等。

（3）被测对象的条件，如公差、材料反射情况、表面粗糙度、边缘特性、对比度、测量位置平面度等。

（4）现场条件，如安装姿态、运动速度、振动情况、温度、是否存在环境光或杂散光、是否有粉尘等。

根据不同的光照方式和几何关系，视觉检测方法可以分为两种：被动视觉探测和

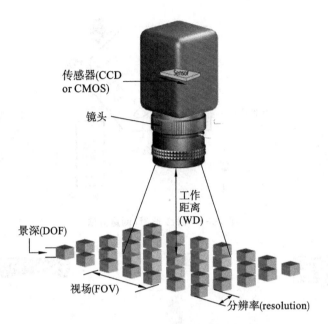

传感器(CCD or CMOS)

镜头

工作距离(WD)

景深(DOF)

视场(FOV)

分辨率(resolution)

图 1-3-5 相机系统分辨率与视场的关系

主动视觉检测。被动视觉探测直接采用了原始图像,这些在工业环境中获取的原始图像并没有明显的特征信息;而主动检测方式能够主动产生所需的特征信息,从而避免立体特征匹配困难,因此其在工业检测中的应用范围更广。

主动视觉检测方法具体又可分为激光测距法、云纹干涉法、光切法与时差法等。

激光测距法是以激光器作为光源进行测距的方法,图 1-3-6 展示了激光测距法的基本原理。半导体激光器经过发射器镜头发射一束激光,之后激光在待测物体表面经过反射后传入镜头中,最终在感光元件上成像。当投射的激光为一个单点时,通过激光三角测量原理便可以获得所投射点对应的深度,该深度可以通过激光束投影仪与相机之间的基线距离来计算得到。图 1-3-6 中,①代表基线位置,②代表实际成像位置。

激光测距法测量速度较慢,并且在标定准确的情况下,系统精度完全取决于激光光束直径,于是人们在激光三角法测量的基础上发展出光切法:当投射的激光扩展成一条直线,那么沿着这条直线上的点的高度信息均可以由三角测量原理获得,使待测物品沿着与激光线垂直的水平面内相对移动,便可以获得整个检测面内的所有点的深度信息。光切法的测量精度取决于图像的分辨率。

如图 1-3-7 所示,单点激光测距法只能在某一时刻获得待测物体某点的深度信息,而光切法可以在某一时刻同时获得沿这条光切线上所有位置的深度信息,若需要在某一时刻同时获得待测物体立体面上所有位置的深度信息,采用 3D 激光投影仪,其投射的激光扩展为一个平面,便可以同时得到待测物体 x、y、z 方向的坐标。

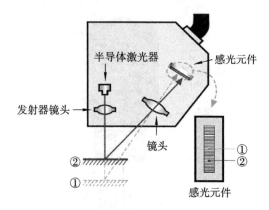

图 1-3-6　线激光 3D 测量方法

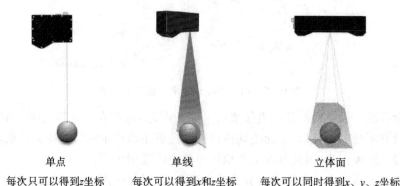

单点	单线	立体面
每次只可以得到z坐标	每次可以得到x和z坐标	每次可以同时得到x、y、z坐标

图 1-3-7　相机捕获单点、单线、单面信息

　　云纹干涉法主要利用了几何云纹对栅线变形具有光学放大作用的原理,常被用于测量高密度栅线的微小变形。几何云纹是由两组周期相近的栅线相互叠加所形成的明暗相间的条纹,由于云纹的周期和栅线的周期之间存在定量关系,因此栅线的变形可以通过对云纹进行分析得到。使用数字相机拍摄高密度栅线结构时,可以采集与几何云纹形态相似的条纹,称为 CCD 云纹;基于此原理所发展的视觉检测方法称为云纹干涉法。相比于激光测距法和光切法,云纹干涉法更加适用于微小变形距离的测量,而且其凭借着 CCD 云纹具有光学方法作用这一特点,可以用于对高密度条纹的高精度分析,有效拓宽了干涉测量的测量范围。

　　时差法主要利用了波在不同介质中以不同的速度传播,并且在传输过程中能量集中、衰减较少的特点,通过不断检测所发射出的波在遇到障碍物后所反射的回波,从而测出发射波和回波之间的时间差,进而求出发射点到待测物体表面的检测距离。该方法很容易受到环境的影响,因为不同波在不同介质中的传播速度是不同的,并且传播速度受到介质温度、湿度、压强等因素的影响,进而影响发射波与回波之间的时间差,最后求出的检测距离自然也受到影响。因此,在使用时差法测距时往往需要对环境因素进行补偿,以得到相对准确的测量结果。

1.3.3 识别与检测

1. 图像识别

图像识别就是对规律已知的物体进行分辨,比较容易识别的对象包含物体外形、颜色、图案、数字、条码和二维码等,如图1-3-8所示。当然也有信息量大或者更抽象的图像识别,比如对人脸、指纹、虹膜等进行分辨。

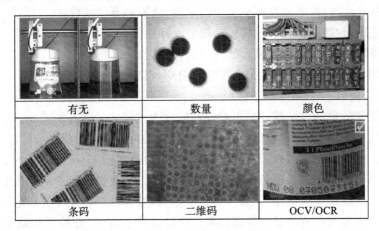

有无	数量	颜色
条码	二维码	OCV/OCR

图1-3-8 各种各样图像识别任务

图像识别利用机器视觉技术中的图像处理、分析和理解功能,准确识别出一类预先设定的目标或者物体的模型。在工业领域中,图像识别的主要应用于条形码读取、一维码扫描识别等,以往多用NFC(near field communication,近场通信)标签等载体进行信息读取,需要与产品进行近距离接触。而随着工业相机等硬件设备的更新迭代,二维码等标识可以被远距离读取和识别,而且这些标识携带的信息更丰富,可以将所有产品信息写入,而无须联网查询信息。在计算机视觉领域,一个典型的物体识别系统往往包含以下几个阶段:预处理,特征提取,特征选择,建模,匹配,定位。

1)预处理

预处理几乎是所有计算机视觉算法的第一步,其目标是尽可能在不改变图像承载的本质信息的前提下,使得每张图像的表观特性(如颜色分布、整体明暗、尺寸大小等)尽可能一致,以便之后的处理过程顺利进行。预处理有着生物学上的对应。瞳孔、虹膜和视网膜上的一些细胞的行为类似于某些预处理步骤,如自适应调节入射光的动态区域等。预处理主要完成模式的采集、模/数转换、滤波、消除模糊、减少噪声、纠正几何失真等操作。

在物体识别中所用到的典型的预处理方法包括高斯模糊、直方图均衡化、滤波、二值化等。高斯模糊可以使图片的梯度计算更为准确,直方图均衡化可以抵消一定程度的光照影响。值得注意的是,有些图像处理算法本身已经带有预处理的步骤,因此不需要再进行预处理操作。此外,预处理经常与待处理的问题紧密相关。例如,对于从图像中识别汽车车牌号码的任务来说,预处理的步骤则不仅仅是滤波、二值化、直方图均衡化等步骤。其正确的预处理流程为先将车牌从图像中找出,再对车牌按照数字进行划分,之后才能对每个数字进行识别。

预处理通常包括五种基本运算。

(1) 编码:实现模式的有效描述,适合计算机运算。

(2) 阈值运算或者滤波运算:按需要选出某些函数,抑制另一些。

(3) 模式改善:排除或修正模式中的错误,或不必要的函数值。

(4) 正规化:使某些参数值适应标准值或标准值域。

(5) 离散模式运算:离散模式处理中的特殊运算。

预处理和特征提取之间的界限不完全分明,有时两者交叉在一起。

2) 特征提取

特征提取的目的是从模式样本中提取能代表该模式的特有性质。这是模式识别中最关键的一步,但又是最难以控制的一步。其准则是提取尽量少的特征,使分类的误差最小。但随之而来就有了矛盾:特征提取在分类之前完成,事先并不知道哪些特征能使分类误差最小。目前还无法解决这个矛盾。特征提取负责从图像中得到重要的信息以交给下一阶段使用(例如作为特征选择、特征匹配以及分类和定位任务的输入),而忽略不太重要的信息。特征提取的设计关键点在于"在哪里提取特征"及"提取什么特征"。

对于"在哪里提取特征"这个问题,主要有两种解决方案。其一:系统需要设计 ROI(region of interest,感兴趣区)检测器,用来找到那些包含关键特征的位置,以保证后续提取到的特征都是有效的,同时处理时间不会太长。此类 ROI 检测器的设计思路是希望这些特征点在仿射变换下保持不变,这种特征检测方法对于扭曲及光线变化的鲁棒性较强。另一些系统则采用密集采样方式,对于图像上的每一个点都进行特征提取,以尽可能地捕捉到图像中的特征点。前一种方式具有效率高的特点,然而如何选取 ROI 检测器是一个相当艰难的任务,并且会给系统引入不适当的先验过程,使得最终结果随着 ROI 选取的不同而产生偏差;而第二种方式的缺点是其特征检测处理时间较长。

而关于"提取什么特征"这个问题,特征提取算法主要是提取图片中具有鲁棒性的局部特征,鲁棒性的特征往往是指特征在图像中具有旋转不变性、缩放不变性以及不受图片亮度、对比度、饱和度的影响。局部特征可以分为形状(shape)及纹理(texture)两类。不同的特征提取方法对这两类特征的编码在本质上具有不同的能力。形状特征,如线段、曲率等,其一大特性是对于光照及形变的不变性,即提取出的特征不受光照和几何形变的影响,但是也有提取时间长以及对遮挡敏感的缺点;纹理特征,如纹理密集程度、表面花纹等,提取所需时间相对较短,且对于遮挡问题具有较强的鲁棒性,然而该特征缺少旋转不变性和尺度不变性。

近年来,子空间方法,如主成分分析(principal component analysis,PCA)、线性判别分析(linear discriminant analysis,LDA),也成为一种相对重要的特征提取手段。这种方法将图像拉长成为高维空间的向量,并进行奇异值分解(singular value decomposition,SVD)以得到特征方向。人脸识别便是其较为成功的应用范例。此类方法能处理有全局噪声的情况,并且模型相对简单、易实现;然而这种算法割裂了图像的内部结构,因此在本质上是非视觉的,模型的内在机制较难令人理解,也没有任何机制能消除施加于图像上的仿射变换。

3)特征选择

再好的机器学习算法,没有良好的特征都是不行的;而有了特征之后,机器学习算法便开始发挥自己的优势。在提取了所要的特征之后,接下来的一个可选步骤是特征选择。特别是在特征种类很多或者物体类别很多,需要找到各自的最适应特征的场合。严格地说,任何能够在被选出特征集上正常工作的模型都能在原特征集上正常工作,反过来进行了特征选择则可能会丢掉一些有用的特征;不过由于计算上的巨大开销,在把特征放进模型里训练之前进行特征选择仍然是相当明智的。

4)建模

一般物体识别系统赖以成功的关键基础在于,属于同一类的物体总是有一些地方是相同的。而给定特征集合,提取相同点,分辨不同点就成了模型要解决的问题。因此可以说模型是整个识别系统的成败之所在。对于物体识别这个特定课题,主要建模的对象是特征与特征之间的空间结构关系,主要的选择准则:①模型的假设应适用于当前待解决问题;②执行建模的硬件计算设备可提供的算力与模型所需的计算复杂度相匹配;③尽可能选择高效精确算法。

5)匹配及定位

在建模完成后,接下来的任务是运用目前的模型去识别图像中的物体属于哪一类别,并且对物体进行定位,找出图片中与所建立模型中目标特征相符合的空间分布及其在图片中的位姿,进一步还可以通过人为给定的真实类别及位姿来对所建立的模型进行调整,从而得到更加准确和具有鲁棒性的匹配定位模型。

2. 产品检测

产品检测是机器视觉技术在工业生产中最重要的应用之一,在制造生产的过程中,几乎所有的产品都面临着质量检测。传统的手工检测存在着许多不足:首先,人工检测的准确性依赖于工人的状态和熟练程度;其次,人工操作效率相对较低,不能很好地满足大量生产检测的要求;最后,近年来人工成本在逐步上升,因此手工检测费用较高。所以,机器视觉技术被广泛用于产品检测中,主要的应用包括:存在性检测和表面缺陷检测。

1)存在性检测

存在性检测的对象包括某个部件、某个图案或者是整个物体的存在性。在制造环节中,某些步骤的缺失或者加工缺陷会导致零部件的丢失,影响产品的品质,这些产品需要在进行下一步工序或出厂前分拣出来待进一步处理。通过前期的图像采集和处理后，需要依靠显著目标检测算法来进行识别，从而得出显著目标是否存在的结论。

例如，一种显著目标存在性检测算法利用中心周边直方图计算出的显著图，提取目标区域与图像中心点距离、目标区域位置分布方差、目标区域在图像边缘的分布、目标区域分布熵、图像显著图的直方图等5种特征进行分类，并利用投票的方式最终确定输入图片是否包含显著目标。通过数据集验证，能够有效判别出指定目标的存在性。

此外，随着人工智能与深度学习技术的飞速发展，深度神经网络已经被广泛应用于图像处理任务中，各种各样的网络用于图像分类任务以解决存在性检测，例如ResNet、SENet、Inception等，并且都在图像分类任务中达到了高精度的检测结果。

2）表面缺陷检测

表面缺陷检测的对象为二维平面上的元素，包括孔洞、污渍、划痕、裂纹、亮点、暗点等常见的表面缺陷。这些缺陷特别是孔洞和裂纹等，可能严重影响产品质量和使用的安全性，因此准确识别缺陷产品非常重要。例如可以使用最普遍的电荷耦合器件CCD，在荧光磁粉无损检测技术的基础上进行图像采集，然后使用相关算法进行图像处理和模式识别，检测表面缺陷的类型和程度。此外，深度神经网络也可以用于表面缺陷检测任务，例如Faster R-CNN、YOLO、RetinaNet等深度神经网络模型，已经可以达到极高的分类精度以及定位精度。然而深度学习技术由于对硬件计算能力的要求极高，因此在工业部署中仍存在一些挑战，例如在成本与实时性方面仍需要做出权衡。

尽管产品检测系统针对不同的对象和目的，但是其图像处理和图像识别原理差异不大。图像处理和识别都是从采集的图像出发，经过单色化处理、阈值处理，图像膨胀处理，孤点滤波等预处理，对图像的特征进行提取并描述，最终输出结果。

1.3.4 机器视觉技术在智能制造中应用的发展趋势

（1）软硬件技术不断突破，企业将以智造需求为导向加速研发工业视觉解决方案。

企业加速布局机器视觉硬件产品和软件服务，将围绕智能制造需求，重点研发工业视觉解决方案。目前，机器视觉软硬件技术不断取得突破，以工业相机、图像采集卡、光源及图像处理软件为核心的视觉产品日益完善，并逐渐应用于电子制造、汽车制造、机械加工、包装与印刷等行业。随着智能制造全面启动实施，各行各业对采用机器视觉的工业自动化、智能化需求日益凸显，机器视觉的市场发展潜力巨大。数据显示，2019年全球机器视觉系统及部件市场超过200亿美元，市场复合年增长率达9.3%。智能制造行业对机器视觉系统的需求量的逐年增加将扩大机器视觉的发展空间，企业将从产品供应商向系统解决方案提供商转型，以智能制造需求为导向，加速研发与生产线或测试控制系统配合使用的工业视觉解决方案,助力制造业转型升级。

(2)机器视觉与多种技术的融合逐步深入,将成为提升产业自动化水平的重要抓手。

机器视觉与多种技术的融合,将不断提升智能制造自动化水平。制造业转型升级步伐加快,机器视觉技术与产品的需求逐步增多,其应用领域逐渐扩大,这将推动企业加速开展产品功能创新,以满足用户个性化需求。机器视觉将融合 3D 监测、彩色图像处理、人工智能、运动控制、信息网络等多种技术,由单一的检测、定位、测量功能向大数据分析、智能控制方向发展。基于机器视觉的自动化监测、智能控制系统将广泛应用于工业生产各个领域,并主要从中端生产线向前端制造和后端物流环节延伸,成为提升产业自动化水平的重要抓手。

(3)企业加速布局机器视觉产业化应用,将以智能视觉为核心推动智慧工厂建设。

企业加速拓展机器视觉产业化应用,通过嵌入机器视觉技术的自动化设备辅助智慧工厂建设。目前,机器视觉技术日益成熟,软硬件产品不断丰富,并逐步在工业生产中发挥重要作用。例如,基于机器视觉的检测系统可以对产品进行自动检测并控制产品质量;将具备机器视觉功能的智能化机器人和机械手臂应用于自动化生产线上,能够实现码垛、焊接、涂装、装配等功能。未来,企业将加速布局机器视觉的产业化应用,重点研发针对具体产业应用的专用视觉系统,并将其逐步发展为一般通用系统,通过在加工、装配、检测、包装、物流等环节嵌入机器视觉技术,提高系统集成度,推动智慧工厂建设。

思考与练习题

1-1 简述机器视觉与计算机视觉异同点。

1-2 机器视觉有哪些主要特点?

1-3 图像的含义是什么?通过哪些方法可以获得图像?

1-4 机器视觉技术在智能制造领域有哪些典型应用?

第2章　机器视觉系统的组成

通俗来讲,机器视觉的作用是代替人眼来做测量和判断,机器视觉系统利用相机和光源设备获取图像信息,然后传送给图像处理系统,图像处理软件首先对图片进行预处理,然后将图像信息转换成数字信号,最后通过计算机进行处理、分析,进而对执行机构发送相关执行命令,以完成由机器视觉判断到机器自动执行的智能生产全过程。机器视觉系统具有实时性好、定位精度高等优点,能有效地增加机器人的灵活性与智能化程度,是实现工业自动化和智能化的重要手段之一。

本章首先介绍机器视觉系统的基本构成,其次围绕机器视觉系统中的相机、镜头、光源及机器视觉软件来展开介绍。

2.1　机器视觉系统的基本构成

典型的机器视觉系统可以分为图像采集部分、图像处理部分和运动控制部分。基于 PC(personal computer,个人计算机)的视觉系统具体由如图 2-1-1 所示的几部分组成。

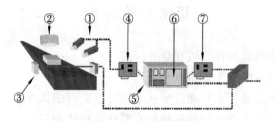

图 2-1-1　机器视觉系统的基本构成

①工业相机与工业镜头:属于成像器件,通常的视觉系统都是由一套或者多套这样的成像系统组成,如果有多路相机,则可能由图像卡切换来获取图像数据,也可能由同步控制同时获取多相机通道的数据。根据应用的需要,相机可以输出标准的单色视频(RS-170/CCIR)、复合信号(Y/C)、RGB(red green blue,三原色)信号,也可以输出非标准的逐行扫描信号、线扫描信号、高分辨率信号等。

②光源:作为辅助成像器件,对成像质量的好坏往往能起到至关重要的作用,各种形状的 LED(light emitting diode,发光二极管)灯、高频荧光灯、光纤卤素灯等都可作为视觉系统的光源。

③传感器:通常以光电开关、接近开关等形式出现,用以判断被测对象的位置和状态,触发图像传感器进行正确的采集。

④图像采集卡:通常以板卡的形式安装在 PC 中。图像采集卡的主要工作是把相机输出的图像输送给计算机主机。它将来自相机的模拟或数字信号转换成具有一定格式的图像数据流,同时它可以控制相机的一些参数,比如触发信号,曝光/积分时间,快门速度等。图像采集卡通常有不同的硬件结构以针对不同类型的相机,同时也有不同的总线形式,比如 PCI(peripheral component interconnect,外围设备互连)、PCI64、Compact PCI、PC104、ISA(industry standard architecture,工业标准结构)等。

⑤PC 平台:计算机是一个基于 PC 的视觉系统的核心,在这里完成图像数据的处理和绝大部分的逻辑控制。对于检测类型的应用,通常都需要较高频率的 CPU(central processing unit,中央处理器),这样可以减少处理的时间。同时,为了减少工业现场电磁、振动、灰尘、温度等的干扰,必须选择工业级的计算机。

⑥机器视觉软件:用来完成输入的图像数据的处理,然后通过一定的运算得出结果,这个输出的结果可能是 PASS/FAIL 信号、坐标位置、字符串等。常见的机器视觉软件以 C/C++图像库、ActiveX 控件、图形式编程环境等形式出现,可以是完成专用功能的,如用于 LCD(liquid crystal display,液晶显示)检测、BGA(ball grid array,球阵列封装)检测、模版对准等,也可以是通用的(包括定位、测量、条码/字符识别、斑点检测等)。

⑦控制单元(包含 I/O(input/output,输入/输出)、运动控制、电平转化单元等):一旦视觉软件完成图像分析(除非仅用于监控),紧接着需要和外部单元进行通信以完成对生产过程的控制。简单的控制可以直接利用部分图像采集卡自带的 I/O,相对复杂的逻辑/运动控制则必须依靠附加可编程逻辑控制单元/运动控制卡来实现必要的动作。

一个完整的机器视觉系统的主要工作过程如下:

(1) 工件定位检测器探测到物体已经运动至接近成像系统的视野中心,向图像采集部分发送触发脉冲。

(2) 图像采集部分按照事先设定的程序或延时,分别向相机和照明系统发出启动脉冲。

(3) 相机停止目前的扫描,重新开始新一帧扫描,或者相机在启动脉冲来到之前处于等待状态,启动脉冲到来后启动下一帧扫描。

(4) 相机开始新一帧扫描之前打开曝光机构,曝光时间可以事先设定。

(5) 另一个启动脉冲打开灯光照明,灯光的开启时间应该与相机的曝光时间匹配。

(6) 相机曝光后,正式开始一帧图像的扫描和输出。

(7) 图像采集部分接收模拟视频信号,通过 A/D 转换将其数字化,或者直接接收相机数字化后的数字视频数据。

（8）图像采集部分将数字图像存放在处理器或计算机的内存中。

（9）处理器对图像进行处理、分析、识别，获得测量结果或逻辑控制值。

（10）处理结果控制流水线的动作，进行定位、纠正运动的误差等。

那么我们应该如何选择一套合适的机器视觉系统呢？

首先要确定视觉系统需要执行的任务，因为不同的任务可能需要不同的视觉属性。为一项任务设计的机器视觉系统可能不适合另一项任务。定义关键的视觉性能标准，以确保相机和镜头在正确的水平上运行。诸如要检测的最小物体或缺陷、所需的测量精度、图像尺寸、图像捕获和处理速度以及对颜色的需求等因素，都会影响相机和镜头的选择。其次需要考虑环境因素，因为一些相机适合静止物体成像，而有些相机更适合处理线性运动物体。成像温度、湿度和振动情况可能需要特定的系统来解决。最后安装系统的物理空间可能会限制相机和镜头的选择。

2.2　机器视觉系统的相机分类与选型

工业相机是机器视觉系统中的一个关键组件，是决定整个系统成本、速度和精度的关键组件。工业相机一般安装在机器流水线上，代替人眼来做测量和判断，选择合适的相机也是机器视觉系统设计中的重要环节。工业相机在机器视觉系统中本质的功能是将光信号转变为电信号，与普通相机相比，它具有更高的传输能力、抗干扰能力和稳定的成像能力。工业相机按照不同标准可有多种分类形式，本节首先介绍工业相机按照不同标准的多种分类形式，其次介绍工业相机中常用的数据传输方式及接口类型。

2.2.1　工业相机的主要类型

工业相机按照不同标准可有多种分类形式，具体可按照输出图像信号格式、像素排列方式、芯片类型等进行分类。

1. 按输出图像信号格式分类

工业相机按照输出图像信号格式可分为模拟相机和数字相机。

模拟相机所输出的信号形式为标准的模拟量视频信号，需要配专用的图像采集卡才能将模拟信号转化为计算机可以处理的数字信号，以便后期计算机对视频信号的处理与应用。其主要优点是通用性好、成本低；缺点表现为分辨率较低、采集速度慢，且在图像传输中容易受到噪声干扰，导致图像质量下降，所以大多用于对图像质量要求不高的机器视觉系统。早期的机器视觉系统多用模拟相机，其视频输出接口形式主要为 BNC（bayonet nut connector，卡扣配合型连接器）、S-VIDEO 等，所搭配的机器视觉主机大多采用工控机加视频采集卡的形式，整机成本较高。目前在主流的高清机器视觉应用场景中，模拟相机的使用越来越少。

数字相机,顾名思义,其视频输出信号为数字信号,相机内部集成了 A/D 转换电路,直接将模拟量的图像信号转化为数字信号,具有图像传输抗干扰能力强、视频信号格式多样、分辨率高、视频输出接口丰富等特点,相对于模拟相机,数字相机的成本较高。数字相机的视频输出接口形式主要包括 IEEE 1394(即火线接口)、USB 3.0(USB,universal serial bus,通用串行总线)、GigE(以太网),等等。

2. 按像素排列分类

工业相机按照像素排列方式可分为面阵相机和线阵相机,如图 2-2-1 所示。

(a) 面阵相机   (b) 线阵相机

图 2-2-1 工业相机按像素排列方式分类

面阵相机传感器是由许多个像素(pixel)单元组成的一个矩形阵列,每个像素单元都是一个方形传感器。面阵相机传感器通常做成长方体的形状($H×V×L$),但通常以其芯片对角线的长度(单位为英寸)来表示面阵相机大小(见图 2-2-2),其尺寸转换如表 2-2-1 所示。

图 2-2-2 面阵相机传感器尺寸示意图

在图像传感器的尺寸计算中,1 英寸为 16 mm 而不是现在计量单位中的 25.4 mm,这是因为在二十世纪五六十年代,感光元件是用真空管制作的。因为在真空管表面有一个玻璃罩子,所以在计算真空管外径的时候要把玻璃罩子的厚度也算进去。问题是,玻璃罩子是不能成像的。于是,这样做出来的感光元件的实际成像尺寸,就要比标称尺寸小。1 英寸大小的真空管,实际成像区域只有 16 mm×16 mm 左右。于是,在数码传感器领域,1 英寸等于 16 mm 就成了业内一个约定俗成的惯例。虽然真空管成像技术已经不使用了,但是这种计量方式却被继承了下来。因此,现在数码相机的图像传感器中,1 英寸的感光元件就不是按照 25.4 mm 来计算,而是按照 1

英寸为 16 mm 来计算(为以示区别,本书中单位"英寸"就保留用中文)。

表 2-2-1　芯片尺寸规格对照

尺　　寸	1英寸	2/3英寸	1/2英寸	1/3英寸	1/4英寸
横向 H/mm	9.6	6.6	4.8	3.6	2.4
纵向 V/mm	12.8	8.8	6.4	4.8	3.2
对角线长度 L/mm	16	11	8	6	4

　　面阵相机是一种可以一次性获取图像并能及时进行图像采集的相机,其成像过程如图 2-2-3 所示。面阵相机的应用范围比较广,例如对面积、形状、尺寸、位置,甚至温度等的测量,可以快速、准确地获取二维图像信息。

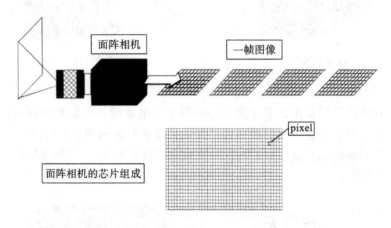

图 2-2-3　面阵相机的成像过程

　　面阵相机的分辨率,指的是其成像芯片上有效的感光像素值的多少,分为横向和纵向两个方向,如中国大恒图像公司采用了 Sony 公司 IMX264 芯片制造的工业相机 MER2-503-23GM/C,其分辨率就是 2448(H)×2048(V),其中 H 代表 horizon,指的是芯片的横向尺寸;V 代表 vertical,指的是芯片的纵向尺寸。而相机成像的精度与该相机所拍摄的视野范围大小有关,举例说明,用内置 Sony IMX264 芯片的工业相机(像素值为 2448)对一个视野范围为 244.8 mm×204.8 mm 的平面成像,那么每一个像素的精度为 244.8 mm/2448 像素=0.1 mm/像素,即图像上每一个像素点对应真实物理空间中被成像面上 0.1 mm×0.1 mm 大小的格子。

　　线阵相机传感器也是由许多像素单元(简称像元)组成,与面阵传感器不同的是,这些像元呈线性排列,如图 2-2-4 所示。线阵传感器的大小是以像素单元的数量和大小来表示的。线阵相机一次扫描只能获取一行图像,只有将多行图像组成在一起才能成为一帧图像。线阵传感器的规格有 1K、2K、4K、8K、12K、16K 等。线阵图像传感器以 CCD 为主,到 2012 年,市场上也出现了一些线阵 CMOS 图像传感器,但是线阵 CCD 仍是主流。线阵相机的典型应用领域是检测连续的材料,例如金属、塑料、

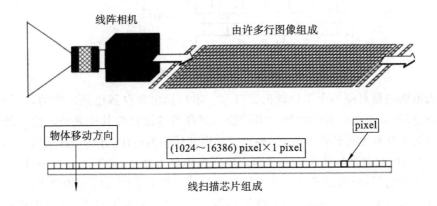

图 2-2-4　线阵相机的成像过程

纸和纤维等。被检测的物体通常匀速运动,利用一台或多台线阵相机对其逐行连续扫描,以实现对其整个表面均匀检测。

一般只在两种情况下使用线阵相机:第一是被测视野为细长的带状,多用于滚筒上检测的问题;第二是需要极大的视野或极高的精度。在第二种情况下,就需要用触发装置多次触发相机,进行多次拍照,再将所拍下的多幅条形图像合并成一张更大的图像。一般线阵相机采用 Camera Link 这种带宽比较大的数据接口,且必须使用对应接口的图像采集卡。对于线阵相机来讲,在大的视野或高的精度检测情况下,图像数据处理量巨大,处理较耗时,且检测速度也较慢。因此如果要满足自动生产线高速高精的要求,必须在硬件(主要是 GPU(graphics processing unit,图形处理单元))和软件(只提取感兴趣区)上加以改进。

3. 按芯片类型分类

按照芯片类型的不同,工业相机可分为 CCD 工业相机和 CMOS 工业相机。

1) CCD 工业相机

CCD 工业相机的成像器件一般为光栅晶体管或光电二极管,具有灵敏度高、抗强光、畸变小、体积小、寿命长、抗振动等优点。CCD 相机拍摄图片时,被摄物体的图像经过镜头聚焦至 CCD 芯片上,CCD 根据光的强弱积累相应比例的电荷,各个像素积累的电荷在视频时序的控制下逐点外移,经滤波、放大处理后,形成图像信号输出。CCD 既没有能力记录图形数据,也没有能力将图像永久保存下来,甚至不具备曝光能力。所有图形数据都会不停留地送入一个 A/D 转换器,一个信号处理器以及一个存储设备。

图 2-2-5 所示为线阵 CCD 传感器工作原理示意图。每种光电探测器(常为光电二极管)都有最多可以存储电子数量的限制,这一限制常取决于光电探测器的大小。曝光时光电探测器累计电荷,通过传输门电路,电荷被移至串行读出寄存器而读出。

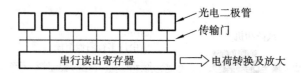

图 2-2-5　线阵 CCD 传感器工作原理示意图

每个光电探测器对应一个串行读出寄存器。串行读出寄存器也是光敏的,必须由金属护罩遮挡,以避免电荷读出期间串行读出寄存器继续接收其他光子。读出的过程是将电荷转移到电荷转换单元,转换单元将电荷转换为电压,并将电压放大。简单来说,CCD 的功能就是接收及转移电荷。电压经由放大之后,接下来经过 A/D 转换器转换为数字信号,就可以通过各种不同的接口协议将数字图像信息传递出去。

接下来再来了解一下面阵 CCD 传感器。图 2-2-6 显示了线阵 CCD 传感器扩展为全帧转移型面阵 CCD 传感器的基本原理。光通过光电探测器中的每一个像素转换为电荷,电荷按行的顺序转移到串行读出寄存器,然后进行电荷转换和放大读出。

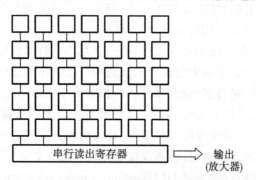

图 2-2-6　全帧转移型面阵 CCD 传感器

全帧转移型面阵 CCD 传感器在读出过程中,光电传感器还在曝光,仍有电荷在积累。由于上面的像素要经过下面的像素移位移出,因此像素积累的全部场景信息就会发生拖影现象。为了避免出现拖影,必须加上机械快门或利用闪光灯,这是全帧转移型面阵 CCD 传感器的最大缺点。其最大的优点是填充因子(填充因子是像素光敏感区域与整个靶面之比)可达 100%。这个填充因子使得像素的光灵敏度最大化并使图像失真最小化。为了解决全帧转移型面阵 CCD 传感器的拖影问题,全帧转移型传感器加上另外的传感器构成帧转移型面阵 CCD 传感器,在这个增加的用于存储的传感器上覆盖有金属光屏蔽层。帧转移型面阵 CCD 传感器如图 2-2-7 所示。对于这种类型的传感器,图像产生于光敏感传感器,然后转移至光屏蔽存储阵列,最后从存储阵列中读出。

由于两个传感器间转移速度很快,通常小于 500 μs,因此拖影可以大大减少。帧转移型面阵 CCD 传感器的最大优点是其填充因子可达 100%,而且不需要机械快门或闪光灯。然而在两个传感器间传输数据的短暂时间内图像还是在曝光,因此还是

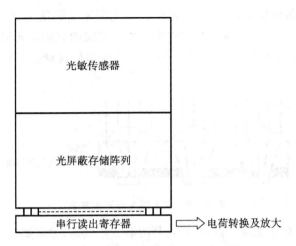

图 2-2-7　帧转移型面阵 CCD 传感器

有残留的拖影存在。帧转移型面阵 CCD 传感器的缺点是其通常由两个传感器组成而导致成本高。

　　由于高灵敏度和拖影等特征，全帧转移型面阵 CCD 传感器和帧转移型面阵 CCD 传感器通常用于如天文等曝光时间比读出时间长的科学研究应用领域。还有一种 CCD 传感器是如图 2-2-8 所示的隔列转移型面阵 CCD 传感器。除光电探测器（通常情况下为光电二极管）外，这种传感器还有一个带有不透明的金属屏蔽层的垂直转移寄存器。图像曝光后，累积的电荷通过传输门电路转移到垂直转移寄存器。这一过程通常在 1 μs 内完成。然后电荷通过垂直转移寄存器移至串行读出寄存器，最后读出形成视频信号。

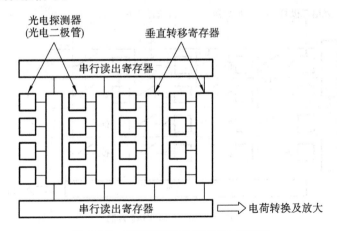

图 2-2-8　隔列转移型面阵 CCD 传感器

　　由于从光电二极管传输至垂直转移寄存器的速度很快，因此图像没有拖影，所以不需要机械快门或闪光灯。隔列转移型面阵 CCD 传感器的最大缺点：由于其垂直转移寄存器需要在传感器上占用空间,因此其填充因子可能低至 20%,图像失真会加剧。为了增大填充因子,常利用在传感器上加上微镜的方法使光聚焦至光屏蔽光电探测器(光敏光电二极管),如图 2-2-9 所示。然而即使这样也不可能使其填充因子达到 100%。

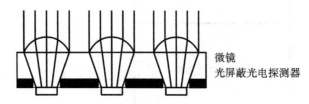

图 2-2-9　增大填充因子的方法

CCD 的优势在于成像质量好,但是其制造工艺复杂,导致制造成本居高不下,特别是大型 CCD,价格非常高。在相同分辨率下,CMOS 价格比 CCD 低,但是 CMOS 器件产品图像质量相比 CCD 来说要低一些。

2) CMOS 工业相机

CMOS 是另外一种结构的感光半导体成像器件,即互补金属氧化物半导体。CMOS 传感器通常采用光电二极管作为光电探测器。与 CCD 传感器不同,CMOS 传感器的光电二极管中的电荷不是顺序地转移到读出寄存器,CMOS 传感器的每一行都可以通过行和列选择电路直接选择并读出电荷,因此 CMOS 传感器可以当作随机存取存储器。如图 2-2-10 所示,CMOS 每个像素都有一个独立放大器。这种类型的传感器也称作主动像素传感器(APS)。CMOS 传感器常用于数字视频输出。因此,图像每行中的像素通过模数转换器阵列并行地转化为数字信号。

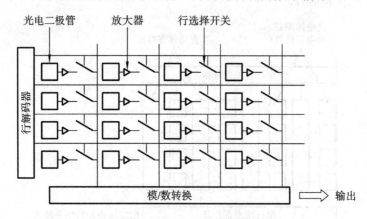

图 2-2-10　CMOS 传感器

因为放大器及行、列选择电路常会占用每个像素大部分面积,故与隔列转移型 CCD 传感器一样,CMOS 传感器的填充因子很低,因此常通过加微镜的方法来增加填充因子和减少图像失真。

由于 CMOS 传感器每一行都可以独立读出,因此得到一幅图像最简单的方式就是一行一行地曝光并读出,即行曝光。当然,对于连续的行,行曝光的曝光时间和读出时间可以重叠。显然这种读出方式使图像的第一行和最后一行有很大的采集时差,因此将行曝光用于采集运动物体图像时,会得到变形明显的图像,如图 2-2-11(a)所示。对于运动物体的拍摄,必须使用全局曝光的传感器。全局曝光传感器对应每个像素都需要一个存储区,因此降低了填充因子。对于运动物体,全局曝光可以得到正确的图像,如图 2-2-11(b)所示。

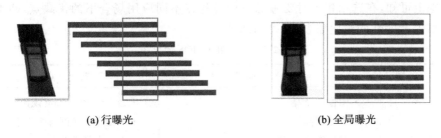

(a) 行曝光　　　　　　　　　　　　　(b) 全局曝光

图 2-2-11　两种曝光方式的拍摄效果比较

简单说来,CCD 传感器工作过程是上百万个像素感光后生成上百万个电荷,所有的电荷全部经过一个放大器进行电压转变,形成电子信号,因此,这个放大器就成了一个制约图像处理速度的瓶颈,所有电荷由单一通道输出,就像千军万马从一座桥上通过,当数据量大的时候,就发生信号拥堵。而 CMOS 的每一个像素点都有一个单独的放大器将电荷转换输出,因此 CMOS 没有 CCD 的瓶颈问题,能够在短时间内处理大量数据。CMOS 工作所需要的电压比 CCD 的低很多,功耗大约只有 CCD 的 1/3。每个 CMOS 都有单独的数据处理能力,大大减小了集成电路的体积,使相机更小型化。

虽然 CCD 图像传感器的原理和结构使其具有灵敏度高、噪声低、图像质量较高的优点,一般 CCD 高速相机的动态范围在 60 dB 左右,但在图像中有高亮度的点或区域时,CCD 图像传感器在工作过程中会产生让图像质量严重劣化的"Blooming"(光晕)现象和"Smear"(垂直拖光)效应。

CCD 传感器像素在受到强光照射时,亮点区域像元获得的光照过强,像元光电二极管在强光下产生的光电子数超过 CCD 电荷存储区可以存储的最大电子数而溢出,溢出的电子将沿行或列方向进入相邻像素,"污染"相邻图像区域(使相邻区域也饱和),图像出现 Blooming 现象,Blooming 现象会导致工业相机图像清晰度明显下降,严重影响成像的质量,无法真实反映要观测区域的细节信息,会丢失许多有用的信息。例如焊接实时检测图像的获取系统中,如果没有特殊的抗干扰措施,焊接等离子体的强光会在 CCD 工业相机上产生严重的光晕,使焊接熔池中心及边缘部分的图像信息全部丢失。

在 CCD 高速相机视场中,点光源或亮点区域的亮度不断提高时,Blooming 现象不断增强,图像中亮点区域的分散范围逐渐扩大,当 Blooming 现象很强时,便会出现条形光晕图像,即让图像质量严重劣化的 Smear 效应。

因为 CCD 图像传感器存在让图像质量严重劣化的 Blooming 现象和 Smear 效应,以及 CCD 的动态范围比较小,故 CCD 高速相机很难在焊接等离子体的强光干扰下获取焊接熔池中心及边缘部分的图像细节信息,因此其不适用于获取焊接实时检测图像。而新一代 CMOS 的组成结构在原理上消除了 Blooming 现象和 Smear 效应,使强光对相邻像元的干扰降到很小,因此 CMOS 更适用于获取焊接实时检测图像。综上可知,在选用相机时要考虑两种芯片在不同应用场合下的优缺点,CCD 和 CMOS 芯片的性能对比如表 2-2-2 所示。

表 2-2-2　CCD 和 CMOS 的比较

芯 片 类 型	优　　点	缺　　点
CCD	· 图像质量高 · 灵敏度高 · 对比度高	· 会产生 Blooming 现象 · 不能直接访问每个像素 · 无片上处理功能
CMOS	· 体积小,功耗低、帧率更高 · 片上数字化,含片上处理功能 · 没有 Blooming 现象 · 直接访问单个像素 · 高动态范围(120 dB)	· 一致性较差 · 光灵敏度差 · 噪声大

3) 彩色相机

前面我们了解到的都是黑白相机的工作原理,然而很多应用场合需要颜色图像,因此就需要采用彩色相机进行检测。CCD 和 CMOS 传感器对于近紫外光(200 nm)至可见光(380~780 nm)直至近红外光(1100 nm)都有响应。每个传感器都是按其光谱响应函数对入射光做出响应。传感器产生的灰度是传感器所能感应的所有波长范围内入射光的积累后按传感器光谱响应的结果。图 2-2-12 所示是日光下 CCD、CMOS 传感器和人眼(HVS)的光谱响应曲线。传感器的光谱响应范围要比人眼范围广许多。

CCD 和 CMOS 传感器由于对整个可见光波段全部有响应,因此无法产生彩色图像。为了产生彩色图像,需要在传感器前面加上 CFA(color filter array,彩色滤镜阵列)使得一定范围的光到达每个光电探测器。由于使用这种工作原理的传感器仅使用一个芯片得到彩色信息,因此被称作单芯片彩色相机。图 2-2-13 表示了最常见的 Bayer 滤镜阵列。这种滤镜阵列由三种滤镜组成,每种滤镜都可以透过人眼敏感的三基色红、绿、蓝中的一种。由于人眼对绿色最为敏感,因此滤镜阵列中绿色采样频率是其他两种的两倍。值得注意的是,绿色采样占比是 1/2,红、蓝采样占比分别

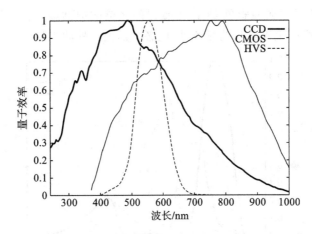

图 2-2-12 CCD、CMOS 传感器和 HVS 在日光下的光谱响应曲线

是 1/4,这就导致了严重的图像失真。通常在传感器前加上控制图像失真滤光片。为了得到传感器全分辨率下的彩色图像,少采样的部分需要经过颜色插值来重建。颜色重建的最简单方法是双线性或双三次插值。

图 2-2-14 所示为构造彩色相机的第二种方法。通过镜头的光线被分光器或棱镜分为三束,然后分别到达三个传感器。每个传感器前有一个各不相同的滤光片。这种彩色相机称作三芯片彩色相机。这种结构

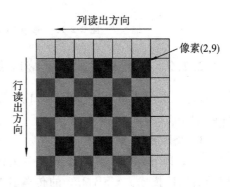

图 2-2-13 Bayer 滤镜阵列

很显然可以克服单芯片彩色相机的图像失真问题。然而由于必须使用三个传感器,而且三个传感器需要很仔细地调整位置,因此三芯片彩色相机比单芯片彩色相机贵许多。

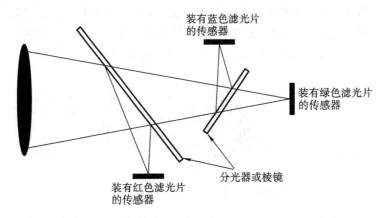

图 2-2-14 三芯片彩色相机

图 2-2-15 表示了典型彩色 CCD 传感器的光谱响应曲线,可见其在近红外是敏感的,这会使图像产生不希望的颜色,因此必须加上红外滤光片。

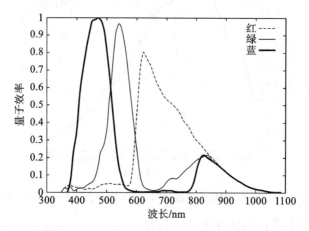

图 2-2-15 彩色 CCD 传感器的光谱响应曲线

2.2.2 工业相机的主要接口类型

目前,工业相机数据传输接口方式有很多种,包括 IEEE 1394、Camera Link、GigE、USB 2.0、USB 3.0 等。

1. USB 接口

USB 即 universal serial bus,中文名称为通用串行总线,是目前在 PC 领域广为应用的接口技术。USB 2.0 的传输速度可以达到 480 Mbps,并且可以向下兼容 USB 1.1。

随着大量支持 USB 的笔记本电脑的普及,USB 逐步成为笔记本电脑的标准接口。2000 年制定的 USB 2.0 标准,被称为 USB 2.0 的高速(high-speed)版本,其理论传输速度为 480 Mbps,即 60 MB/s,但实际传输速度一般不超过 30 MB/s,采用这种标准的 USB 设备也比较多。USB 电缆的长度在不加级联装置的情况下小于 5 m,加中继可达 30 m。图 2-2-16 所示为带 USB 接口的相机与线缆。

图 2-2-16 带 USB 接口的相机与线缆

USB 3.0 被认为是 super speed USB,作为新晋的高速数据传输接口,以其布线经济、安装简单、高达 5 Gbit/s 的带宽、可支持热插拔、与更多计算平台之间存在兼容性等优点,在与计算机交换数据的过程中获得广泛应用。

2. IEEE 1394 接口

IEEE 1394 接口为 Apple 公司开发的串行接口标准,又称火线接口。IEEE 1394 接口能够在计算机与外围设备间提供 100、200、400 Mbps 的传输速率。该接口不要求 PC 端作为所有接入外设的控制器,不同的外设可以直接在彼此之间传递信息。图 2-2-17 所示为带 IEEE 1394 接口的相机与线缆。

图 2-2-17　带 IEEE 1394 接口的相机与线缆

利用 IEEE 1394 的拓扑结构,该接口不需要集线器就可连接 63 台设备,并且不需要强制用电脑来控制这些设备。IEEE 1394b 接口规范能够实现传输速度为 800 Mbps 和 1.6 Gbps 的高速通信,并可实现较长距离的数据传输。无线方式 IEEE 1394 超高速数据传输技术可以实现 400 Mbps 的无线通信速度,传送距离在无障碍时可达 12 m,传送电波采用 60 GHz 的微波。

3. GigE 接口

千兆以太网是建立在以太网标准基础之上的技术。千兆以太网和大量使用的以太网与快速以太网完全兼容,并利用了原以太网标准所规定的全部技术规范,其中包括 CSMA/CD(carrier sense multiple access with collision detection,带冲突检测的载波监听多路访问)协议、以太网帧、全双工、流量控制以及 IEEE 802.3 标准中所定义的管理对象。作为以太网的一个组成部分,千兆以太网也支持流量管理技术,它保证在以太网上的服务质量,这些技术包括 IEEE 802.1P 第二层优先级、第三层优先级的 QoS(quality of service,服务质量)编码位、特别服务和资源预留协议(RSVP)。目前光纤信道技术的数据运行速率为 1.063 Gbps,使数据运行速率达到完整的 1000 Mbps。千兆位以太网分为 5 类、超 5 类、6 类 UTP(unshielded twisted pair,非屏蔽双绞线),传输距离为 100 m。图 2-2-18 所示为带 GigE 接口的相机与线缆。

图 2-2-18　带 GigE 接口的相机与线缆

4.Camera Link 接口

Camera Link 接口是适用于视觉应用数字相机与图像采集卡间的通信接口。这一接口扩展了 Channel Link 技术,提供了视觉应用的详细规范。它是由美国自动化成像协会 AIA 推出的数字图像信号通信接口协议,是一种串行通信协议;它是在 NSM (National Semiconductor,美国国家半导体公司)的接口协议 Channel Link 的基础上发展而来的,采用 LVDS(low voltage differential signal,低电压差动信号)接口标准,该标准具有速度快、抗干扰能力强、功耗低的优点。图 2-2-19 所示为带 Camera Link(Mini)接口的相机与线缆。

图 2-2-19　带 Camera Link(Mini)接口的相机与线缆

标准的 Camera Link 电缆提供相机控制信号线、串行通信信号线和视频数据线。其中,相机控制信号为 4 路 LVDS,它们被定义为相机输入和图像采集卡输出;串行通信信号为 2 路 LVDS,用于在相机与图像采集卡间进行异步串行通信。串行通信信号线包括:SerTFG(至图像采集卡的串行通信微分线)、SerTC(至相机的串行通信微分线)。串行通信信号线的接口具有一个开始位和一个停止位,但没有奇偶(parity)位和握手(handshaking)位。在 Camera Link 串行通信线中,相机和图像采集卡必须支持 9600 bps 的波特率;图像数据可通过 Channel Link 总线进行传输。视频数据线的 4 路信号被定义为 FVAL(帧有效时为高电平)、LVAL(像素有效时为高电平)、DVAL(数据有效时为高电平)和 SPARE(预留位)。常用的数字相机接口比较如表 2-2-3 所示。

表 2-2-3　常用的数字相机接口比较

项　　目	Camera Link	USB 2.0	IEEE 1394a	IEEE 1394b	GigE
速度/(MB/s)	Base:255 Full:680	38	32	64	100
距离/m	10	5	4.5	10	100
优点	带宽高、有带预处理功能的采集设备、抗干扰能力强	易用、价格低、可连多相机	易用、价格低、可连多相机、传输距离远、实际线缆可达到 17.5 m、光纤传输可达 100 m、CPU 占用低		易用、价格低、可连多相机、传输距离远、线缆价格低、支持标准 GigE Vision 协议

项　　目	Camera Link	USB 2.0	IEEE 1394a	IEEE 1394b	GigE
缺点	价格高、线中不带供电	无标准协议、CPU 占用高	长距离传输线缆的价格稍高		CPU 占用稍高、对主机配置要求高、有时存在丢包现象

2.3　机器视觉系统的原理与光学镜头选型

镜头是一种光学设备,用于聚集光线在相机内部成像,本书中则是指在数字传感器上成像。镜头的作用是产生锐利的图像,以得到被测物的细节。本节我们首先将讨论光学系统的基本概念及相关知识,其次讲解镜头的基本参数等,然后给出机器视觉系统中镜头的分类,最后呈现如何根据具体任务选择镜头。

2.3.1　光学系统的基本概念及相关知识

镜头是基于折射原理构造而成的。光线在一定介质中的传播速度 v 小于在真空中的传播速度 c,其比值 $n(n=c/v)$ 称作此介质的折射率。在常温常压下,空气的折射率为 1.0002926,接近 1。不同的玻璃的折射率范围是 1.48~1.62。

假设第一种介质折射率为 n_1,第二种介质折射率为 n_2,当光线以入射角 α_1 到达介质一与介质二的分界面时,将分成折射光与反射光,其中入射角 α_1 是入射光线与分界面法线的夹角。对于将要讲述的镜头,我们只关注折射光。如图 2-3-1 所示,折射光以出射角 α_2(出射光线与分界面法线的夹角)通过第二种介质。α_1 和 α_2 这两个角度之间的关系可以用折射定律表示:

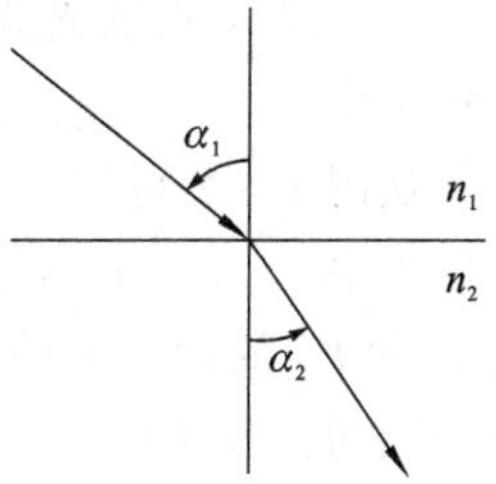

图 2-3-1　折射原理

$$n_1 \sin\alpha_1 = n_2 \sin\alpha_2 \tag{2-1}$$

折射率实际上取决于光的波长。白光由多种不同波长的光组成,因此当白光折射时会散成多种颜色,这种效果称作色散。现在看看光线通过一个镜头将会发生什么。将镜头看作由两个球心位于同一直线的折射球组组成,两个球面之间为一种均匀介质,镜头外两侧介质也是相同的,镜头具有一定厚度,如图 2-3-2 所示,我们将这一模型称为厚透镜。注意光线是从左向右传播的,所有水平间距均按光的传播方向测量,因此所有在镜头前的水平间距为负。而且,所有向上的间距为正,向下的间距为负。

如图 2-3-2 所示,位于镜头前的物体在镜头后成像。镜头有两个焦点 F 和 F',

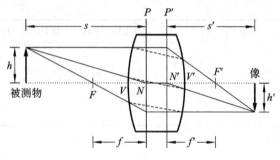

图 2-3-2　厚透镜

在镜头一侧的平行于光轴的光线经过镜头后汇聚到另一侧的对应焦点。主平面 P 和 P' 可以由镜头一侧入射的平行光线与另一侧过焦点的对应光线的交点得到,均与光轴垂直。相应的焦点 F 和 F' 与主平面 P 和 P' 的距离分别为 f 和 f'。由于镜头两侧的介质相同,因此 $f = f'$,f' 为镜头焦距。物体到主平面 P 的距离为物距 s,而像到主平面 P 的距离为像距 s'。图 2-3-2 中,虚点线表示的是光轴,为镜头两个折射球面的旋转对称轴。折射球面与光轴的交点为顶点 V 和 V'。节点 N 和 N' 的特点是当镜头两边介质相同时,节点 N 和 N' 为主平面与光轴的交点。如果介质不同,节点 N、N' 就不在主平面上。

在上述定义下,厚镜头成像法如下:

(1) 镜头前平行于光轴的光线通过镜头后过 F' 点。

(2) 过 F 点的光线通过镜头后平行于光轴。

(3) 过 N 点的光线也会过 N' 点,并且通过镜头之前与通过镜头之后与光轴的夹角不变。

从图 2-3-2 可以看出,3 条光线经过镜头后聚于一点,由于像的几何尺寸完全取决于 F 和 F'、N 和 N',因此这四个点称作镜头的基本要素。注意,对于平行于主平面 P 和 P' 的物面上的所有物点,其对应的像点也会在平行于 P 和 P' 的平面上,这个平面叫作像平面。

如果我们忽略光的波的特性,即将光看作在同类介质中按直线传播,则可按图 2-3-3 所示针孔成像的原理进行光路分析。从投影中心左右两侧的相似三角形我们可以得到:

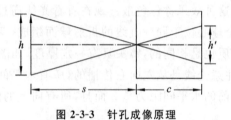

图 2-3-3　针孔成像原理

$$h' = h\frac{c}{s} \tag{2-2}$$

式中：h 为物体高度；s 为物体到投影中心的距离；c 为像平面到投影中心的距离，被称作相机常数或主距。

基于针孔成像的思想，我们同样可以利用相似三角形来确定光线经过透镜后的物像之间的基本关系。对比图 2-3-2 与图 2-3-3，可以看出：

$$h' = h\frac{s'}{s} \tag{2-3}$$

定义放大系数为 $\beta = h'/h$，可以得到 $\beta = s'/s$，利用光轴上下两侧的相似三角形，可以得出 $h'/h = f/(f-s)$ 及 $h'/h = (f'-s')/f'$，这两个三角形分别位于镜头两侧，并且光轴是它们中的一条公共边，同时正负符号同前面所提到的符号定义。因此，当 $f = -f'$ 时可以推出：

$$\frac{1}{s'} - \frac{1}{s} = \frac{1}{f'} \tag{2-4}$$

从式(2-4)可以推出：当物距 s 变化时，通过镜头的光线将相交于何处，即物体将于何处成像。例如物体靠近镜头，s 的绝对值变小，像距 s' 就会变大，即如果物距变大，像距就会变小。所以，聚焦过程就相当于改变像距的过程。其极限情况非常有意思：如果物体置于无穷远，所有的光线都会成为平行光，此时 $s' = F'$；从另一方面讲，如果把被测物置于点 F，像平面将在无穷远处。如果继续把物体向镜头移动使其位于 F 与镜头之间，我们将看到光线在成像端发散，其像为在物体同一侧的虚像，如图 2-3-4 所示，这就是放大镜的主要原理。

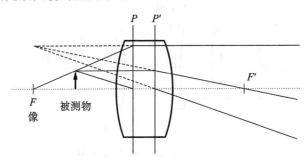

图 2-3-4　物距比焦距还小时成虚像

2.3.2　镜头的主要参数

在实际使用中，通常根据镜头的常用参数（如焦距、光圈等）来选择镜头，如图 2-3-5所示（相对孔径未标出），下面分别予以介绍。

1. 焦距

来自无限远的平行光线，经过镜头的折射，在镜头的主轴上聚成一个清晰的点，这个点就是焦点，如图 2-3-2 中的点 F 和 F'。由镜头中心到焦点的距离，称作焦距。

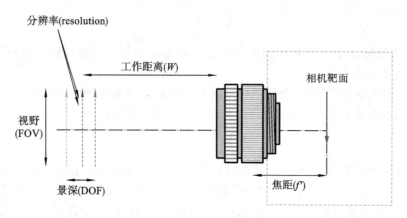

图 2-3-5　镜头参数

相机的焦距一般印刻在镜筒的外圆周上,单位为 mm。

焦距与成像大小有着直接的关系,其关系为

$$h' = - f'\tan M \tag{2-5}$$

式中:h' 为像高;f' 为焦距;M 为半视场角;负号表示所成的像是倒立的。

2. 相对孔径与光圈数 F

相机镜头是由多个一定直径的透镜组成,其中一般还设置一个直径可变的金属光孔,用以限制进入镜头的光束的大小,这个光孔通常称为孔径光阑。孔径光阑对它前方(物方)的光学元件所成的像,称为入射光瞳,如图 2-3-6 所示。

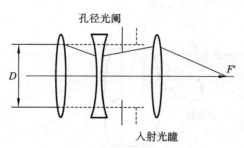

图 2-3-6　相机镜头组成示意图

相对孔径是指相机镜头的入射光瞳直径 D 与焦距 f' 的比值,即 D/f'。相对孔径的倒数称作光圈数,一般标在镜头上。

3. 视角

简单说来,视角就是镜头能看多宽。在图 2-3-2 中,镜头的孔径光阑完全对称,且镜头位于同一介质中,此时物方视角和像方视角相等,所以在使用中直接说视角,也就不再区分物方视角和像方视角。

4. 工作距离

顾名思义,工作距离就是被摄物体到镜头的距离,也称作物距,用 W 表示。一般来说,镜头可以看到无穷远处,所以不存在最大的工作距离。但是镜头却存在最小的工作距离,如果镜头在最小工作距离之内工作,将得不到清晰的图像。在镜头上有一个可以调节工作距离的调节圈(一般比较大),上面清晰地标出了镜头的工作距离。

5. 视野

视野就是镜头能看到的范围,也就是镜头正常工作时能够覆盖的最大工作空间,用 $2h$ 表示。

6. 景深

景深是摄影界比较流行的一个专业术语,指聚焦后焦点前后能够生成清晰图像的距离,简单说来就是镜头能够看清楚的"厚度"。景深和镜头的焦距、光圈、物距有关。光圈越小,景深越大;物距越大,景深越大;焦距越小,景深越大。

7. 分辨率和反差

分辨率是评价镜头质量的一个重要参数,定义为在像面处镜头在单位毫米内能够分辨开的黑白相间的条纹对数。如图 2-3-7 所示,此镜头分辨率为 $\dfrac{1}{2d}$,其中,d 为线宽。分辨率的单位为 lp/mm(线对/毫米)。

图 2-3-7　镜头分辨率

在理想成像镜头的焦平面上能分辨开来的两条纹之间的相应间距为

$$\sigma = \frac{1.22\lambda}{D/f'} = 1.22\lambda F \tag{2-6}$$

在实际工业应用中,系统使用面阵或线阵传感器作为成像器件,因此系统的分辨率通常也会受到成像传感器中像元分辨率的限制。像元分辨率定义为单位毫米内像素单元数的一半,即

$$N = \frac{1}{2p} \tag{2-7}$$

式中:p 为像素单元的尺寸大小。例如一个 CCD 传感器的像元尺寸大小为 5 μm×5 μm,则其像元分辨率为

$$N = \frac{1}{2 \times 0.005} = 100 \text{ lp/mm} \tag{2-8}$$

当一只镜头能做到所入即所出的程度,它就是最好的镜头,但是因为镜头的镜片设计以及加工往往受到很多因素的影响,所以很难获得这种理想化的镜头。因此,通常使用调制传递函数(MTF)来表征镜头的反差和分辨率。反差是衡量镜头记录、还原明暗的过渡的能力。

调制传递函数 MTF 定义为在一定空间频率时输出像对比度与输入像对比度之比,这里空间频率即线对。对于一个镜头,不同空间频率处的 MTF 是不同的,一般来说,随着空间频率的增大,MTF 越来越小,直至为零,MTF 为零时的空间频率称为镜头的截止频率。一些镜头厂家为了表示方便,通常也以镜头的截止频率来替代 MTF,用以表示镜头的分辨率。影响镜头分辨率的因素主要有如下几个方面:

(1) 镜头结构、材质、加工精度等。

(2) 镜头光圈,光圈越大,分辨率越高。

(3) 光波长度,波长越短,分辨率越高。

(4) 相同性能参数的镜头中,固定焦距镜头的分辨率比变焦距镜头的高。

(5) 短焦镜头一般边缘分辨率比中心的低,长焦镜头一般中心分辨率比边缘的低。

镜头分辨率直接影响光学系统的成像清晰度。我们可以采用图 2-3-8(见书末)所示的镜头分辨率测试图来直观判断一个镜头的成像性能。从图中可以看出,镜头分辨率越高,那么越细的黑白线束分辨得越清楚;镜头分辨率越低,细的黑白线束将会混在一起,成为灰色,细节就不清晰了。

2.3.3　机器视觉系统中镜头的分类

镜头的结构复杂多样,分类的方法也很多。下面介绍几种常见的分类方法。

1. 按照焦距分类

在机器视觉系统中,依据焦距是否能够调节,镜头可分为定焦距镜头和变焦距镜头两大类。其中,定焦距镜头按等效焦距分为:鱼眼镜头,焦距为 6~16 mm;超广角镜头,焦距为 17~21 mm;广角镜头,焦距为 24~35 mm;标准镜头,焦距为 45~75 mm;长焦镜头,焦距为 150~300 mm;超长焦镜头,焦距在 300 mm 以上。

这里所说的等效焦距＝实际焦距×43 mm/镜头成像圆的直径。需要注意的是,焦距的长短划分并不是以焦距的值为重要标准,而是以像角的大小为主要依据,所以当靶面的大小不等时,标准镜头的焦距大小也不同。

变焦镜头上都有变焦环,调节该环可以使镜头的焦距值在预定范围内灵活改变。变焦距镜头的长焦距值和短焦距值的比值称为该镜头的变焦倍率。变焦距镜头又可分为手动变焦镜头和电动变焦镜头两大类。变焦距镜头由于具有可连续改变焦距值的特点,在需要经常改变摄影视场的情况下使用非常方便,因此其在摄影领域中应用非常广泛。但由于变焦距镜头的透镜片数多、结构复杂,因此相对孔径不能做得太大,不然致使图像亮度较低、图像质量变差,同时在设计中也很难针对各种焦距、各种调焦距离做像差校正,则其成像质量自然无法和同档次的定焦距镜头的相比。

2. 按照有效像场分类

在最大像场范围的中心部位,有一能使无限远处的景物形成清晰影像的区域,这个区域称为清晰像场。相机的靶面一般位于清晰像场之内,这一限定范围称为有效像场。由于视觉系统中所用的相机的靶面尺寸有各种型号，因此在选择镜头时一定要注意镜头的有效像场应该大于或等于摄像机的靶面尺寸，否则成像的边角部分会模糊，甚至没有影像。根据有效像场，镜头可以分为：135 型相机镜头，有效像场尺寸为 24 mm×36 mm；127 型相机镜头，有效像场尺寸为 40 mm×40 mm；120 型相机镜头，有效像场尺寸为 80 mm×60 mm；大型相机镜头，有效像场尺寸为 240 mm×180 mm。

3. 按照镜头功能分类

对于使用在特定任务情况下的镜头，称其为特殊种类镜头，具体包括微距（macro）镜头、显微（micro）镜头、远心（telecentric）镜头、红外线（infrared）镜头、紫外线（ultraviolet）镜头，等等。

按德国的工业标准，成像比例大于 1∶1 的称为微距摄影范畴。这里我们所说的比例指像与实物的大小之间的比例关系，也就是镜头的放大率。35 mm 标准镜头最大拍摄比例为 1∶10。事实上放大率在 1∶1～1∶4 内的都属微距镜头，而放大率达到 10∶1～200∶1 则属显微镜头。使用专门的微距镜头，价格较高但成像质量可以得到保证。显微镜头包括体视显微镜头、生物显微镜头、金相显微镜头等，主要用在生物科学或冶金化学等科学任务中。

对于同样的物体，当其靠近眼睛时得到的像，会比远离眼睛时得到的像显得大一点。这个现象也同样出现在传统的光学系统中，即镜头的放大倍数是随着物距变化而变化的。远心镜头是为纠正传统镜头这一视差而设计，它可以在一定的物距范围内，使得到的图像放大倍率不会变化，简单地说，这种镜头拍出来的图像没有近大远小现象。图 2-3-9 所示为普通镜头和远心镜头成像比较，对于同样的物体，图（a）所示为普通镜头的成像，物体靠近眼睛端会比远离眼睛端显得大一点，而图（b）所示为远心镜头的成像，可见就没有近大远小的现象。

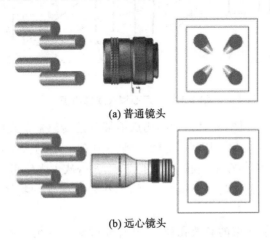

(a) 普通镜头

(b) 远心镜头

图 2-3-9　普通镜头和远心镜头成像比较

图 2-3-10 所示为远心镜头的实物照片,其中右边的远心镜头可以直接将点光源加装在镜头上,简化光源的安装方式。由于远心镜头的长度尺寸和体积比普通镜头要大,因此在机械安装时要考虑足够的空间。

(a) 普通远心镜头　　　　(b) 可安装点光源远心镜头

图 2-3-10　远心镜头实物图片

关于远心镜头的成像原理,其核心的一点是远心镜头采用普通镜头与小孔成像原理。从概念上讲,可以通过在镜头系统像方焦点 F' 处安装无限小的针孔孔径光阑来实现平行投影。根据图 2-3-2 所示的厚透镜成像定律,可以推断出这个针孔孔径光阑仅允许物方平行于光轴的光线通过,如图 2-3-11 所示。因此远心镜头至少要与被测物体一样大。

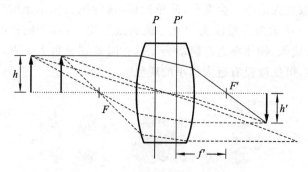

图 2-3-11　远心镜头成像原理

如同针孔摄像头一样,经过这种结构后能够到达传感器的光线太少了,这样的远心镜头是没有实用意义的。因此,孔径光阑必须有一定的大小,如图 2-3-12 所示。为了简化起见,主平面画在了一起,也就是 $P = P'$,从主光线可以看出,不同物距的被测物成像在相同位置。与普通镜头一样,不在焦平面上的物体所成的像将会产生弥散圆斑。

入瞳是限制入射光束的有效孔径,是孔径光阑对前方光学系统所成的像,现在孔径光阑位于像方焦点 F' 处,则可以推出入瞳位于物方无穷远处,其大小为无穷大。

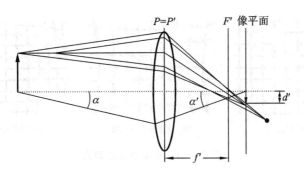

图 2-3-12　物方远心镜头

由于入瞳中心扮演投射中心的角色,而投射中心处于非常远处,因此这种平行投射方式被称为远心,特别是当投射中心位于物方无穷远处时,镜头系统被称为物方远心镜头。注意,此时镜头的出瞳即为孔径光阑。

另外一种远心镜头是在物方远心镜头孔径光阑后面再加上第二个镜头系统,使第一个镜头的像方焦点 F'_1 与第二个镜头的物方焦点 F_2 重合,如图 2-3-13 所示。根据图 2-3-2 的厚镜头成像定律可以得知第二个镜头的像方主光线也将平行于光轴。这种结构将出瞳也移到了无穷远,因此也称作双远心镜头。

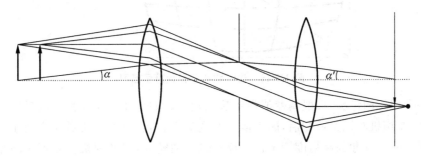

图 2-3-13　双远心镜头

双远心镜头的放大倍率可表示为 $\beta = -f'_2/f'_1$。因此放大倍率与被测物的位置及像平面的位置无关。而在物方远心镜头中,对应一个固定的像平面,放大倍率是一个常数。

2.3.4　镜头的畸变与矫正计算

镜头本身因为设计和加工的原因,拍摄物体时所得的像会产生形变。被摄物平面内的主轴外直线,经光学系统成像后变为曲线,则此光学系统的成像误差称为畸变。畸变只影响成像的几何形状,而不影响成像的清晰度。根据一个矩形成像后的特征,可以定义两种畸变:枕形畸变和桶形畸变,如图 2-3-14 所示。值得注意的是,通过光轴的直线不产生畸变。

短焦距镜头成像一般表现为桶形畸变,长焦距镜头成像一般表现为枕形畸变。

(a) 无畸变图像　　　　(b) 枕形畸变图像　　　　(c) 桶形畸变图像

图 2-3-14　光学镜头的畸变

人眼感觉不到小于 2％的畸变。在进行精度较高的测量任务时,需要校正畸变。

如图 2-3-15 所示,镜头的光学畸变 $=\dfrac{\Delta y}{y}\times 100\%$;如果是枕形畸变,则 Δy 为负数。

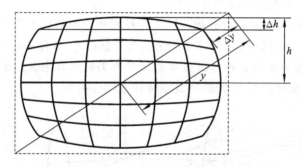

图 2-3-15　光学镜头畸变计算示意图

一个理想的镜头,一般畸变值都要求比较低。如果在像尺寸视觉测量这样的应用场合,在相机与镜头适配后,因为镜头畸变的存在,所以必须要做畸变校正。一般都是通过固定尺寸的高精度标定板来校正镜头的畸变,以及相机位姿等多项系统内部参数。

2.3.5　镜头的接口类型

工业镜头和工业相机之间的接口有许多不同的类型,工业相机常用的包括 C 接口、CS 接口、F 接口、V 接口、T2 接口、徕卡接口、M42 接口、M50 接口等。接口类型和工业镜头性能及质量并无直接关系。

C 接口和 CS 接口是工业相机最常见的国际标准接口,为 1 英寸-32UN 英制螺纹连接口,C 接口和 CS 接口的螺纹连接是一样的,区别在于 C 接口的后截距为 17.5 mm,CS 接口的后截距为 12.5 mm。所以,CS 接口的工业相机可以与 C 接口或 CS 接口的镜头连接使用,只是使用 C 接口镜头时需要加一个 5 mm 的接配环;而 C 接口的工业相机不能用 CS 接口的镜头。

F 接口是尼康镜头的标准接口,所以又称尼康口,也是工业相机中常用的类型,一般工业相机靶面大于 1 英寸时需用 F 接口的镜头。V 接口是著名的专业镜头品牌施奈德镜头所主要使用的标准接口,一般也用于工业相机靶面较大或特殊用途的镜头。

因此在选择镜头时要考虑相机的接口类型,然后才能确定镜头的接口形式。接口类型与相关的尺寸对应见表 2-3-1。

表 2-3-1 镜头接口类型与尺寸对照

接 口 类 型	法兰后截距/mm	卡口环直径/mm
C 接口	17.526	25.4
CS 接口	12.5	25.4
F 接口	46.5	47
M42	47.526	42

注:法兰后截距是指相机接口的定位面到相机靶面的距离。

2.3.6 镜头的选择原则

镜头的基本光学性能由焦距、相对孔径(光圈系数)和视场角(视野)这三个参数表征。因此,在选择镜头时,首先需要确定这三个参数,最主要的是确定焦距,然后再考虑分辨率、景深、畸变、接口等其他因素。

选择镜头的基本步骤可以参考以下几条原则:

(1) 镜头尺寸应等于或大于相机成像面尺寸。例如,1/3 英寸相机可选 1/3~1 英寸范围内的镜头,水平视角的大小都是一样的。但镜头尺寸比相机 CCD 靶面尺寸大时,将使图像视野比镜头视野小,即不能很好地利用镜头的视野。如果镜头尺寸比相机 CCD 靶面尺寸小,则会发生隧道效应,即图像有圆形的黑框,像在隧道里拍的一样。使用大于 1/3 英寸的镜头能够更精确利用镜头中心光路,可提高图像质量和分辨率。

(2) 选用合适的镜头焦距。根据目标尺寸和给定的测量精度,可以确定传感器尺寸和像素尺寸、放大倍率等;根据系统整体尺寸和工作距离,结合放大倍率,可以大概估算出镜头的焦距。焦距、传感器尺寸确定以后,视场角也可以确定下来。

(3) 考虑环境光线的变化,光线对图像的采集效果起着十分重要的作用。一般来说,对于光线变化不明显的环境,我们常选用手动光圈镜头并将光圈手动调到一个比较理想的数值后固定即可。如果光线变化较大,如室外 24 小时工作,则应选用自动光圈。自动光圈能够根据光的明暗变化自动调节光圈值的大小,保证图像质量。但需注意的是,如果光线照度不均匀,特别是监视目标与背景光反差较大时,采用自动光圈镜头成像效果不理想。

(4) 考虑最佳视野范围。因为镜头焦距和水平视角成反比,所以既想看得远,又想看得宽阔和清晰,是无法同时实现的。每个焦距的镜头都只能在一定范围内达到最佳视野范围。

（5）镜头接口与相机接口要一致。目前的相机和镜头通常都是 CS 接口，CS 型相机可以和 CS 型、C 型镜头配接，但和 C 型镜头接配时，必须在镜头和相机之间加接配环，否则可能碰坏 CCD 成像面的保护玻璃，造成 CCD 相机的损坏。C 型相机不能和 CS 型镜头配接。

（6）最后考虑镜头畸变和安装环境等其他要求即可。

在机器视觉系统应用中，镜头是视觉检测系统应用成功的桥梁，我们以下面的例子说明镜头的选型过程。

（1）系统要求：被测物体 100 mm×100 mm，精度要求 0.1 mm，相机距被测物体 200～400 mm，选择合适的相机和镜头。

（2）需求分析如下：

①被测物体是 100 mm×100 mm 的方形物体，而相机靶面通常为 4∶3 的矩形，因此，为了将物体全部摄入靶面，应该以靶面的短边长度为参考来计算视场；

②系统精度要求为 0.1 mm，100/0.1＝1000，因此相机靶面短边的像素值要大于 1000；

③相机到物体的距离为 200～400 mm，考虑到镜头本身的尺寸，可以假定物体到镜头的距离为 200～320 mm，取中间值，则系统的物距为 260 mm。

（3）选型计算：

①根据估算的像素值，可选定大恒 CCD 相机 SV1410FM，其靶面尺寸为 2/3 英寸（8.8 mm×6.6 mm），分辨率为 1392×1040，像元尺寸为 6.45 μm×6.45 μm。镜头放大率为 β＝6.6/100＝0.066，可以达到的精度：像素尺寸/放大率＝0.00645/0.066 mm＝0.098 mm，满足精度要求。

②根据公式，镜头的焦距为

$$f＝L/(1＋1/\beta)＝260/(1＋1/0.066) \text{ mm}＝16.1 \text{ mm}$$

③选择结果：镜头焦距为 16 mm，因此可以选择 Computar M1614-MP 镜头，其光圈数为 F1.4～F16，满足系统要求。

2.4 机器视觉系统的照明技术

在机器视觉系统中，光源的作用是提供稳定的照明条件，使被拍摄物特征具备明显而稳定的灰度值差异，并降低环境及其他杂散光的干扰，以得到高对比度的特征图像，从而降低图像处理的难度，提高系统的识别精度及鲁棒性。

2.4.1 照明技术的基础知识

光是由单一的或多种成分的光谱组成的，例如日光的光谱就是由从红外光到紫外光的所有光谱组成的,人眼能感觉的光谱范围为 380～780 nm,即从红色 780 nm 到紫色 380 nm。图 2-4-1(见书末)所示为光谱图。光的颜色取决于光源所产生的光的类型,以及覆盖在光源或相机镜头上的光学滤镜。

从物理知识中我们已经了解到光传播的一些基本特质,例如光在真空中呈直线传播,光在传播过程中会发生反射、折射、透射、吸收的现象。图 2-4-2 显示了光与被测物之间的相互关系。

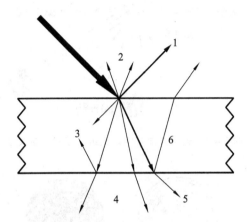

图 2-4-2　光与被测物相互作用示意图

1—镜面反射;2—漫反射;3—吸收;4—漫透射;5—定向透射;6—背反射

可以看到,在光的反射中,入射角等于反射角;而光的折射与光传入的介质相关,其中入射角大于折射角;光的透射与光的波长相关,光的波长越长,对物质的透过力越强,当然材质和厚度也同样会影响透射率。

除此之外,照射光也具有多种种类,包括直射光、漫射光(扩散光)、偏振光、平行光以及散射光。

(1)直射光:入射光基本上来自一个方向,射角小,能投射出物体阴影,可以在亮色和暗色阴影之间产生相对高的对比度图像。

(2)漫射光:入射光来自多个方向,不会投射出明显的阴影。日常的生活用光几乎都是漫散光。

(3)偏振光:振动方向对于传播方向的不对称性叫作偏振,具有偏振性的光则称为偏振光。

(4)平行光:照射角度一致的光。一般认为太阳光就是平行光。

(5)散射光:光子与物质分子相互碰撞,使光子的运动方向发生改变而向不同方向散射,即偏离原传播方向的光称为散射光。

明视野是最常用的照明方案,采用正面直射光照射形成,而暗视野主要由低角度或背光照明形成,如图 2-4-3 所示。对于不同项目检测需求,选择不同类型的照明方式,一般来说,暗视野会使背景呈现黑暗,而被检物体则呈现明亮。图 2-4-4 所示为利用明视野照明和暗视野照明的特征显示差异。

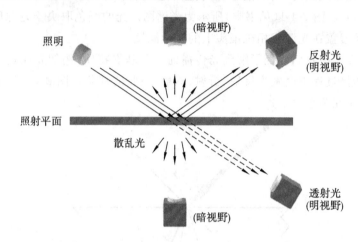

图 2-4-3　光照方向与明暗视野的相对位置关系

(a) 明视野照明　　　(b) 暗视野照明

图 2-4-4　利用明视野照明和暗视野照明的特征显示差异

透射照明，就是使光线透射对象物的一种照明方法。对象物因材质和厚度不同，对光的透过特性(透明度)各异。不同波长的光对物质的穿透能力(透射率)各异，其中波长越长的光对物质的穿透能力越强；波长越短的光在物质表面的扩散率(反射光子数量和透射光子数量的比)越大，对物质的穿透能力越弱。表 2-4-1 列出了不同波长光的扩散率。

表 2-4-1　不同波长光的扩散率

类　　型	波长/nm	扩　散　率
红外	950	0.23
红	660	1.00
绿	525	2.25
蓝	470	3.89
紫外	370	10.12

图 2-4-5 所示为读取塑封带内的 TSOP(thin small outline package,薄型小尺寸

封装)型号时,利用红光和蓝光照明所得到的不同图片效果。

(a) 红光(660 nm)照明　　　　　　(b) 蓝光(470 nm)照明

图 2-4-5　利用红光和蓝光照明读取塑封带内的 TSOP 型号效果

2.4.2　光源的种类

光源选择是视觉检测应用成功的基础,对于视觉系统,理想的光源应该是明亮、均匀、稳定的。目前视觉系统使用的光源主要有三种:高频荧光灯、光纤卤素灯、LED 光源。

高频荧光灯具有扩散性好、适合大面积均匀照射等优点,其缺点是响应速度慢、亮度较低,一般使用寿命为 1500～3000 h。光纤卤素灯具有亮度高的特点,其响应速度也比较慢,几乎没有光亮度和色温的变化,使用寿命只有 1000 h 左右。而 LED 光源可以使用多个 LED 达到高亮度,响应速度快,波长可以根据用途选择,根据不同的检测要求可以组合成不同形状的光源,使用寿命可高达 10000～30000 h,如果散热条件优,其亮度衰减减缓,使用寿命会延长。不同类型的光源性能比较如表 2-4-2 所示。

表 2-4-2　不同种类的光源性能比较

性　能	高频荧光灯	卤　素　灯	LED 光源
亮度	低	高	中
稳定性	低	中	高
有无闪光装置	无	无	有
使用寿命	中	低	高
光线均匀度	高	中	低
有无多色光	无	无	有
设计复杂度	低	中	高
温度影响	中	低	高
价格	低	高	中

由表 2-4-2 可以看出,LED 光源因其在亮度、稳定性、可控性以及使用寿命等方

面有巨大的优势,在机器视觉领域已经得到广泛应用。LED 光源可制成各种形状、尺寸及各种照射角度;可根据需要制成各种颜色,并可以随时调节亮度;通过散热装置,LED 光源的光亮度更稳定,使用寿命更长;LED 可以做到快速开关控制,可在 10 μs 或更短的时间内达到最大亮度;LED 的供电电源带有外触发,可以通过计算机控制,启动速度快,可以用作频闪灯;可根据客户的需要,设计出不同形状的 LED 光源,可满足不同的应该场景。下面简单介绍几种常用的 LED 光源。

1) 环形光源

环形光源如图 2-4-6 所示。

特点:360°照射无死角,照射角度、颜色组合设计灵活;能够突出物体的三维信息。

应用场景:PCB(printed-circuit board,印制电路板)基板检测、IC(integrated circuit,集成电路)元件检测、电子元件检测、集成电路字符检测、通用外观检测等。

图 2-4-6　环形光源

图 2-4-7　条形光源

2) 条形光源

条形光源如图 2-4-7 所示。

特点:发光面尺寸、颜色组合设计灵活;照射角度以及安装角度可以根据现场使用情况随意调整;具有一定的指向性。此外,光源漫射板可以根据现场需求拆除或者自行安装,且多个条形光源能够组合使用,条形光源组合或者单个条形光源是较大方形结构被测物打光的首选。

应用场景:金属表面检测、各种字符读取检测、图像扫描、LCD 面板检测等。

3) 同轴光源

同轴光源如图 2-4-8 所示。

特点:可以消除被测物表面不平整引起的阴影,并且通过分光镜的设计,能够提高成像的清晰度。

图 2-4-8　同轴光源

应用场景:光滑表面划伤检测、芯片以及硅晶片破损检测、mark 点定位、条码识别等。

4）圆顶光源

圆顶光源如图 2-4-9 所示。

特点：半球结构设计，空间 360°漫反射，光线打到被拍摄物上很均匀。

应用场景：曲面、弧形表面的检测，表面存在凹凸的检测，金属以及玻璃等表面反光强烈的物体表面检测等。

5）面光源

面光源如图 2-4-10 所示。

特点：高密度 LED 灯阵列排布，表面是光学扩散材料，面光源发出的是均匀的扩散光，并颜色组合以及尺寸等均可选，可以定制。

应用场景：零件尺寸测量、电子元器件外形检测、透明物体的划痕检测，以及污点检测等。

图 2-4-9　圆顶光源

图 2-4-10　面光源

6）点光源

点光源如图 2-4-11 所示。

特点：大功率的 LED 灯珠设计，发光强度高；经常配合远心镜头使用。

应用领域：微小元器件的检测，mark 点定位，以及晶片、液晶玻璃底基矫正等。

7）平面无影光源

平面无影光源如图 2-4-12 所示。

图 2-4-11　点光源

图 2-4-12　平面无影光源

特点:四周发光,通过导光板表面特殊的点状条纹设计控制光线的扩散和投射。

应用场景:包装品上的字符识别,金属表面及其他曲面、凹凸面的外观检测和丝印字符检测,玻璃表面划痕、凹坑、平整度检测等。

8) 线扫光源

线扫光源如图 2-4-13 所示。

特点:大功率高亮 LED 灯珠横向排布,特殊光学透镜设计,亮度高,长度可以根据需求定制。

应用场景:大幅面印刷品表面缺陷检测、大幅面尺寸精密测量、丝印检测等;可用于前向照明和背向照明。

图 2-4-13　线扫光源

2.4.3　光源配件的选取

除了光源,还需要选择一些为了控制光线传播路径或抑制某些光源特性对成像质量的干扰的光源配件。

1. 偏光器

偏光器通常只允许振动方向平行于其允许方向的光通过,而光的垂直分量被截止,其工作原理如图 2-4-14 所示。偏光器中的偏振镜片(见图 2-4-15)和偏光板两者结合,可以消除照明时产生的泛光。在光源出光位置安装偏振镜片,可以将光源发射的光转化为线偏振光,图 2-4-16 展示了有无偏光器的成像对比效果图。

2. 滤光片

滤光片用于过滤特定辐射波段的光并阻止其他不需要的细节进入相机成像视野中。添加滤光片将漫射光滤掉,可以得到对比度良好的对象轮廓。

图 2-4-17 展示了在金属工件的轮廓检测任务中有无滤光片的成像对比图。图 2-4-17(a)所示为没有加滤光片拍摄到的图片,可以看到室内的光源产生了漫射光,其他不需要的细节也进入了相机成像视野中;而 2-4-17(b)所示为加上滤光片后拍摄到的图片,可以看到添加滤光片后漫射光被滤掉,从而得到对比度良好的对象轮廓。

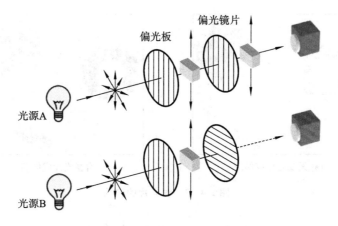

图 2-4-14　偏光器的工作原理

图 2-4-15　偏光器组成部件

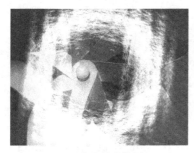

(a) 无偏光器成像图　　　　　　　(b) 有偏光器成像图

图 2-4-16　偏光器的作用

3. 光线控制薄膜

光线控制薄膜是一种排列着微细遮光线条的塑料薄膜,由微细遮光线条控制光线的方向和指向性,可以将散射光转化为类似平行光,其工作原理如图 2-4-18 所示,可以看到由 LED 光源发出的散射光经过光线控制薄膜后变为一系列平行光。图 2-4-19展示了有无光线控制薄膜的成像对比图。

4. 平行光学装置

平行光学装置(见图 2-4-20)主要是将散射光调整为平行光的一种装置。图

 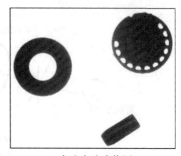

(a) 无滤光片成像图　　　　　　　　　　(b) 有滤光片成像图

图 2-4-17　滤光片的作用

图 2-4-18　光线控制薄膜及其工作原理

(a) 无光线控制薄膜成像图　　　　　　　(b) 有光线控制薄膜成像图

图 2-4-19　光线控制薄膜的作用

2-4-21显示了纽扣电池表面的凹陷和划痕检测中利用散射光和平行光照射得到的不同成像结果。可以看到,利用散射光照射得到的成像图(见图 2-4-21(a))没有表现出纽扣电池表面的凹陷和划痕,而平行光照射得到的成像图(见图 2-4-21(b))得到了很清晰的纽扣电池表面的凹陷和划痕。

2.4.4　光源选择的原则

(1)亮度。选择机器视觉光源时,在最小曝光和适当的光圈容许情况下,选择亮

图 2-4-20 平行光学装置

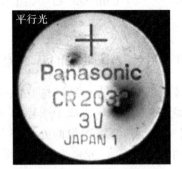

(a) 无平行光学装置成像图   (b) 有平行光学装置成像图

图 2-4-21 平行光学装置的作用

度最高的光源。

（2）鲁棒性。测试机器视觉光源鲁棒性是否最强的方法是观察光源是否对部件的位置敏感度最小。当机器视觉光源放置在镜头视野的不同区域或不同角度时，图像应该不会随之变化。

（3）机器视觉光源可预测。当机器视觉光源的光照射到物体表面的时候，光的反映是可以预测的。光可能被吸收或被反射，被反射的光的入射角等于反射角。

（4）机器视觉光源的位置。光按照入射角反射，预测光如何在物体表面反射可以确定光源的位置。

（5）表面纹理。物体表面可能高度反射（镜面反射）或者高度漫反射。决定物体是镜面反射还是漫反射的主要因素是物体表面的光滑度。

（6）表面形状。一个球形表面反射光的方式与平面的不尽相同。物体表面的形状越复杂，其表面的光反射变化也随之越复杂。

（7）机器视觉光源均匀性。均匀的光源会补偿物体表面的角度变化，即使物体表面的几何形状不同，光在各部分的反射也是均匀的。

（8）根据检测产品特征选择，一般选择的光源要比产品大，这样照射的光线才能覆盖整个产品；选择的光源的形状接近产品形状，可以让整个产品区域光照强度一致;光源颜色要能够让检测目标与背景有一定对比度,在黑白相机下使用与产品目标区域颜色接近的光源能够使该区域呈现更高的灰度,反之则呈现较低灰度;如果产品表面反光较强可以选用均匀性更好的无影光源,目标特征不明显则选用指向性或平行性更好的光源。

(9)根据机构要求,光源要能够满足设备的安装空间,生产线的生产节拍快就需要选择亮度更高光源。若光源在特殊环境(潮湿、高温)中工作,我们就需要考虑光源的防护与散热,从而保证光源的性能不受环境影响而衰减。

2.5　机器视觉软件(算法)设计的基本流程

2.5.1　数字图像处理的基本流程

在选择完相机、镜头、光源后,我们可以获取成像质量较高的数字图像,然而在机器视觉系统中,这仅仅完成了图像的采集部分,接下来,对于系统能否按照项目需求完成特定任务,数字图像的处理部分起着极其关键的作用。数字图像处理基本流程如图 2-5-1 所示,分别为数字化图像、预处理、图像分割、特征提取以及输出结果。

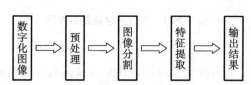

图 2-5-1　数字图像处理基本流程

1.数字化图像

要在计算机中处理图像,必须先把真实的图像(照片、画报、图书、图纸等)通过数字设备转变成计算机能够接受的显示和存储格式,然后再用计算机进行分析处理。图像的数字化过程主要分为采样、量化与编码三个步骤。

1)采样

采样的实质就是要确定用多少点来描述一幅图像,采样结果质量的高低利用图像分辨率来衡量。简单来讲,对二维空间上连续的图像在水平和垂直方向上等间距地分割成矩形网状结构,所形成的微小方格称为像素点。一幅图像被采样成有限个像素点的集合。例如:一幅分辨率为 640×480 的图像,表示这幅图像是由 640×480＝307200 个像素点组成。

如图 2-5-2 所示,最左边的"场景"是要采样的物体,最右边的图是采样后的数字图像,每个小格即一个像素点。

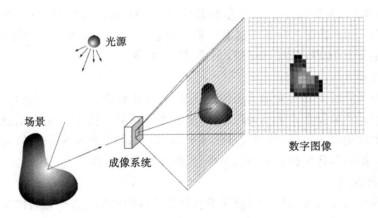

图 2-5-2　数字图像成像过程

2）量化

量化是指要确定使用多大范围的数值来表示图像采样之后的每一个点。量化的结果是图像能够容纳的颜色总数，它反映了采样的质量。

在量化时所确定的离散取值个数称为量化级数。为表示量化的色彩值（或亮度值）所需的二进制位数称为量化字长，一般可用 8 位、16 位、24 位或更高的量化字长来表示图像的颜色。例如，如果以 4 位存储一个点，就表示图像只能有 16 种颜色；若采用 16 位存储一个点，则有 $2^{16}=65536$ 种颜色。所以，量化字长越大，表示图像可以拥有越多的颜色，自然可以产生更为细致的图像效果。但是，这样也会占用更大的存储空间。两者的基本问题即视觉效果和存储空间的取舍。

假设有一幅黑白灰度的照片，因为它在水平与垂直方向上的灰度变化都是连续的，都可认为有无数个像素点，而且任一点上灰度的取值都是从黑到白可以有无限个可能值。通过沿水平和垂直方向的等间隔采样可将这幅模拟图像分解为近似的有限个像素点，每个像素点的取值代表该像素点的灰度（亮度）。对灰度进行量化，使其取值变为有限个可能值。

经过采样和量化得到的一幅空间上表现为离散分布的有限个像素点，只要水平和垂直方向采样点数足够多，量化字长足够大，得到的数字图像的质量与原始模拟图像相比则毫不逊色。

3）编码

因为数字化后得到的图像数据量十分巨大，数据的传输和存储都要花费大量时间，所以必须采用编码技术来压缩其信息量。在一定意义上讲，编码压缩技术是实现图像传输与储存的关键。已有许多成熟的编码算法应用于图像压缩。常见的有图像的预测编码、变换编码、分形编码、小波变换图像压缩编码等。

当需要对所传输或存储的图像信息进行高比率压缩时，必须采取复杂的图像编码技术。但是，如果没有一个共同的标准作基础，则不同系统间不能兼容，除非每一编码方法的各个细节完全相同，否则各系统间的连接都十分困难。为了使图像压缩标准化,20 世纪 90 年代后,国际电信联盟(ITU)、国际标准化组织(ISO)和国际电工委员会(IEC)已经制定并在继续制定一系列静止和活动图像编码的国际标准,已批准的标准主要有 JPEG 标准、MPEG 标准、H. 261 等。

2. 预处理

图像的预处理主要是对输入图像进行分割、特征提取和匹配前所进行的处理,它的主要目的是消除图像中无关的信息,恢复有用的真实信息,增强有关信息的可检测性和最大限度地简化数据,从而改进图像分割、特征提取、匹配和识别的可靠性。预处理过程一般有几何变换、归一化、平滑、复原和增强等步骤。

1)几何变换

用于改正图像采集系统的系统误差和仪器位置的随机误差所进行的变换称为几何变换。对于卫星图像的系统误差,如地球自转、扫描镜速度和地图投影等因素所造成的畸变,可以用模型表示,并通过几何变换来消除。随机误差如飞行器姿态和高度变化引起的误差,难以用模型表示出来,所以一般是在系统误差被纠正后,通过把被观测的图和已知正确几何位置的图相比较,用图中一定数量的地面控制点解双变量多项式函数组而达到变换的目的。

2)归一化

归一化使图像的某些特征在给定变换下具有不变性质的一种图像标准形式。在一般情况下,某些因素或变换对图像一些性质的影响可通过归一化处理得到消除或减弱,从而可以被选作测量图像的依据。例如对于光照不可控的遥感图片,灰度直方图的归一化对于图像分析是十分必要的。灰度归一化、几何归一化和变换归一化是获取图像不变性质的三种归一化方法。

3)平滑

平滑是消除图像中随机噪声的技术。对平滑技术的基本要求是在消去噪声的同时不会使图像轮廓或线条变得模糊不清。常用的平滑方法有中值滤波、均值滤波和 k 近邻平均法。局部区域大小可以是固定的,也可以是逐点随灰度值大小变化的。此外,也有应用空间频率域带通滤波方法。

4)复原

复原是指校正各种原因所造成的图像退化,使重建或估计得到的图像尽可能逼近理想无退化的像场。机器视觉技术在实际应用中常常发生图像退化现象,例如大气流的扰动、光学系统的像差、相机和物体的相对运动都会使图像发生退化。基本的复原技术是把获取的退化图像 $g(x,y)$ 看成退化函数 $h(x,y)$ 和理想图像 $f(x,y)$ 的卷积。它们的傅里叶变换存在关系:$G(u,v)=H(u,v)F(u,v)$。根据退化机理确定退化函数后,就可从此关系式求出 $F(u,v)$,再用傅里叶反变换求出理想图像 $f(x,y)$。

5)增强

增强是指对图像中的信息有选择地加强和抑制,以改善图像的视觉效果,或将图像转变为更适合于机器处理的形式,以便于特征提取或识别。例如一个图像增强系统可以通过高通滤波器来突出图像的轮廓线,从而使机器能够测量轮廓线的形状和周长。图像增强技术有多种方法,反差展宽、对数变换、密度分层和直方图均衡等都可用于改变图像灰度和突出细节。实际应用时往往要用不同的方法,反复进行试验才能达到满意的效果。

3. 图像分割

图像分割就是把图像分成若干个特定的、具有独特性质的区域并提出感兴趣目标的技术和过程。它是由图像处理到图像分析的关键步骤。现有的图像分割方法主要有:基于阈值的分割方法、基于区域的分割方法、基于边缘的分割方法以及基于特定理论的分割方法等。从数学角度来看,图像分割是将数字图像划分成互不相交的区域的过程。图像分割的过程也是一个标记过程,即把属于同一区域的像素赋予相同的编号。

灰度阈值分割法是一种最常用的并行区域技术,它是图像分割中应用数量最多的一类。灰度阈值分割方法实际上是输入图像 f 到输出图像 g 的变换:

$$g(i,j) = \begin{cases} 1, f(i,j) \geqslant T \\ 0, f(i,j) < T \end{cases} \tag{2-9}$$

式中:T 为阈值。对于前景的图像元素,$g(i,j) = 1$;对于背景的图像元素,$g(i,j) = 0$。由此可见,灰度阈值分割算法的关键是确定阈值,如果能确定一个合适的阈值就可准确地将图像分割开来。阈值确定后,将阈值与像素点的灰度值逐个进行比较,直接得到分割结果。像素分割可对各像素并行地进行。

灰度阈值分割的优点是计算简单、运算效率较高、速度快。在重视运算效率的应用场合(如用于硬件实现),它得到了广泛应用。

目前有各种各样的灰度阈值处理技术,包括全局阈值、自适应阈值、最佳阈值等。全局阈值是指整幅图像使用同一个灰度阈值做分割处理,适用于背景和前景有明显对比的图像。它是根据整幅图像确定的:$T = T(f)$。但是这种方法只考虑像素本身的灰度值,一般不考虑空间特征,因而对噪声很敏感。常用的全局阈值选取方法有利用图像灰度直方图的峰谷法、最小误差法、最大类间方差法、最大熵自动阈值法等。

在许多情况下,物体和背景的对比度在图像中各处不是一样的,这时很难用一个统一的灰度阈值将物体与背景分开,可以根据图像的局部特征分别采用不同的灰度阈值进行分割。实际处理时,需要按照具体问题将图像分成若干子区域分别选择灰度阈值,或者动态地根据一定的邻域范围选择每点处的灰度阈值,进行图像分割。这时的灰度阈值为自适应阈值。

灰度阈值的选择需要根据具体问题来确定,一般通过实验来确定。对于给定的图像,可以通过分析直方图的方法确定最佳的灰度阈值,例如当直方图明显呈现双峰情况时,可以选择两个峰值的中点作为最佳灰度阈值。

图像分割的另一种重要途径是通过边缘检测来进行,即检测灰度级或者结构具有突变的地方(表明一个区域的终结,也是另一个区域开始的地方)。不同的图像灰度不同,边界处一般有明显的边缘,利用此特征可以分割图像。

图像中边缘处像素的灰度值不连续,这种不连续性可通过求导数来检测。对于阶跃状边缘,其位置对应一阶导数的极值点,对应二阶导数的过零点(零交叉点)。因此常用微分算子进行边缘检测。常用的一阶微分算子有 Roberts 算子、Prewitt 算子和 Sobel 算子,二阶微分算子有 Laplace 算子和 Kirsch 算子等。在实际中各种微分算子常用小区域模板来表示,微分运算利用模板和图像卷积来实现。这些算子对噪声敏感,只适用于噪声较小、不太复杂的图像。

由于边缘和噪声都是灰度不连续点,在频域均为高频分量,直接采用微分运算难以克服噪声的影响,因此用微分算子检测边缘前要对图像进行平滑滤波。LoG 算子和 Canny 算子是具有平滑功能的二阶和一阶微分算子,边缘检测效果较好。

4. 特征提取

在机器学习、模式识别和图像处理中,特征提取从初始的一组测量数据开始,并建立旨在提供信息和非冗余的派生值(特征),从而促进后续学习和泛化的步骤,并且在某些情况下带来更好的可解释性。特征的好坏对泛化能力有至关重要的影响。

至今为止对于"特征"没有万能和精确的定义。特征的精确定义往往由问题或者应用类型决定。特征是一个数字图像中"有趣"的部分,它是许多计算机图像分析算法的起点。因此一个算法是否成功往往由它使用和定义的特征决定。特征提取最重要的一个特性是可重复性,即同一场景的不同图像所提取的特征应该是相同的。

数字图像中的边缘、角点、区域、脊等形状特征都可以成为"特征",此外常用的图像特征还有颜色特征、纹理特征、空间关系特征等。

(1)纹理特征:描述物体表面结构排列以及重复出现的局部模式,即物体表面的同质性,不依赖于颜色或亮度,具有局部性与全局性,对旋转与噪声不敏感。图像的纹理可以描述为:一个邻域内像素的灰度级发生变化的空间分布规律,包括表面组织结构、与周围环境关系等许多重要的图像信息。典型的图像纹理特征提取方法:统计方法,几何法,模型法,信号处理法。典型的统计方法是灰度共生矩阵纹理特征分析方法,几何法是建立在基本的纹理元素理论基础上的一种纹理特征分析方法,模型法是将图像的构造模型的参数作为纹理特征,而信号处理法主要以小波变换为主。

(2)形状特征:根据仅提取轮廓或整个形状区域的不同,形状特征可细分为轮廓形状与区域形状两类。轮廓形状是对目标区域的包围边界进行描述,其描述方法包括边界特征法、简单几何特征法、基于变换域(如傅里叶描述子、小波描述子)法、尺度曲率空间(CSS)法、霍夫变换法等。轮廓特征描述量小,但包含信息较多,能有效地减少计算量;但轮廓特征对噪声和形变敏感,通常难以提取完整的轮廓信息。区域形状特征是针对目标轮廓所包围的区域中的所有像素灰度值或对应的梯度加以描述,主要有几何特征(如面积、质心、分散度等)、拓扑结构特征(如欧拉数)、矩特征(如 Hu 不变矩、Zernike 矩)、梯度分布特征(如 HOG(histogram of oriented gradient,方向梯度直方图)、SIFT(scale-invariant feature transform,尺度不变特征变换)、

SURF(speeded up robust features,加速稳健特征)等)。

（3）颜色特征：用于描述图像所对应景物的外观属性，是人类感知和区分不同物体的基本视觉特征之一，颜色对图像平移、旋转与尺度变化具有较强的鲁棒性。

图像的颜色特征描述了图像或图像区域的物体的表面性质，反映出的是图像的全局特征。一般来说，图像的颜色特征是基于像素点的特征，只要是属于图像或图像区域内的像素点都将会有贡献。典型的图像颜色特征提取方法有：颜色直方图，颜色集，颜色矩。

颜色直方图是最常用的表达颜色特征的方法，它的优点是能简单描述图像中不同色彩在整幅图像中所占的比例，特别适用于描述一些不需要考虑物体空间位置的图像和难以自动分割的图像。而颜色直方图的缺点是它无法描述图像中的某一具体的物体，无法区分局部颜色信息。

颜色集可以看成颜色直方图的一种近似表达。具体方法：首先将图像从 RGB 颜色空间转换到视觉均衡的颜色空间；然后将视觉均衡的颜色空间量化；最后，采用色彩分割技术自动地将图像分为几个区域，用量化的颜色空间中的某个颜色分量来表示每个区域的索引，这样就可以用一个二进制的颜色索引集来表示一幅图像。

颜色矩方法是建立于图像中任意颜色分布都可以用相应的矩来表示这一数学基础上的。由于颜色分布信息主要集中在低阶矩中，因此，表达图像的颜色分布仅需要采用颜色的一阶矩、二阶矩和三阶矩。

5. 输出结果

将图片中感兴趣区(ROI)中的特征提取出后，经过特定任务需求输出图片中捕捉到的视觉信息，可以将捕捉到的信息转变为控制信号用以控制执行机构的运行，也可以将图片信息输出到用户界面用以人机交互，还可以将图片信息存入数据库用以后续对数据进行存储以及分析。

2.5.2　机器视觉常用软件系统介绍

前面介绍了机器视觉系统软件对数字图片处理的基本流程，现在介绍在机器视觉系统中常用的图像处理软件。工业上为了快速实现图像处理项目的开发，一般会采用工业图像处理软件，常见的包括 HALCON、Kimage、OpenCV 等。

1. HALCON

HALCON(见图 2-5-3)是德国 MVtec 公司开发的一套完善的标准的机器视觉算法包，拥有应用广泛的机器视觉集成开发环境。它节约了产品成本，缩短了软件开发周期——HALCON 灵活的架构便于机器视觉、医学图像和图像分析应用的快速开发，在欧洲以及日本的工业界已经是公认的具有最佳效能的机器视觉软件。

图 2-5-3　HALCON 图像处理软件图标

　　HALCON 源自学术界，它有别于市面一般的商用软件包，由一千多个各自独立的函数，以及底层的数据管理核心构成，包含各类滤波、形态学计算分析、校正、分类辨识、形状搜寻等功能。由于这些功能大多并非针对特定工作设计的，因此只要用得到图像处理的地方，就可以用 HALCON 强大的计算分析能力来完成工作。可见，HALCON 应用范围几乎没有限制，涵盖医学、遥感探测、监控，以及工业上的各类自动化检测等领域。

　　HALCON 支持 Windows、Linux 和 Mac OS X 操作环境。整个函数库可以用 C、C++、C♯、Visual basic 和 Delphi 等多种普通编程语言访问。HALCON 为大量的图像获取设备提供接口，保证了硬件的独立性。它为百余种工业相机和图像采集卡提供接口，包括 GenlCam、GigE 和 IEEE 1394。

　　HALCON 软件自带了超过 1000 个示例程序，这些例子涵盖了几乎全部的 HALCON 算子和特征，并且遍及各个应用领域，例如太阳能电池板监测、半导体监测、制药、食品、自动化、机器人等领域。HALCON 不但能并行化处理简单的滤波算子，对于其他某些复杂的算子或算法，它也可以自动并行化执行。如图 2-5-4 所示，HALCON 几乎支持市面上所有的工业相机。

图 2-5-4　HALCON 支持的部分工业相机

　　HALCON 软件广泛应用在各个行业，包括医疗、食品、机器人、汽车制造、包装、遥感图像分析等。图 2-5-5 展示了 HALCON 软件应用于一维码和二维码识别。

　　2. Kimage

　　Kimage 是深圳市启灵图像科技有限公司、武汉筑梦科技有限公司和华中科技大学根据多年来的视觉行业开发经验，联合研发出的一款适合快速入门的通用型机器视觉应用开发平台。该平台采用"所见即所得"的图形化编程方式（见图 2-5-6）、"强逻辑、弱操作"的拖拽式项目配置模式，适合初学者快速理解并掌握图像处理工具和机器视觉应用。该软件的特点在于软件对算子进行了封装，节省了从写代码到得到算子再到生成程序的时间，能快速有效地搭建一个程序，让使用者更高效地完成项目测试与开发，从而节省项目评估时间，缩短项目周期。

图 2-5-5 HALCON 用于一维码和二维码的识别

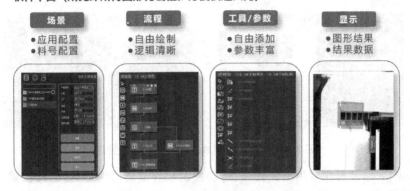

图 2-5-6 Kimage 图形化编程方式

如图 2-5-7 所示，Kimage 软件具体特点有：①逻辑能力强且操作简便；②支持多用户和多线程；③可根据现场需求进行深度配置（材料、工位、工具、参数、通信等）；④兼容常见的视觉、PLC（programmable logic controller，可编程逻辑控制器）、运动控制卡、工业机器人等硬件接口；⑤变量可灵活自定义；⑥方便用户自有或第三方算法扩展。

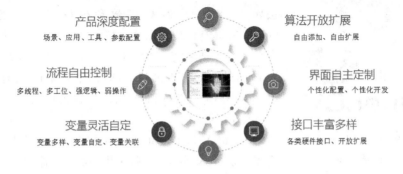

图 2-5-7 Kimage 软件特点

Kimage 软件支持大部分常见的工业 2D 相机和 3D 相机，包含 GigE、10GigE、USB 3.0 和 Camera Link 等接口，可应用于电子、五金、食品、包装、药品、物流、交通等各个领域。Kimage 软件具有丰富的基本应用工具,包含标定、模板匹配、斑点工具、图像预处理、找点、找边、找弧、几何测量、OCR(optical character reader,光学字符阅读器)、条码读取、二维码读取、颜色辨别、3D 匹配等,也开发了如脉络提取、平面印刷缺陷检测、崩边检测、区域直方图等行业检测用途专用工具。此外,Kimage 软件支持多工位和多任务同步运行,支持多用户模式,支持客户端和服务器之间传输图片、消息和数据,如图 2-5-8 所示。

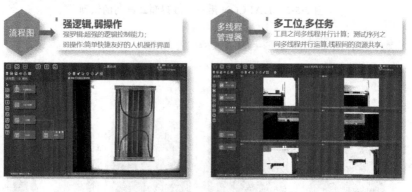

图 2-5-8　Kimage 拖拽式流程图和线程管理

　　Kimage 除了包含常用图像处理、运动控制和外部通信等工具,也可提供 AOI 检测、红外应用、深度学习等多种高级算子,提供 API(application programming interface,应用程序接口)函数,支持二次开发;支持单相机及多相机对位,支持 $XY\theta$、XYY、UVW、$SCARA$ 等各种贴合或对位平台模型。

　　3. OpenCV

OpenCV(见图 2-5-9)是 Intel 在 1999 年建立的开源的基于 BSD 许可的库,它包括数百种计算机视觉算法。它是轻量级的图像处理算法库——由一系列 C 函数和少量 C++类构成。OpenCV 具有模块化结构,这就意味着开发包里面包含多个共享库或者静态库。OpenCV 可以运行在 Linux、Windows、Android 和 Mac OS 操作系统上,具有C++、Python、Java 和 MATLAB 接口,也提供对于 C♯、Ch、Ruby、Go 的支持。

图 2-5-9　OpenCV 开源图像
处理软件图标

　　OpenCV 目前应用领域比较宽泛,包括人机互动、物体识别、图像分割、人脸识别、动作识别、运动跟踪、运动分析、机器视觉、结构分析、汽车安全驾驶图像数据的操作(分配、释放、复制、设置和转换)等。OpenCV 提供的视觉处理算法非常丰富,并且它部分以 C 语言编写,不需要添加新的外部支持也可以完整地编译链接生成执行程序,所以很多人用它来做算法的移植。OpenCV 的代码经过适当改写可以在 DSP(digital signal processor,数字信号处理器)系统和 ARM(advanced RISC machine,高级精简指令集计算机)嵌入式系统中正常运行。

OpenCV 具有很多优点,包括移植性好,平台支持 Windows、Linux、Mac OS 等;开源免费,可以进一步自行优化;使用方便,并且可以商业化。然而相较于 HALCON 类型的商业软件,OpenCV 安装配置麻烦、稳定性稍差。

思考与练习题

2-1　简述 CMOS 相机和 CCD 相机的不同点及使用场合。

2-2　光学镜头成像畸变有哪几种? 如何校正?

2-3　简述全局快门(global shutter)与卷帘快门(rolling shutter)的含义。

2-4　在机器视觉应用中如何选用线阵相机和面阵相机?

2-5　对于光滑物体表面的划痕缺陷检测,如何设计光学照明才能获得缺陷的清晰图像?

2-6　被测物体的尺寸为 150 mm×100 mm,测量精度要求 0.2 mm,被测物体距离为 300～500 mm,请通过计算选择合适的相机和镜头。

第3章　机器视觉中的典型图像处理算法

3.1　图像滤波

在学习图像滤波之前,我们先来简单学习一下图像的基本知识。图像存在于我们生活中的方方面面,那么,什么是图像呢?从我们人类的角度来讲,"图"是物体投射或反射光的分布,"像"是人的视觉系统对图的接受在大脑中形成的印象或反映,是主观和客观的一种结合。而对于计算机处理的图像,它是由相机、扫描仪等成像输入设备捕捉的实际场景画面,并经 A/D 转换将其转化为数字信号所形成的数字图像。

如图 3-1-1 所示,一幅数字图像可以定义成一个二维空间函数,即

$$I = i(x,y) \tag{3-1}$$

式中:I 是二维图像平面;x 和 y 是该平面中的坐标;i 是位于 x 和 y 坐标处的像素灰度值。

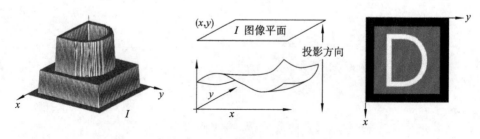

图 3-1-1　数字图像的二维空间表达

一幅数字图像可以看成一个二维矩阵,矩阵的一个元素对应图像的一个像素点,用于描述每个像素点的颜色信息,如图 3-1-2 所示。

通常情况下,图像的主要类型有黑白图像、灰度图像和彩色图像。黑白图像又称为二值图像,其图像矩阵仅由 0、1 两个值构成,0 代表黑色,1 代白色,如图 3-1-3 所示。

灰度图像矩阵元素的取值范围通常为[0,255],即 256 个灰度级,0 表示纯黑色,255 表示纯白色,中间的数字从小到大表示由黑到白的过渡色,如图 3-1-4 所示。黑白图像可以看成灰度图像的一个特例。

彩色图像分别用红(R)、绿(G)、蓝(B)三原色的组合来表示每个像素的颜色。

图 3-1-2　二维数字图像的矩阵表示

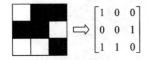

图 3-1-3　二值图像

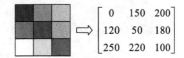

图 3-1-4　灰度图像

由于每个像素的颜色需要由 **R**、**G**、**B** 三个分量来表示,因此一个彩色图像需要由三个矩阵来表征,每个矩阵分别表示各个像素的 R、G、B 三个颜色分量,如图 3-1-5(见书末)所示。

图像的基本属性有亮度、层次、对比度和清晰度。亮度也称为灰度,表示颜色的明暗变化,常用 0~100% 来表示,即由黑到白,如图 3-1-6 所示的三幅图表示不同亮度的对比。

图 3-1-6　不同亮度的图像

灰度级表示像素明暗程度的整数量,而层次就是表示图像的灰度级的数量,例如,图像灰度级的取值范围为[0,255],就称该图像是具有 256 个灰度级的图像,可称该图像具有 256 个层次。图像的层次越多,图像越"光滑",视觉效果就越好;反之,图像的"颗粒感"就越明显,如图 3-1-7 所示。

对比度是指图像中灰度反差的大小,对比度在数值上等于最大亮度和最小亮度的比值,比值越大,灰度的渐变层次就越多,图像的色彩表现就越丰富,如图 3-1-8 所示。

256个层次

64个层次

16个层次

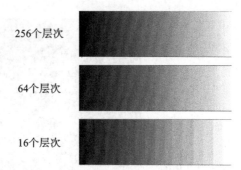

图 3-1-7　不同层次的图像

图 3-1-8　不同对比度的图像

　　清晰度的影响因素主要有亮度、尺寸大小、细微层次和颜色饱和度这四个方面。如图 3-1-9 所示,降低图像亮度会降低图像清晰度;如图 3-1-10 所示,缩小图像尺寸会降低图像清晰度;如图 3-1-11 所示,减少图像细微层次会降低图像清晰度;如图 3-1-12所示,降低图像颜色饱和度也会降低图像清晰度。

图 3-1-9　降低图像亮度

图 3-1-10　缩小图像尺寸

图 3-1-11　减少图像细微层次

图 3-1-12　降低图像颜色饱和度

　　图像在采集和传输的过程中往往容易受到各种噪声的干扰,这些噪声通常表现为一些孤立的像素点(雪花点),并且是叠加在图像上的随机噪声,此时,就需要对图像进行滤波处理。常见的噪声有高斯噪声、椒盐噪声和脉冲噪声等。图像滤波的目的就是提取和突出图像的空间信息,压制或者消除无用的噪声信息。图像滤波主要包括空间域滤波和频率域滤波,如图 3-1-13 所示。

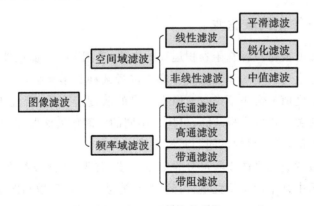

图 3-1-13　图像滤波分类

　　空间域滤波是直接对图像进行空间变换,它是一种邻域运算,即输出图像中的任何一个像素的值都是通过采用一定的算法,根据该像素一定邻域内的像素的值得来的。如果输出像素是输入像素邻域像素的线性组合则称为线性滤波,如平滑滤波和锐化滤波;否则称为非线性滤波,如中值滤波。线性平滑滤波器去除高斯噪声的效果很好,且在大多数情况下,对其他类型的噪声也有很好的去除效果。线性滤波器使用连续窗函数内像素加权和来实现滤波,同一模式的权重因子可以作用在每一个窗口内,也就意味着线性滤波器是空间不变的,这样就可以使用卷积模板来实现滤波。任何不是像素加权运算的滤波器都属于非线性滤波器。非线性滤波器也可以是空间不变的,也就是说,在图像的任何位置上可以进行相同的运算而不考虑图像位置或空间的变化。

频率域滤波需要先对图像进行傅里叶变换,将图像由空间域转换到频率域,在频率域进行处理后,再逆变换回空间域。频率域滤波主要分为低通滤波、高通滤波、带通滤波和带阻滤波。

空间域的平滑滤波在减小噪声的同时也模糊了图像的细节,对应着频率域滤波中的低通滤波;空间域的锐化滤波用于突出边缘及细节、弥补平滑滤波造成的边缘模糊,对应着频率域滤波中的高通滤波,如图 3-1-14 所示。

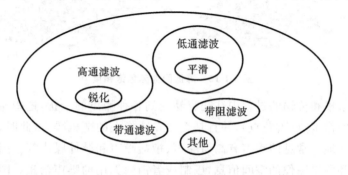

图 3-1-14　空间域与频率域滤波关系

3.1.1　图像空间域滤波

图像空间域滤波是一种基于卷积运算的方法,采用某一个滤波器(也常称为滤波核),对每一个像素与其周围邻域的所有像素进行某种数学运算,得到该像素的新的灰度值。新的灰度值的大小不仅与该像素本身的灰度值有关,而且还与其邻域内的像素的灰度值有关。借助模板运算,可构建不同的空间域滤波器,若卷积模板的各个系数赋以不同的值,就可得到不同的滤波算子或者滤波核。

图像空间域滤波的具体步骤可分为如下四步:首先,将滤波核在图中移动,并将滤波核中心与图中某个像素位置重合;其次,将滤波核上的系数与图像中对应的像素相乘;然后,将所有乘积相加;最后,将累加和(滤波核的输出响应)赋给图中对应滤波核中心位置的像素。重复上述步骤,直至更新图中所有的像素,即完成空间域滤波的过程,如图 3-1-15 所示。

图像空间域滤波主要分为平滑滤波、中值滤波和锐化滤波,其中,平滑滤波主要分为均值滤波和高斯滤波,锐化滤波主要分为基于一阶梯度算子的滤波和基于二阶拉普拉斯算子的滤波,如图 3-1-16 所示。

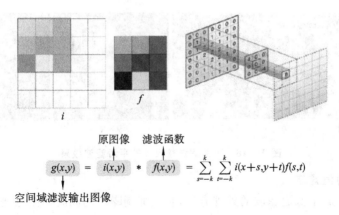

$$g(x,y) \; = \; i(x,y) \; * \; f(x,y) \; = \; \sum_{s=-k}^{k} \sum_{t=-k}^{k} i(x+s, y+t) f(s,t)$$

原图像　　　滤波函数

空间域滤波输出图像

图 3-1-15　空间域滤波示意图

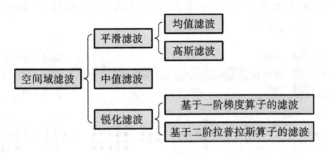

图 3-1-16　空间域滤波分类

1. 图像平滑滤波

　　平滑滤波的输出是包含在滤波核范围内的像素的简单平均值,根据滤波核的数值分布特点,分为均值滤波和加权滤波,其中,加权滤波以高斯滤波为代表。如图 3-1-17 所示,均值滤波对邻域内的像素"一视同仁",即每个像素具有相同的权重系数,而加权滤波则认为距离滤波核中心越近的像素应对滤波结果有较大的贡献,所以将滤波核中心处像素的权重系数取得比其周边的大,随着像素与滤波核中心处距离的增大,其权重系数迅速减小。高斯滤波核的权重系数由高斯分布来确定。一般来说,图像具有局部连续的性质,即相邻的像素的灰度值相近,而噪声使得噪点像素处产生灰度值跳跃,所以平滑滤波可以减少噪声,去除图像中的"离群点"。

$$\frac{1}{9} \begin{bmatrix} 1 & 1 & 1 \\ 1 & 1 & 1 \\ 1 & 1 & 1 \end{bmatrix} \qquad\qquad \frac{1}{16} \begin{bmatrix} 1 & 2 & 1 \\ 2 & 4 & 2 \\ 1 & 2 & 1 \end{bmatrix}$$

均值滤波核　　　　　　　　　加权滤波核(高斯滤波核)

图 3-1-17　平滑滤波核

　　平滑滤波核的尺寸不宜过大,因其尺寸过大会影响滤波处理速度,同时会使图像的边缘和细节变得模糊,如图 3-1-18 所示。

原图　　　　　3×3　　　　　9×9　　　　　11×11

图 3-1-18　不同滤波核尺寸的平滑滤波效果

2. 图像中值滤波

平滑滤波属于低通滤波的处理方法,它在抑制噪声的同时使图像变得模糊,即图像的边缘等细节信息被削弱。如果既要抑制噪声,又要保持图像细节,则可以采用中值滤波。中值滤波的输出是邻域(主要有线形邻域、十字形邻域、矩形邻域和多边形邻域)像素的中间值,如图 3-1-19 所示。

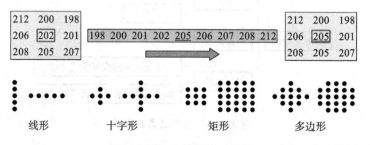

线形　　　　十字形　　　　矩形　　　　多边形

图 3-1-19　中值滤波核示例

对于椒盐噪声,中值滤波在保留图像清晰度方面优于均值滤波,但对于高斯噪声则不如均值滤波,如图 3-1-20 所示。

原图　　高斯噪声　　均值滤波　　中值滤波

椒盐噪声　　均值滤波　　中值滤波

图 3-1-20　均值滤波与中值滤波去噪对比

3. 图像锐化滤波

设想一下,如果一幅图像中所有像素的灰度值都相同,这幅图像中有边缘出现吗? 如图 3-1-21 所示,只有当相邻像素的灰度值不一样时,或者说有变化时,才可能有边缘出现。而相邻像素之间的灰度值变化可以用微分来表征,因此,可以用一阶微分或者二阶微分来反映相邻像素之间灰度值的变化率。

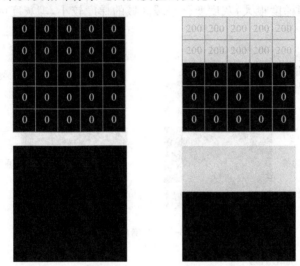

图 3-1-21　图像边缘示意图

1) 梯度锐化算子

已知梯度矢量为 $\mathbf{V}i(x,y) = \begin{bmatrix} g_x \\ g_y \end{bmatrix} = \begin{bmatrix} \dfrac{\partial i}{\partial x} \\ \dfrac{\partial i}{\partial y} \end{bmatrix}$,则幅值为 $\sqrt{g_x^2 + g_y^2}$,相角为 $\arctan(g_y/$

$g_x)$ 。如图 3-1-22 所示,在数字图像处理领域,由于图像的离散性,可以采用差分来代替微分,即梯度幅值为 $\sqrt{[i(x+1,y)-i(x,y)]^2 + [i(x,y+1)-i(x,y)]^2}$,为了提高计算速度,可以采用绝对差分来代替微分,即梯度幅值为

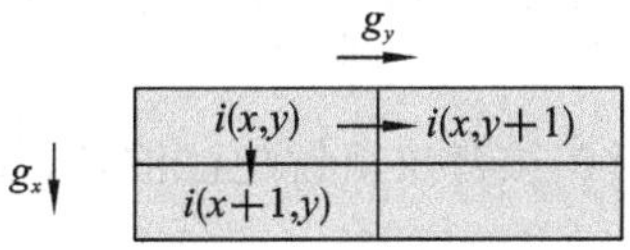

$$\xrightarrow{\quad g_y \quad}$$

$$g_x \downarrow \quad \begin{array}{|c|} \hline i(x,y) \longrightarrow i(x,y+1) \\ \hline i(x+1,y) \\ \hline \end{array}$$

$$\sqrt{[i(x+1,y)-i(x,y)]^2 + [i(x,y+1)-i(x,y)]^2}$$

$$\Rightarrow |i(x+1,y)-i(x,y)| + |i(x,y+1)-i(x,y)|$$

$$\Rightarrow i(x+1,y)-i(x,y)+i(x,y+1)-i(x,y)$$

图 3-1-22　锐化原理图

$|i(x+1,y)-i(x,y)|+|i(x,y+1)-i(x,y)|$。在实际应用中,可以简单地从底部一行的像素减去顶部相邻一行的像素来得到水平方向的梯度分量 g_x,从右列的像素减去相邻左列的像素得到垂直方向的梯度分量 g_y。

如图 3-1-23 所示,对梯度幅值进行可视化可以得到梯度图,x 方向的梯度图反映水平边缘,y 方向的梯度图反映垂直边缘。从梯度图中可以看出,边缘或者轮廓的像素灰度有突变,即梯度很大,灰度变化平缓区域的梯度较小,等灰度区域的梯度为零。

图 3-1-23　梯度图

2) 拉普拉斯锐化算子

接下来,我们来学习基于二阶微分的锐化滤波算子——拉普拉斯锐化算子。在一阶微分算子的基础上,再进行一次微分运算,即

$$[i(x+1,y)-i(x,y)]-[i(x,y)-i(x-1,y)]+$$
$$[i(x,y+1)-i(x,y)]-[i(x,y)-i(x,y-1)]$$

整理后有

$$i(x+1,y)+i(x-1,y)+i(x,y+1)+i(x,y-1)-4i(x,y)$$

进一步有

$$\begin{bmatrix} i(x-1,y-1) & i(x-1,y) & i(x-1,y+1) \\ i(x,y-1) & i(x,y) & i(x,y+1) \\ i(x+1,y-1) & i(x+1,y) & i(x+1,y+1) \end{bmatrix} \cdot \begin{bmatrix} 0 & 1 & 0 \\ 1 & -4 & 1 \\ 0 & 1 & 0 \end{bmatrix}$$

其中,$\begin{bmatrix} 0 & 1 & 0 \\ 1 & -4 & 1 \\ 0 & 1 & 0 \end{bmatrix}$ 就表示 0°拉普拉斯锐化滤波核,如图 3-1-24 所示。

同理,可以推导出 45°拉普拉斯锐化滤波核,即 $\begin{bmatrix} 1 & 0 & 1 \\ 0 & -4 & 0 \\ 1 & 0 & 1 \end{bmatrix}$。将 0°滤波核和 45°滤波核相加可以构建新的锐化滤波核,如图 3-1-25 所示。

下面分别用 0°锐化滤波核、0°与 45°的合成锐化滤波核对图像进行锐化操作,如

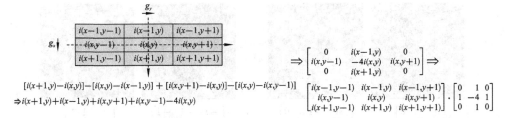

图 3-1-24 0°拉普拉斯锐化滤波核示例

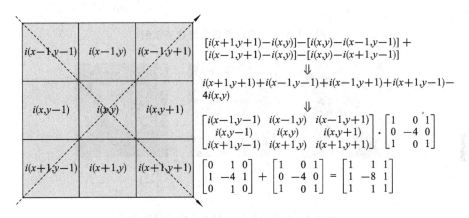

图 3-1-25 45°拉普拉斯锐化滤波核示例

图 3-1-26 所示。合成锐化滤波核的锐化效果更好。

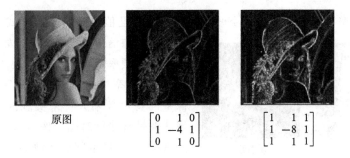

原图 $\begin{bmatrix} 0 & 1 & 0 \\ 1 & -4 & 1 \\ 0 & 1 & 0 \end{bmatrix}$ $\begin{bmatrix} 1 & 1 & 1 \\ 1 & -8 & 1 \\ 1 & 1 & 1 \end{bmatrix}$

图 3-1-26 用 0°锐化滤波核、0°与 45°的合成锐化滤波核锐化的效果对比

拉普拉斯锐化滤波核的系数和为零,因此同一种类型的滤波核有两种表达方式,如图 3-1-27 所示,图中(a)、(b)分别为两个示例。

采用拉普拉斯锐化算子对图像进行处理后,虽然图像中的边缘增强了,但图像中的背景信息却消失了。为了既体现拉普拉斯锐化的处理结果,同时又能保持原图像的背景信息,可以将原始图像和拉普拉斯锐化滤波结果图像叠加在一起来达到图像增强的效果,如图 3-1-28 所示。

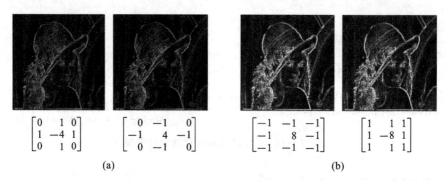

$$\begin{bmatrix} 0 & 1 & 0 \\ 1 & -4 & 1 \\ 0 & 1 & 0 \end{bmatrix} \quad \begin{bmatrix} 0 & -1 & 0 \\ -1 & 4 & -1 \\ 0 & -1 & 0 \end{bmatrix} \qquad \begin{bmatrix} -1 & -1 & -1 \\ -1 & 8 & -1 \\ -1 & -1 & -1 \end{bmatrix} \quad \begin{bmatrix} 1 & 1 & 1 \\ 1 & -8 & 1 \\ 1 & 1 & 1 \end{bmatrix}$$

(a)   (b)

图 3-1-27　拉普拉斯锐化滤波核示例

原图 $\begin{bmatrix} 0 & -1 & 0 \\ -1 & 5 & -1 \\ 0 & -1 & 0 \end{bmatrix}$ $\begin{bmatrix} -1 & -1 & -1 \\ -1 & 9 & -1 \\ -1 & -1 & -1 \end{bmatrix}$

图 3-1-28　拉普拉斯锐化用于图像增强的示例

3.1.2　图像频率域滤波

图像频率域表达是把图像空间域的像素的灰度值以频谱图的形式表示出来，可

空间域   频率域

图 3-1-29　图像的空间域和频率域表达

以表征图像信息的分布特征，如图 3-1-29 所示。由于频率域图像给出的是图像的全局特征，因此频率域滤波就是通过改变频率域图像中的特定频率分量来实现的，而不像空间域滤波是直接针对图像像素进行的。从这一点来讲，它不像空间域滤波那么直接，但是其使用频率分量来分析滤波的原理却比较直观，使得有时在空间域难以处理的问题，在频率域中或许变得很容易解决。另外，可以将在频率域中设计的滤波器做逆变换，指导空间域滤波器的设计。

图像频率域滤波实际上是将图像进行傅里叶变换，将其从空间域变换到频率域，然后用频率域方法进行处理，处理完后再利用傅里叶逆变换将其变换回空间域，其核心思想是傅里叶变换表示的函数特征完全可以通过傅里叶逆变换来重建，而且不会丢失任何信息。如图 3-1-30（见书末）所示，三棱镜可以将自然光分解成不同颜色的光,每个成分的颜色由波长(或频率)来决定。傅里叶变换可以看成数学上的三棱镜,可以将一个函数以基于频率的方式分解成不同的成分。二维离散傅里叶变换 DFT 很好地描述了二维离散信号(图像)的空间域与频率域之间的关系,其物理意义是将图像的灰度分布函数变换为图像的频率分布函数,其物理效果是将图像从空间域转换到频率域。反之,二维离散傅里叶逆变换 IDFT 是将图像从频率域转换到空间域。

二维傅里叶变换的离散表达式为

$$I(u,v) = \sum_{x=0}^{M-1} \sum_{y=0}^{N-1} i(x,y) e^{-j2\pi \left(\frac{xu}{M} + \frac{yv}{N}\right)} \tag{3-2}$$

式中:$u = 0,1,2,\cdots,M-1$;$v = 0,1,2,\cdots,N-1$。

逆变换为

$$i(x,y) = \frac{1}{MN} \sum_{u=0}^{M-1} \sum_{v=0}^{N-1} I(u,v) e^{j2\pi \left(\frac{ur}{M} + \frac{vy}{N}\right)} \tag{3-3}$$

式中:$x = 0,1,2,\cdots,M-1$;$y = 0,1,2,\cdots,N-1$。

$i(x,y)$ 的傅里叶变换为复数,即 $I(u,v) = \text{Re}(u,v) + \text{Im}(u,v)$,式中,$\text{Re}(u,v)$、$\text{Im}(u,v)$ 分别表示傅里叶变换 $I(u,v)$ 的实部和虚部。将其写成指数形式,有 $I(u,v) = |I(u,v)| e^{j\varphi(u,v)}$,式中,$|I(u,v)|$、$\varphi(u,v)$ 分别表示幅度谱和相位谱,其中,$|I(u,v)|$ 又称为傅里叶谱、频谱。将幅度谱和相位谱分别进行可视化,可以得到频谱图和相位图,如图 3-1-31 所示。

原图　　　　　　　　频谱图　　　　　　　　相位图

图 3-1-31　图像的频谱图与相位图

根据频谱图可知,四个角的部分表示低频成分,中间部分表示高频成分,如图 3-1-32 所示。在实际的应用中,为了利用频谱图进行各种计算和分析,常常希望低频部分位于中央,使得频谱分布呈现"中间低、周围高",故根据傅里叶变换的周期性和频率位移的性质,可以对频谱图进行"中心化"操作,如图 3-1-33 所示。

图像傅里叶变换在原点处的值 $I(0,0)$ 与图像的灰度均值 $\overline{i(x,y)}$ 成正比,即

$$I(0,0) = \sum_{x=0}^{M-1} \sum_{y=0}^{N-1} i(x,y) = MN \frac{1}{MN} \sum_{x=0}^{M-1} \sum_{y=0}^{N-1} i(x,y) = MN \overline{i(x,y)} \tag{3-4}$$

随着图像的亮度增加,低频区域也在变大,如图 3-1-34 所示。

根据图像及其对应的频谱图可知,频谱图中的亮条线和图像中的轮廓线存在近似的垂直关系,如图 3-1-35 所示。

对正弦信号来说,时域峰值间隔越大,频谱分量就越低,如图 3-1-36 所示。

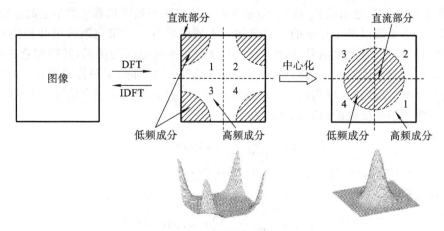

图 3-1-32　图像的频谱图示例

原图　　　　　　　　原始频谱图　　　　　"中心化"后的频谱图

图 3-1-33　图像频谱图的"中心化"操作

图 3-1-34　图像亮度与低频区域的关系

　　对二维图像来说,空间频率是指单位长度内亮度作周期性变化的次数,是图像灰度变化剧烈程度的指标,也可以理解为灰度在平面空间上的梯度。如图 3-1-37 所示

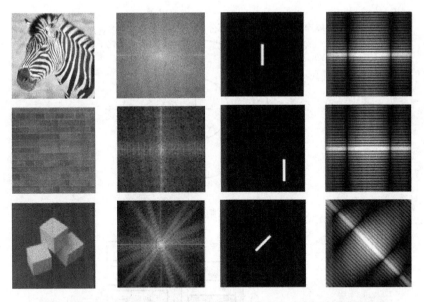

图 3-1-35　图像中的轮廓线和频谱图的亮条线之间的垂直关系示例

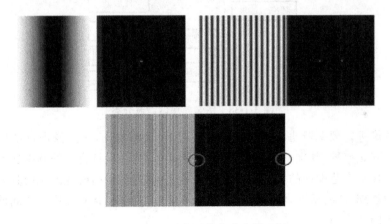

图 3-1-36　正弦信号的频谱分量示例

的频谱图,原点(零频率点)与图像的灰度均值成正比,原点附近的低频区域,表征图像中的灰度变化平缓的成分,如图像中像素灰度较均匀的区域;远离原点的高频区域,表征图像中灰度变化剧烈的成分,如图像中物体的边缘、噪声,即"低频反映概貌,高频反映细节"。

　　图像频率域滤波主要分为低通滤波、高通滤波、带通滤波和带阻滤波,如图3-1-38所示。其中,低通滤波和高通滤波有理想型、巴特沃思型、指数型和梯形型这四种形式,带通滤波和带阻滤波有理想型、巴特沃思型和指数型这三种形式。低通滤波使低频成分通过,使高频成分衰减,因而可以用来滤除噪声;高通滤波是使高频成分通过,使低频成分衰减,因而可以用来突出边缘或轮廓。

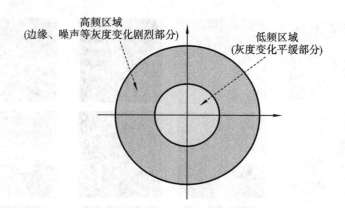

图 3-1-37　图像频谱图分布示意图

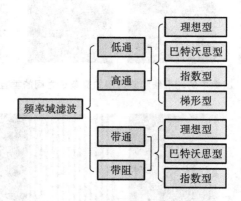

图 3-1-38　图像频率域滤波分类

对图像进行频率域滤波主要分为如下三个步骤:首先,对图像进行傅里叶变换,将其转换到频率域;其次,根据噪声类型或者具体需要,设计合适的频率滤波器,让图像在频率域某个范围内的分量得到保留或者受到抑制,从而改变图像的频率分布,实现相应的处理效果;最后,将滤波结果进行傅里叶逆变换,将其转换到空间域,即得到滤波后的图像。

1.图像低通滤波

低通滤波可以滤除高频成分,保留低频成分,实现在频率域中的平滑处理,如图3-1-39所示。

图 3-1-40 所示为低通滤波的结果图像,当截止频率 D_0 越小时,平滑效果就越好。

这里,我们简单介绍一下图像处理中经常发生的现象——振铃。所谓振铃,就是指输出图像的灰度剧烈变化处产生的振荡,就好像钟被敲击后产生的空气振荡。在图像的频率域滤波中,若选用的频域滤波器具有陡峭的变化,则会使滤波图像产生振铃现象,如图 3-1-41 所示。

如表 3-1-1 所示,对理想型、巴特沃思型、指数型和梯形型这四种低通滤波器来

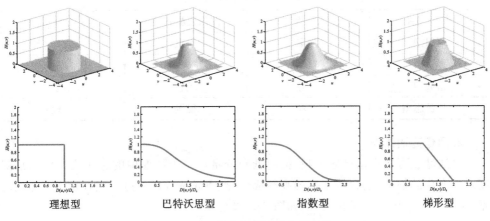

理想型　　　　巴特沃思型　　　　指数型　　　　梯形型

图 3-1-39　图像低通滤波分类示例

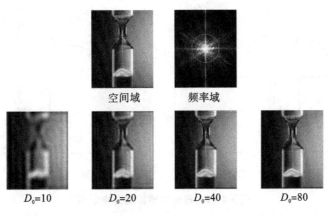

空间域　　　　频率域

$D_0=10$　　　$D_0=20$　　　$D_0=40$　　　$D_0=80$

图 3-1-40　不同截止频率 D_0 对应的低通滤波结果

图 3-1-41　图像频率域滤波中的振铃现象

说,其振铃程度、图像模糊程度和噪声平滑效果都存在很大的差异,巴特沃思型低通滤波器的振铃程度最轻,而理想型低通滤波器对噪声的平滑效果最好。在实际的使用过程中,需要根据具体的应用背景来选择合适的滤波器。

表 3-1-1　四种低通滤波器性能对比

类　　别	振铃程度	图像模糊程度	噪声平滑效果
理想型	严重	严重	最好
梯形型	较轻	轻	好
指数型	很轻	较轻	一般
巴特沃思型	很轻	很轻	一般

2.图像高通滤波

高通滤波可以突出高频分量,抑制低频分量。由于图像中的边缘或者轮廓是灰度陡然变化的部分,包含着丰富的高频成分,高通滤波可以使边缘或者轮廓更加地清晰,实现在频率域中的锐化处理,如图 3-1-42 所示。

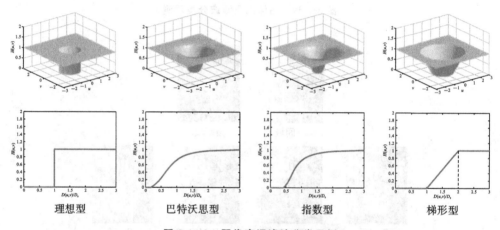

理想型　　　　　　巴特沃思型　　　　　　指数型　　　　　　梯形型

图 3-1-42　图像高通滤波分类示例

图 3-1-43 所示为高通滤波的结果图像,当截止频率 D_0 越大时,锐化效果就越好。

原图　　　　　　　$D_0=30$　　　　　　　$D_0=60$

图 3-1-43　不同截止频率 D_0 对应的高通滤波结果

3.图像带通、带阻滤波

在某些应用场合下,图像的质量可能会受到带有一定规律的结构性噪声的影响。为了消除以某点为对称中心的给定区域内的频率,或阻止以原点为对称中心的一定频率范围内信号通过,可以用采用带通或者带阻滤波器来实现。如图3-1-44所示,图像的频谱图中存在一系列呈对称分布的亮点,该亮点表示正弦噪声的频谱分量。为了去除这种噪声,可以采用带阻滤波器;为了得到这种噪声,可以采用带通滤波器。

频谱图　　　　　　　　带阻滤波　　　　　　　　带通滤波

图 3-1-44　带阻滤波及带通滤波示例

3.2　图 像 分 割

　　图像分割的原理是基于相邻像素灰度值的不连续性或者相似性来进行分割。相邻像素灰度值的不连续性也指突变性,即在图像处理的区域内,图像像素的灰度值不连续或者突变处可以作为区域图像分割的分界线来提取出需要的图像或者特征;也可以利用相似性来把同一区域内的像素的灰度值相似的图像类聚成感兴趣的区域图像进行处理。从数学角度来看,图像分割是将图像划分成互不相交的区域的过程。如图 3-2-1 所示,设 R 代表整个图像区域,对 R 的分割可看作将 R 分成若干个满足以下 5 个条件的非空子集(子区域)R_1,R_2,$\cdots$,R_k:

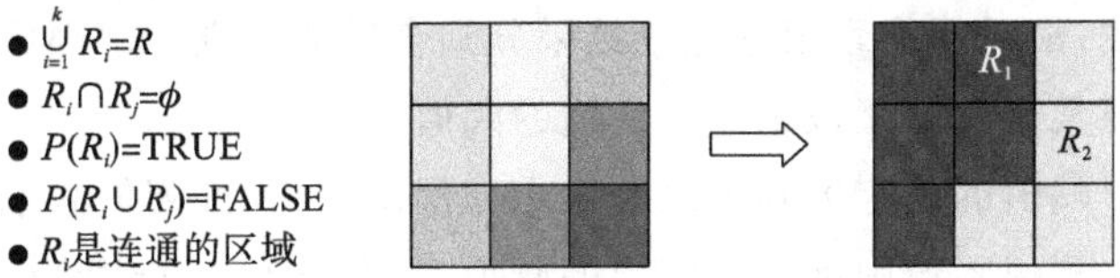

- $\bigcup\limits_{i=1}^{k} R_i = R$
- $R_i \cap R_j = \phi$
- $P(R_i) = \text{TRUE}$
- $P(R_i \cup R_j) = \text{FALSE}$
- R_j 是连通的区域

图 3-2-1　图像分割原理示意图

　　(1) $\bigcup\limits_{i=1}^{k} R_i = R$,即分割成的所有子区域的并(集)应能构成原来的图像区域 R。

　　(2) 对于所有的 i、j 且 $i \neq j$,有 $R_i \cap R_j = \varnothing$,即分割成的各子区域互不重叠。

　　(3) 对于 $i = 1, 2, \cdots, k$,有 $P(R_i) = \text{TRUE}$,即分割得到的属于同一子区域的像素应具有某些相同的特征。

　　(4) 对于 $i \neq j$,有 $P(R_i \cup R_j) = \text{FALSE}$,即分割得到的属于不同子区域的像

素应具有不同的性质或特征。

（5）对于 $i = 1, 2, \cdots, k, R_i$ 是连通的区域，即同一子区域内的像素应当是连通的。

图像分割主要分为基于阈值的图像分割、基于边缘的图像分割和基于区域的图像分割，如图 3-2-2 所示。其中，基于阈值的和基于边缘的分割方法是以灰度值的不连续性为基础，基于区域的分割方法是以灰度值的相似性为基础。这里，对于基于阈值的图像分割，主要介绍最大类间方差法和最大熵法；对于基于边缘的图像分割，主要介绍边缘检测法和 Hough 变换法；对于基于区域的图像分割，主要介绍区域生长法、分裂-合并法和分水岭法。

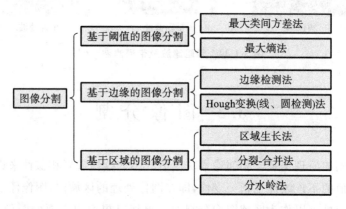

图 3-2-2　图像分割分类

3.2.1　基于阈值的图像分割

基于阈值的图像分割是一种应用广泛的图像分割方法，简称阈值法，其基本思想是基于图像的灰度特征来计算一个或多个灰度阈值，并将图像中每个像素的灰度值与阈值进行比较，最后将像素根据比较结果分到合适的类别中。因此，阈值法最关键的一步就是按照某个准则函数来求解合适的阈值。

阈值法按照阈值的确定准则可以分为全局阈值法、局部阈值法和自适应阈值法。全局阈值是指在整幅图像中都采用固定的阈值；局部阈值是指原始图像被分割成若干个互不重叠的子图像，再分别对每个子图像采用一个固定的阈值；自适应阈值法是根据图像信息的具体情况，自适应地确定合适的阈值。本章主要介绍两种自适应阈值法，即最大类间方差法和最大熵法。最大类间方差法对噪声以及目标大小十分敏感，它仅对类间方差为单峰的图像产生较好的分割效果。

如图 3-2-3 所示，设图像 $i(x, y)$ 的灰度值范围为 $[0, L-1]$，在该范围内选择一个合适的灰度阈值 T，则基于阈值的图像分割方法可以描述为

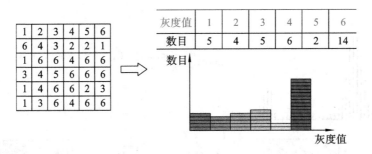

图 3-2-3 阈值法图像分割原理

$$l(x,y) = \begin{cases} a, i(x,y) \geqslant T \\ b, i(x,y) < T \end{cases} \tag{3-5}$$

这样得到的 $l(x,y)$ 是二值图像。图像的灰度分布可以由直方图来形象表征,可以通过直方图的分布特点来进行阈值的选择。

如图 3-2-4 所示,对于直方图具有显著"双峰"结构特点的图像,可以采用单阈值的方法进行分割,即

$$l(x,y) = \begin{cases} 1, i(x,y) \geqslant T \\ 0, i(x,y) < T \end{cases} \tag{3-6}$$

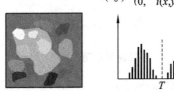

图 3-2-4 单阈值图像分割示例

如图 3-2-5 所示,对于直方图具有多个波峰-波谷结构特点的图像,可以采用多阈值的方法——不同的阈值区间对应不同的输出数值进行分割,即

$$l(x,y) = \begin{cases} k, T_k < i(x,y) \leqslant T_{k+1}, k = 1,2,\cdots,n \\ 0, i(x,y) < T_0 \end{cases} \tag{3-7}$$

1. 最大类间方差法

最大类间方差法,又称 Otsu 法,根据图像灰度分布的特点,将图像分成表征目标的前景和背景两个部分,当前景和背景之间的类间方差越大时,说明构成图像的这两个部分的差别越大;当部分前景错分为背景或者背景错分为前景的时候,会导致类间方差变小;类间方差最大意味着错分概率最小。如图 3-2-6 所示,对于大小为 $M \times N$ 的图像 $i(x,y)$,设前景与背景的分割阈值为 T,属于前景的像素比例为 w_0,平均灰度值为 u_0;属于背景的像素比例为 w_1,平均灰度值为 u_1,则整幅图像的灰度均值为

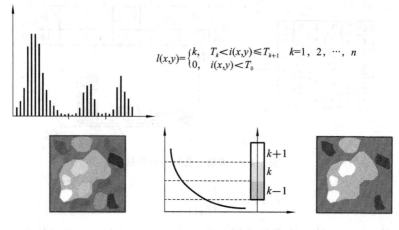

$$l(x,y)=\begin{cases}k, & T_k<i(x,y)\leqslant T_{k+1} \quad k=1,2,\cdots,n \\ 0, & i(x,y)<T_0\end{cases}$$

图 3-2-5　多阈值图像分割示例

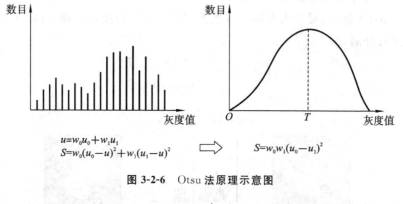

$u=w_0u_0+w_1u_1$
$S=w_0(u_0-u)^2+w_1(u_1-u)^2$ ⟹ $S=w_0w_1(u_0-u_1)^2$

图 3-2-6　Otsu 法原理示意图

$$u = w_0 u_0 + w_1 u_1 \tag{3-8}$$

前景和背景的类间方差为

$$S = w_0 (u_0 - u)^2 + w_1 (u_1 - u)^2 \tag{3-9}$$

联立式(3-8)和式(3-9),有

$$S = w_0 w_1 (u_0 - u_1)^2 \tag{3-10}$$

当类间方差 S 最大时,可以认为此时前景和背景的差异最大,这时的灰度值 T 即最佳阈值。

如图 3-2-7 所示,当前景与背景的大小比例悬殊时,例如受光照不均、反光或背景复杂等因素影响,用 Otsu 法进行图像分割表现为直方图没有明显的双峰,或者两个峰的大小相差很大,此时的分割效果不佳。导致这种现象出现的原因是该方法忽略了图像的空间信息。

2.最大熵法

熵是来自信息论的一个词,它是对系统所含信息的一种度量。系统的不确定性

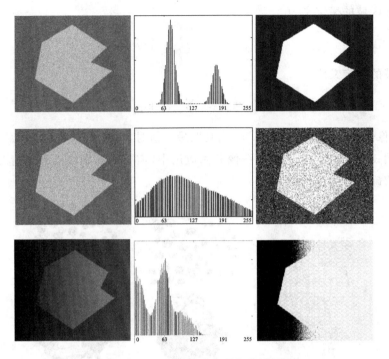

图 3-2-7　用 Otsu 法进行图像分割示例

越大,则系统的信息熵就越大;反之,整个系统的信息熵就越小。在图像中,熵可以用来衡量像素灰度分布的均匀程度。熵越大,灰度分布越均匀,表示该区域所含的像素越相似。最大熵阈值分割法就是找出一个最佳阈值使得前景和背景这两个区域的熵之和最大。

设图像有 L 个灰度级,总像素数目为

$$N = n_0 + n_1 + \cdots + n_i + \cdots + n_{L-1} \tag{3-11}$$

式中:n_i 表示第 i 个灰度级的像素数目,则每个像素出现的概率为 $p_i = \dfrac{n_i}{N}$,且 $\sum\limits_{0}^{L-1} p_i = 1$。

选取一个阈值 T,将图像中低于该阈值的所有像素记为背景 B,高于该阈值的所有像素记为前景 O。归属于前景区域 O 的像素的灰度概率分布为

$$p_O = \frac{p_i}{p_T} \tag{3-12}$$

式中:$p_T = \sum\limits_{T}^{L-1} p_i$,$i = T, T+1, \cdots, L-1$。

归属于背景区域 B 的像素的灰度概率分布为

$$p_B = \frac{p_i}{1 - p_T} \tag{3-13}$$

式中:$i = 0, 1, \cdots, T-1$。

前景区域的熵定义为

$$H_O(T) = -\sum_{i=T}^{L-1} p_O \log_2 p_O \tag{3-14}$$

背景区域的熵定义为

$$H_B(T) = -\sum_{i=0}^{T-1} p_B \log_2 p_B \tag{3-15}$$

因此,图像熵为 $H_O(T) + H_B(T)$,当其取最大值时,对应的灰度值 T 即最佳阈值。

如图 3-2-8 所示,在实际的图像分割应用中,需要根据图像的具体情况,选择合适的阈值确定方法。

　　　　　原图　　　　　　　　Ostu法　　　　　　　　最大熵法

图 3-2-8　Ostu 法与最大熵法分割结果示例

3.2.2　基于边缘的图像分割

1.边缘检测法

图像分割的一种重要途径可以通过边缘检测来实现,即检测灰度值或者结构具有突变的地方,该处表明一个区域的终结,也是另一个区域开始的地方。边缘是指图像中两个不同区域的边界线上连续的像素的集合,是图像局部特征不连续性的反映,体现了灰度、颜色、纹理等图像特性的突变。

基于边缘的图像分割方法指的是基于灰度值的边缘检测。理想的边缘是一组相连的像素的集合,每个像素都处在灰度值跃变的一个垂直的台阶上,即边缘的台阶模型,如图 3-2-9(a)所示。实际上,由于光学系统以及图像采集系统的不完善性(如光照、畸变),得到的边缘是模糊的,因此,边缘被更精确地模拟成具有类斜面的斜坡模型,如图 3-2-9(b)所示。

从前面的图像锐化滤波学习可见,图像边缘可以通过微分算子(如一阶梯度算子和二阶拉普拉斯算子)进行检测。

如图 3-2-10 所示,一阶微分在图像明暗突变的位置处有一个向上或向下的阶跃

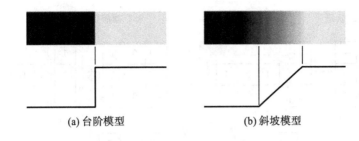

(a) 台阶模型   (b) 斜坡模型

图 3-2-9   图像边缘模型

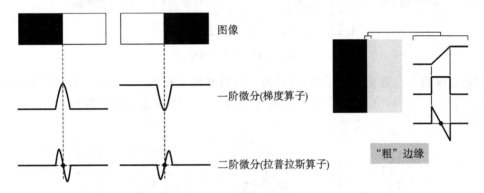

图 3-2-10   边缘微分算子

变化,而其他位置都为 0,对于由暗到亮的边,取值是正的;反之,则为负。因此,可以用一阶微分的幅值来检测边缘的存在与否,而幅值峰值处一般对应边缘的位置。

二阶微分在一阶微分的阶跃上升区有一个向上的脉冲,而在一阶微分的阶跃下降区有一个向下的脉冲,这两个脉冲之间有一个过零点,它的位置正对应原图像中边缘的位置,在亮的一边的取值是负的,在暗的一边的取值是正的。因此,可以用二阶微分的过零点来精确地定位边缘,并用二阶微分在过零点附近的符号来确定边缘附近的暗区或者亮区。

常用的边缘检测算子有 Sobel 算子、高斯-拉普拉斯 LoG 算子和 Canny 算子。Sobel 算子认为,邻域的像素对当前像素产生的影响不是等价的,所以距离不同的像素具有不同的权值,对算子结果产生的影响也不同。一般来说,距离越远,产生的影响越小。Sobel 算子可以分解为一个列矢量和一个行矢量,即可以先对图像进行行滤波,再进行列滤波,这样不仅可以引入类似局部平均的运算,对噪声具有更好的平滑作用,而且还有利于硬件的并行化处理,提高滤波的效率,如图 3-2-11 所示。

由于边缘和噪声都是灰度值不连续点,在频域均为高频分量,直接采用微分运算难以克服噪声的影响,因此用微分算子检测边缘前要对图像进行平滑滤波。LoG 算子和 Canny 算子分别是具有平滑功能的二阶和一阶微分算子,不仅边缘检测效果较好,并且还提高了边缘检测的鲁棒性。LoG 算子的基本思路是先用高斯平滑滤波核 $f(x,y)$ 对图像进行平滑滤波,以消除噪声,然后再用拉普拉斯算子对滤波后的图像

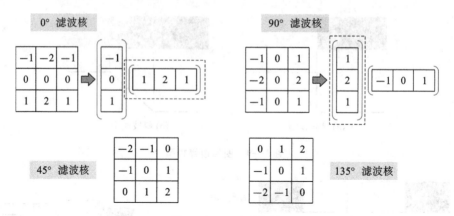

图 3-2-11　Sobel 算子

进行边缘检测。在实际应用中，可以先对高斯平滑滤波核 $f(x,y)$ 进行二阶微分运算，得到二阶高斯窗，将其作为一个边缘检测算子对图像进行边缘检测，如图 3-2-12 所示。

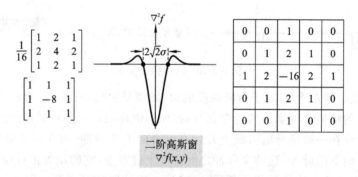

图 3-2-12　LoG 算子

Canny 算子检测边缘主要包含如下四个步骤：首先，用高斯滤波器平滑图像；其次，用一阶差分计算图像中每个像素的梯度幅值和方向；再次，对梯度幅值进行非极大值抑制（non-maximum suppression，NMS）；最后，分别采用双阈值法和滞后边界跟踪法来检测和连接边缘，进而得到最终的边缘检测结果。

第一步：灰度化。

Canny 算子通常处理的图像为灰度图，如果获取的图像是彩色图像，就先对其进行灰度化处理，如图 3-2-13 所示。

第二步：高斯滤波。

通过高斯滤波来消除噪声对边缘检测的影响，如图 3-2-13（见书末）所示。

第三步：计算梯度幅值和方向。

通过一阶差分运算来计算每个像素的梯度幅值和方向，得到可视化的梯度幅值图，如图 3-2-14 所示。

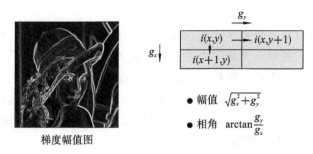

梯度幅值图

图 3-2-14　梯度图

第四步:非极大值抑制。

非极大值抑制就是寻找梯度幅值的局部最大值,具体步骤:沿着当前像素的梯度方向,比较它前、后相邻的像素的梯度值。如图 3-2-15(见书末)所示,对于点 P,其 8 个邻域的像素点分别为 E、NE、N、NW、W、SW、S、SE,而图中红色的线表示点 P 的梯度方向。为了确定点 P 是否是梯度方向上的极大值,需要根据邻域像素点的梯度值进行插值运算来得到点 P_1 和点 P_2 的梯度幅值,如果点 P 的梯度幅值大于点 P_1 和点 P_2 的,则点 P 可能是边缘像素点。通过几何关系得到插值公式为

$$\begin{cases} G_{P_1} = G_E(1-\tan\theta) + G_{NE}\tan\theta \\ G_{P_2} = G_W(1-\tan\theta) + G_{SW}\tan\theta \end{cases} \tag{3-16}$$

式中:θ 表示点 P 的梯度相角。据此分别计算点 P_1 和点 P_2 的梯度幅值 G_{P_1} 和 G_{P_2},如果 $G_P > G_{P_1}$ 且 $G_P > G_{P_2}$,则 G_P 可能是边缘像素点。图 3-2-16 所示为非极大值抑制后的结果图像,相比于原始的梯度幅值图,其边缘宽度已经大大减小。

第五步:双阈值的选取。

如图 3-2-17 所示,采用一个高阈值 T_H 和一个低阈值 T_L 的"双阈值"来区分边缘像素。如果边缘像素点的梯度值大于高阈值 T_H,则被认为是强边缘点。如果边缘像素点的梯度值小于高阈值 T_H,但是大于低阈值 T_L,则被认为是

图 3-2-16　非极大值抑制后的结果

弱边缘点,而小于低阈值 T_L 的边缘像素点则被抑制掉。一般情况下,$T_L = 0.5T_H$。

非极大值抑制后的结果

高阈值图
(强边缘图)

低阈值图
(弱边缘图)

图 3-2-17　"双阈值"法示例

第六步:滞后边界跟踪。

强边缘点可以认为是真实边缘,而弱边缘点则可能是真实边缘,也可能是噪声或颜色变化引起的。通常认为真实边缘引起的弱边缘点和强边缘点是连通的,而由噪声引起的弱边缘点则不会。滞后边界跟踪法就是检查一个弱边缘点的 8 连通邻域像素,只要有强边缘点存在,那么这个弱边缘点被认为是真实的边缘而被保留下来。通过遍历所有连通的弱边缘,如果一条连通的弱边缘的任何一个点和强边缘点连通,则保留这条弱边缘,否则就抑制这条弱边缘。

图 3-2-18 所示分别为 Canny 算子、Sobel 算子和 LoG 算子的边缘检测结果,从图中可以看出,Canny 算子的边缘检测效果是很显著的,不仅大大地抑制了噪声所引起的伪边缘,而且还使边缘细化,利于后续图像处理。

Canny　　　　　　　　　Sobel　　　　　　　　　LoG

图 3-2-18　三种算子边缘检测结果对比

2. Hough 变换法

Hough 变换运用两个坐标空间之间的变换,将在一个坐标空间中具有相同形状的曲线或直线映射到另一个坐标空间的一个点上形成峰值,从而把检测任意形状的问题转化为统计峰值的问题。Hough 变换的优点是检测出曲线的能力不受断点的影响,且受噪声的影响较小,是一种全局边缘检测方法。Hough 变换可以检测直线、圆等任意形状,这里,我们主要学习用 Hough 变换法检测直线。

Hough 变换直线检测的基本原理是利用点与线的对偶性——图像空间中的线与参数空间中的点是一一对应的、参数空间中的线与图像空间中的点也是一一对应的。进一步地说,即图像空间中的每条直线在参数空间中都对应着一个点,该直线上的任何一部分线段在参数空间中对应的都是同一个点。因此,Hough 变换直线检测的实质就是把图像空间中的直线检测问题转换为参数空间中的峰值点检测问题。

如图 3-2-19(a)所示,在图像空间 xOy 平面内的一条直线 l 可以表示为 $y = ax + b$,如果将 a、b 作为变量,则参数空间 aOb 平面内的一条直线可以表示为 $b = -xa + y$。如果点 (x_i, y_i) 与点 (x_j, y_j) 共线,则在 aOb 平面内,分别过这两点的直线 l_i 和 l_j 将有一个交点 (a', b'),即 xOy 平面内的直线 l 的斜率和截距。这里,图像空间 xOy 中的一条直线 l 对应于参数空间 aOb 中的一个点 (a', b'),参数空间 aOb 中的直线 l_i 和 l_j 分别对应于图像空间 xOy 中的点 (x_i, y_i) 和点 (x_j, y_j)。因此,直线 l 上的所有点在参数空间中都有相交于过点 (a', b') 的直线。

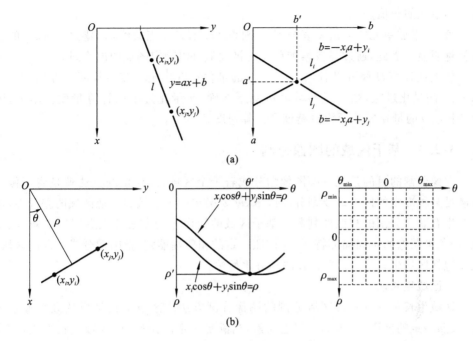

图 3-2-19　Hough 变换原理示意图

当直线采用 $y = ax + b$ 的形式时,如果直线接近垂直,a 趋于无穷大,这样将导致算法的计算量非常大。为了解决这个问题,可以采用极坐标形式来表征直线:

$$\rho = x\cos\theta + y\sin\theta$$

式中:$\rho \in [-d, d]$,d 表示图像对角线的长度;$\theta \in \left[-\dfrac{\pi}{2}, \dfrac{\pi}{2}\right]$。

如图 3-2-19(b)所示,此时参数空间 $\rho\text{-}\theta$ 中的每条正弦曲线表示图像空间 xOy 中过某一点 (x_k, y_k) 的直线族,图像空间 xOy 中一条直线上的某个点对应于参数空间 $\rho\text{-}\theta$ 内的一条正弦曲线。找出参数空间 $\rho\text{-}\theta$ 内若干条正弦曲线的交点 (ρ', θ')(对应于过点 (x_i, y_i) 和点 (x_j, y_j) 的直线),即可确定图像空间 xOy 中的直线。

在参数空间 $\rho\text{-}\theta$ 中,ρ、θ 分别进行离散化采样,参数空间 $\rho\text{-}\theta$ 被离散量化为一个个等大小的网格单元。将图像空间 xOy 中的每个边缘像素点的坐标值变换到参数空间 $\rho\text{-}\theta$ 中,所得的值会落在某个网格内,使该网格单元的累加计数器加 1。遍历图像空间中所有的边缘像素,对网格单元进行检查,累加计数值最大的网格所对应的坐标值 (ρ_0, θ_0) 就是图像空间中所求的直线。Hough 变换的具体步骤如下:

第一,将参数空间 $\rho\text{-}\theta$ 量化为若干个累加单元,并置累加单元的初始值为 0,其中,(ρ_{min}, ρ_{max})、$(\theta_{min}, \theta_{max})$ 分别表示 ρ 和 θ 的取值范围。

第二,采用 Canny 算子对图像进行边缘检测,并依次将每个边缘像素点的坐标 (x_k, y_k) 代入 $\rho = x_k\cos\theta + y_k\sin\theta$ 得到相应的 ρ,这里 θ 依次取 θ 轴上的值,再将得到的 ρ 四舍五入到 ρ 轴上最接近的值,将此时的 (ρ, θ) "放到" 相应的累加单元中,并将该累加单元的数值加 1。

　　第三，累加单元的数值 k 表征图像空间 xOy 有 k 个点共线，k 越大，图像中的直线就越明显。因此，通过寻找累加单元的极大值可以确定图像中的直线。

　　从上述计算过程可以看出，$\rho\theta$ 平面的量化精度决定了直线检测的准确度。如果 ρ、θ 的量化过粗，则直线参数就可能不准确，而量化过细则计算量就会增加，因此，对 ρ、θ 的量化要兼顾检测精度和计算速度。

3.2.3　基于区域的图像分割

　　图像分割的目的是把一幅图像划分成若干个区域，最直接的方法就是将图像分成满足某种准则的区域。要划分成区域，就要确定一个区域和其他区域的差异性，还要产生有意义分割的相似性判断。基于区域的图像分割方法即根据图像的灰度、纹理、颜色等图像的空间局部特征，并按照一定的相似性准则，把图像分成不同的区域，主要包括区域生长法、分裂-合并法和分水岭法。

1. 区域生长法

　　区域生长是一种串行区域分割的图像分割方法。区域生长是指从某个像素出发，按照一定的准则，逐步加入邻近像素，当满足一定的条件时，区域生长终止，实现目标的提取。区域生长的好坏取决于三个方面，一是初始点（种子点）的选取，二是生长准则，三是终止条件。区域生长的基本思想是将具有相似性质的像素集合起来构成区域。如图 3-2-20 所示，区域生长法具体步骤：首先，对于每个需要分割的区域，找一个种子像素作为"生长"的起点；然后，将种子像素周围邻域中与种子像素有相同或相似性质的像素合并到种子像素所在的区域中；再一次，将这些新像素当作新的种子像素重复进行上面的操作，直到再没有满足条件的像素可被包括进来；最后，得到要分割的区域，即区域"长成"了。这里的相似性判断是根据某种事先确定的生长准则或相似准则来确定的。

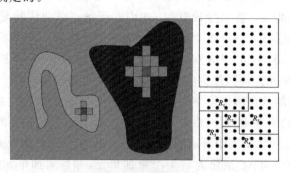

图 3-2-20　区域生长法原理示意图

　　如图 3-2-21(a) 所示，已知两个种子像素点的灰度值分别为 1 和 5，假设区域生长准则为：当前某一个像素与种子像素的灰度值的差值小于某个阈值 T，则将该像素包括进种子像素所在的区域。

图 3-2-21(b)所示是 $T=1$ 时的区域生长结果,有些像素无法判断其所属区域;图 3-2-21(c)所示是 $T=3$ 时的区域生长结果,整幅图像被较好地分割成两个部分;图 3-2-21(d)所示是 $T=6$ 时的区域生长结果,整幅图像即 1 个区域。

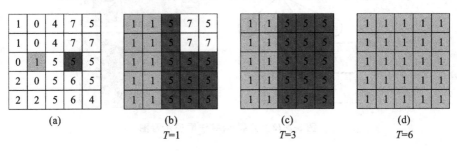

图 3-2-21　区域生长法示例

在区域生长法的实际应用过程中,需要解决三个问题:一是选择或确定一组能正确代表所需区域的种子像素,选取的种子像素可以是单个像素,也可以是包含若干个像素的小区域;二是确定在生长过程中能将相邻像素包括进来的准则;三是制定能让生长过程停止的条件。

区域生长的一个关键是选择合适的生长准则或相似准则,大部分区域生长准则都是根据图像的局部性质(可以是灰度级、彩色、纹理、梯度等特性)确定的。生长准则可以根据不同的原则制定,而使用不同的生长准则,区域生成的过程也会有所不同。

2. 分裂-合并法

前面讲到的区域生长方法大多从单个种子像素开始,通过不断的吸收来接纳新的像素,最后得到整个区域。与之相反的是,分裂-合并法是从整个图像出发,根据图像中各区域的不均匀性,把图像或区域分裂成新的子区域;同时,根据毗邻区域的均匀性,把毗邻的子区域合并成新的较大区域。

分裂-合并法的基本思想是先确定一个分裂、合并的准则,即区域特征一致性的测度,并借助四叉树的层次结构的概念,将图像划分为一组任意不相交的初始区域,再从四叉树的任一层开始,根据给定的一致性检测准则,分裂和合并这些区域,如图 3-2-22 所示。

从一定程度上说,区域生长法和分裂-合并法有异曲同工之妙,它们是互相促进、相辅相成的,区域分裂到极致就是分割成单一像素点,然后按照一定的测量准则进行合并,在一定程度上可以认为分裂-合并法是单一像素点的区域生长法。将区域生长法与分裂-合并法进行比较:区域生长法节省了分裂的过程;分裂-合并法可以在一个较大的相似区域基础上再进行相似合并,而区域生长法只能从单一像素点出发进行生长合并。

设 R 表示整个图像区域,P 代表一致性检测准则的逻辑判断,分裂-合并法的步

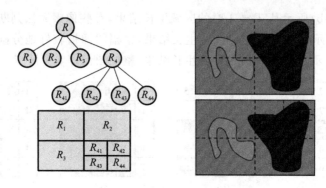

图 3-2-22　分裂-合并法原理示意图

骤如下:

首先,对于一个任意子区域 R_i ,如果满足 $P(R_i) =$ FALSE ,就将其分裂成不重叠的四等分。

其次,对于相邻的两个子区域 R_i 和 R_j ,如果满足 $P(R_i \bigcup R_j) =$ TRUE ,就将它们合并。

最后,如果进一步的分裂或者合并都不可能,则结束。

如图 3-2-23(见书末)所示,图像中的红色区域表示前景,其他区域表示背景,并将像素灰度设置为一致性检测准则,即 $P(R_i) =$ TRUE 表示当前子区域 R_i 中所有像素都具有相同的灰度值。

对于整幅图像来说, $P(R_i) =$ FALSE ,故将其分裂成如图 3-2-23(a)所示的四个正方形子区域,由于左上角的子区域满足 $P(R_i) =$ TRUE ,则其不必继续分裂,其他三个子区域继续分裂得到图 3-2-23(b),此时,除了图中最下方的两个正方形子区域外,其他区域都可以分别按照背景和前景进行合并。对前景正下方的两个子区域继续分裂得到图 3-2-23(c),此时所有子区域都已满足 $P(R_i) =$ TRUE ,所以最后一次合并得到图 3-2-23(d)的分割结果。

3. 分水岭法

分水岭法是一种基于拓扑理论的数学形态学的分割方法,其基本思想是把图像看作测地学上的拓扑地貌,图像中每一个像素点的灰度值表示该点的海拔高度,每一个局部极小值及其影响区域称为集水盆,而集水盆的边界则形成分水岭。分水岭的概念和形成可以通过模拟浸入过程来说明:在每一个局部极小值表面,刺穿一个小孔,然后把整个模型慢慢浸入水中,随着浸入的加深,每一个局部极小值的影响域慢慢向外扩展,当水位到达一定高度时水将会溢出,这时在两个集水盆汇合处构筑大坝,即形成分水岭,直到整个图像上的点全部被淹没,这时所建立的一系列堤坝就成为分开各个盆地的分水岭,如图 3-2-24 所示。

分水岭变换得到的是输入图像的集水盆图像,集水盆之间的边界点,即为分水

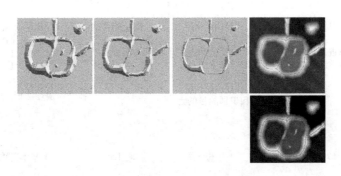

图 3-2-24　分水岭算法原理示意图

岭。显然,分水岭表示的是输入图像的极大值点。因此,为得到图像的边缘信息,通常把梯度图像作为输入图像。

分水岭算法对微弱边缘具有良好的响应,这是得到封闭连续边缘的保证。另外,分水岭算法所得到的封闭的集水盆,为分析图像的区域特征提供了可能。但同时应当看出,图像中的噪声、物体表面细微的灰度变化,都会产生过度分割的现象,从而导致分割后的图像不能将原图像中有意义的区域表示出来。

为消除分水岭算法产生的过度分割,通常可以采用两种处理方法,一是利用先验知识去除无关边缘信息,二是修改梯度函数使得集水盆只响应想要探测的目标。其中,一个简单的方法是对梯度图像进行阈值处理,以消除灰度的微小变化产生的过度分割,获得适量的初始区域。

3.3　图像形态学

形态学(morphology)指生物学中对动植物的形状和结果进行处理的一个分支学科,数学形态学是用集合论方法,定量描述目标几何结构和形状的一门学科。图像形态学是以数学形态学为基础对图像进行分析的数学工具,其基本思想:用具有一定形态的结构元素(structure element,SE)去度量和提取图像中的对应形状,以达到对图像分析和识别的目的。图像形态学处理可以简化图像数据,保持它们基本的形状特性,并去除不相干的结构,其基本运算有腐蚀、膨胀、开、闭这四种类型,它们在二值形态学和灰度级形态学上的应用各有特点。B 对 A 的腐蚀运算用 $A \ominus B$ 来表示,B 对 A 的膨胀运算用 $A \oplus B$ 来表示,B 对 A 的开运算用 $A \circ B$ 来表示,B 对 A 的闭运算用 $A \cdot B$ 来表示,如图 3-3-1 所示。

在图像的数学形态学运算中,通常把一幅图像称为一个集合,而图像中的一个像素就称为集合中的一个元素。两个集合之间的关系主要有交 $A \cap B$、并 $A \cup B$、补 A^c、差 $A - B$ 这四种运算,单个集合主要有平移 $(B)_z$、反射(映像)$\hat{B}$ 这两种运算,如图 3-3-2 所示。

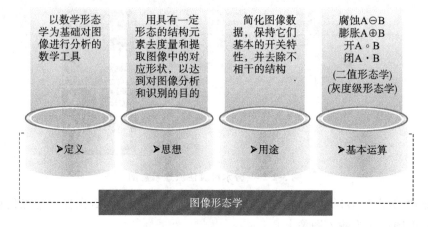

图 3-3-1　图像形态学基础概念

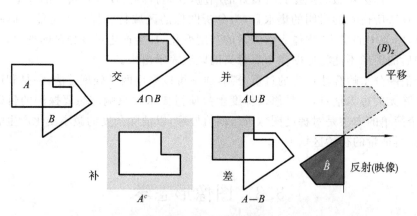

图 3-3-2　集合的相关概念

根据上述图像形态学的基本思想,其对图像进行处理和分析的过程就是利用一个结构元素去探测一个图像,看能否将这个结构元素很好地填放在图像的内部,同时验证填放结构元素的方法是否有效。通过对适合放入图像内的结构元素的位置做标记,就可得到关于图像结构的信息,这些结构信息与结构元素的尺寸和形状都有关,构造不同的结构元素,便可完成不同的图像分析,得到不同的分析结果。如图 3-3-3 所示,结构元素 B 一般为十字形、矩形、线形和菱形,结构元素中的黑点表示原点。图像形态学可抽象为一种邻域运算,结构元素相当于滤波核,可以定量地描述图像的形态特征。

图像形态学运算具有单调性、扩展性、交换性、结合性、平移不变性和幂等性这 6 个基本性质,如图 3-3-4 所示。

(1)单调性:如果用同一个结构元素,分别对具有包含关系的两个集合进行形态学运算,运算结果不会改变它们之间的包含关系,则称这种运算具有单调性。例如,

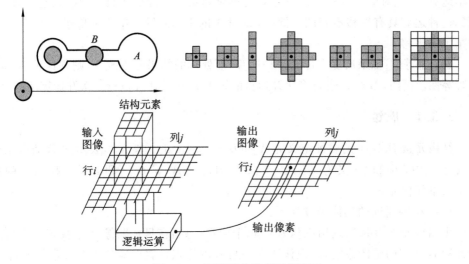

图 3-3-3　图像形态学原理示意图

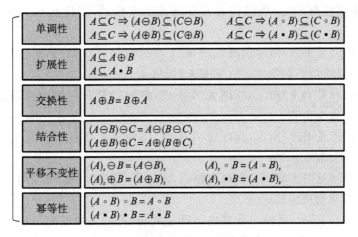

单调性	$A \subseteq C \Rightarrow (A \ominus B) \subseteq (C \ominus B)$　　$A \subseteq C \Rightarrow (A \cdot B) \subseteq (C \cdot B)$ $A \subseteq C \Rightarrow (A \oplus B) \subseteq (C \oplus B)$　　$A \subseteq C \Rightarrow (A \blacksquare B) \subseteq (C \blacksquare B)$
扩展性	$A \subseteq A \oplus B$ $A \subseteq A \cdot B$
交换性	$A \oplus B = B \oplus A$
结合性	$(A \ominus B) \ominus C = A \ominus (B \ominus C)$ $(A \oplus B) \oplus C = A \oplus (B \oplus C)$
平移不变性	$(A)_z \ominus B = (A \ominus B)_z$　　$(A)_z \cdot B = (A \cdot B)_z$ $(A)_z \oplus B = (A \oplus B)_z$　　$(A)_z \blacksquare B = (A \blacksquare B)_z$
幂等性	$(A \cdot B) \cdot B = A \cdot B$ $(A \blacksquare B) \blacksquare B = A \blacksquare B$

图 3-3-4　图像形态学运算的基本性质

假设 A 包含于 C，则 B 对 A 腐蚀的结果依然包含于 B 对 C 腐蚀的结果。

（2）扩展性：如果对目标图像进行形态学运算后得到的结果总包含原图像，则称这种运算具有扩展性。例如，A 包含于 B 对 A 膨胀的结果。

（3）交换性：如果改变运算操作对象的先后顺序，而不会影响运算结果，则称这种运算具有交换性。例如，B 对 A 膨胀的结果等于 A 对 B 膨胀的结果。

（4）结合性：如果不需要考虑运算操作对象的先后顺序，按不同形式结合后其运算结果仍保持不变，则称这种运算具有结合性。例如，分别用 B、C 对 A 腐蚀的结果等于先用 C 对 B 腐蚀，再将腐蚀结果对 A 腐蚀的结果。

（5）平移不变性：如果先对图像进行平移操作后再对平移的结果进行有关的形

态学运算,与先对图像进行形态学运算后再对其结果进行平移操作的结果是一致的,则称这种运算具有平移不变性。例如,B 对 A 的平移腐蚀的结果等价于 B 对 A 腐蚀的结果的平移。

（6）幂等性:如果反复进行同一种运算,而处理的结果并不改变,则称这种运算具有幂等性。例如,B 对 A 进行多次开运算的结果等于 B 对 A 进行一次开运算的结果。

3.3.1　腐蚀

结构元素 B 对 A 的腐蚀定义为 $A \ominus B = \{z \mid (B)_z \subseteq A\}$,表示 B 移动后完全包含在 A 中,还可以定义为 $A \ominus B = \{z \mid (B)_z \cap A^c \neq \emptyset\}$,即 B 的平移和 A 的补集不共享任何元素。

B 对 A 的腐蚀的具体步骤如下:

用结构元素 B 依次遍历图像 A 的每个像素,每当在目标图像 A 中找到一个与结构元素 B 相同的子图像时,就把该图像中与 B 的原点位置对应的那个像素的值置 1,否则置 0,则图像 A 中非 0 元素的集合即腐蚀运算的结果。

这里,需要注意的是,当结构元素在图像上平移时,结构元素不能超出图像的范围。

对图 3-3-5（见书末）所示的目标图像 A 和结构元素 B,我们通过逐像素移动来演示腐蚀的具体过程,如图 3-3-6（见书末）所示。

如图 3-3-7（见书末）所示,当图像 A 不变,结构元素 B 的原点位置发生变化时,其腐蚀结果会发生改变。

如图 3-3-8（见书末）所示,当图像 A 不变,结构元素 B 的形状发生变化时,其腐蚀结果也会发生改变。

如图 3-3-9（见书末）所示,经过腐蚀后,图像会"变瘦","瘦"多少是由结构元素的原点位置和形状所决定的。

如图 3-3-10 所示,腐蚀只改变向下凹陷的角,凹陷的角在腐蚀后具有结构元素的形状,而向上凸起的角保持不变。

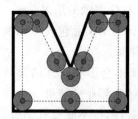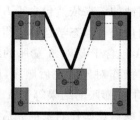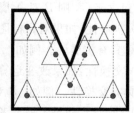

图 3-3-10　腐蚀改变向下凹陷的角

下面,我们来看腐蚀运算在二值图像处理中的几个具体应用。

如果物体仅有部分区域小于结构元素,则腐蚀后物体会在细连通处断裂,分离为两个部分;如果物体本身小于结构元素,则腐蚀后物体将完全消失。如图 3-3-11 所示,利用腐蚀可以消除物体之间的粘连。

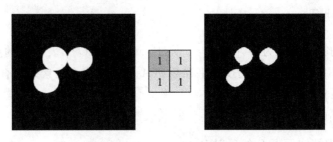

图 3-3-11　图像腐蚀应用(一)

图 3-3-12(a)所示为包含边长分别为 1、3、5、7、9 和 13 像素的正方形的二值图像。假设只要求保留最大的正方形,而去除其他正方形,可以采用比要保留图像稍小的结构元素对图像进行腐蚀来实现。图 3-3-12(b)所示为使用 13 像素×13 像素大小的结构元素腐蚀原图像的结果,此时,仅剩下边长为 13 像素的正方形的相关信息。因此,利用腐蚀可以从二值图像中消除不相关的细节,产生滤波器的效果。

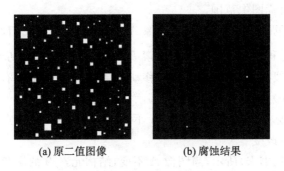

(a) 原二值图像　　　　　(b) 腐蚀结果

图 3-3-12　图像腐蚀应用(二)

如图 3-3-13 所示,图像中含有矩形、圆形和三角形这三个目标(见图(a)),且三个目标的边长或者直径都相等,为了识别出矩形,可以采用和待识别矩形等大小的结构元素(见图(b))进行腐蚀来达到目的。经过腐蚀后,其他的形状都被消除,仅剩下

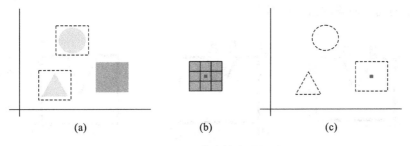

(a)　　　　　　　(b)　　　　　　　(c)

图 3-3-13　图像腐蚀应用(三)

矩形的中心(见图(c))。由于腐蚀可以把小于结构元素的物体去除,因此,通过选取不同大小的结构元素,就可以在图像中去掉不同大小的物体。

3.3.2 膨胀

B 对 A 的膨胀定义为 $A \oplus B = \{z \mid (\hat{B})_z \bigcap A \neq \varnothing\}$,表示 B 的反射进行平移与 A 的交集不能为空,即 B 的反射平移后和 A 至少有一个元素是重合的,因此有 $A \oplus B = \{z \mid (\hat{B})_z \bigcap A \subseteq A\}$。

B 对 A 的膨胀的具体步骤如下:

第一步,求结构元素 B 的反射 $\hat{B}$。

第二步,遍历目标图像 A 的每个像素,每当结构元素 $\hat{B}$ 在图像 A 上平移后,结构元素 $\hat{B}$ 与其覆盖的子图像中至少有一个元素相交时,就将图像 A 中与结构元素 $\hat{B}$ 的原点对应的那个位置的像素的值置1,否则置0,则图像 A 中非0元素的集合即膨胀运算的结果。

这里,需要注意的是,当结构元素 $\hat{B}$ 在目标图像 A 上平移时,允许结构元素中的非原点像素超出目标图像范围。

对图 3-3-14(见书末)所示的目标图像 A 和结构元素 B,我们通过逐像素移动来演示膨胀的具体过程。首先求出结构元素 B 的反射 $\hat{B}$,膨胀的初始位置如图 3-3-15(a)(见书末)中的线框所示,第一次像素移动的结果如图(a)中的右图所示,其余膨胀过程如图 3-3-15(b)~(k)(见书末)所示。

如图 3-3-16(见书末)所示,当图像 A 不变,结构元素 B 的原点位置发生变化时,其膨胀结果会发生改变。

如图 3-3-17(见书末)所示,当图像 A 不变,结构元素 B 的形状发生变化时,其膨胀结果也会发生改变。

如图 3-3-18(见书末)所示,经过膨胀后,图像会"变胖","胖"多少是由结构元素的原点位置和形状所决定的。

如图 3-3-19 所示,膨胀只改变向上凸起的角,凸起的角在膨胀后具有结构元素的形状,而向下凹陷的角保持不变。

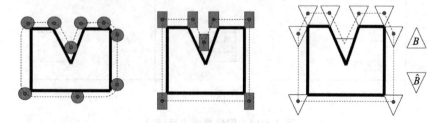

图 3-3-19　膨胀改变向上凸起的角

　　下面,我们可以通过几个具体实例来进一步理解膨胀运算在二值图像处理过程中的应用。如图 3-3-20 所示,利用膨胀可以填充目标区域中的"孔洞"。

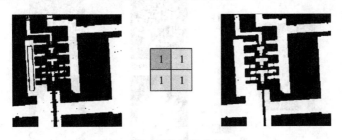

图 3-3-20　图像膨胀应用(一)

　　如图 3-3-21 所示,其中图(a)所示为带有间断的图像,已知间断的最大长度为两个像素,图(c)所示为采用十字形结构元素(见图(b))对其进行膨胀后的结果,可见,膨胀修复了文字的间断,实现了字符连接。

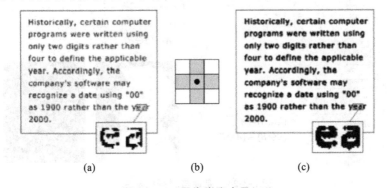

(a)　　　　　　　　(b)　　　　　　　　(c)

图 3-3-21　图像膨胀应用(二)

　　接下来,我们学习一下腐蚀和膨胀的对偶性。

　　如图 3-3-22(见书末)所示,对目标图像的腐蚀运算,相当于对目标图像背景的膨胀运算,即 $(A \ominus B)^c = A^c \oplus \hat{B}$,$B$ 对 A 的腐蚀的补等于 B 的反射对 A 的补的膨胀。同理,对目标图像的膨胀运算,相当于对目标图像背景的腐蚀运算,即 $(A \oplus B)^c = A^c \ominus \hat{B}$,$B$ 对 A 的膨胀的补等于 B 的反射对 A 的补的腐蚀。

　　如图 3-3-23 所示,分别用 3 像素×3 像素和 5 像素×5 像素的结构元素对图像进行腐蚀和膨胀,从图中可以看出,不同尺寸的结构元素会产生不同的腐蚀结果、膨胀结果。

　　如图 3-3-24 所示,通过对原图的腐蚀或者膨胀后,将其结果与原图进行差运算,可以提取目标的边界。

3.3.3　开与闭

　　B 对 A 的开运算 $A \circ B$ 就是先用 B 对 A 进行腐蚀,再用 B 对其腐蚀结果进行膨

图 3-3-23　结构元素尺寸对腐蚀与膨胀的影响

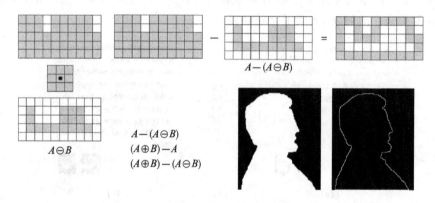

图 3-3-24　腐蚀与膨胀的应用

胀,如图 3-3-25(见书末)所示,即 $A \circ B = (A \ominus B) \oplus B$。

　　B 对 A 的闭运算 $A \cdot B$ 就是先用 B 对 A 进行膨胀,再用 B 对其膨胀结果进行腐蚀,如图 3-3-26(见书末)所示,即 $A \cdot B = (A \oplus B) \ominus B$。

　　假设结构元素是一个圆,开运算就是推动圆沿着曲面的下侧面(内边界)滚动,以便圆能在曲面的整个下侧面来回移动,当圆的任何部分接触曲面的最高点时就构成了开运算的曲面,即"削平"凸角,如图 3-3-27(a)所示。闭运算就是推动圆沿着曲面的上侧面(外边界)滚动,进而构成闭运算的曲面,即"填平"凹坑,如图 3-3-27(b)所示。因此,开运算使图像缩小,闭运算使图像扩大。

　　开运算可以使图像的外轮廓变得光滑,抑制物体边界的小离散点或者尖峰,可以用来消除细的突出物(毛刺)、在纤细点处分离物体、平滑较大物体的边界的同时并不明显改变其面积,如图 3-3-28 所示。

　　闭运算可以使图像的内轮廓变得光滑,可以用来消除狭窄的间断和细长的鸿沟、填充小的孔洞、填补轮廓线中的裂痕、平滑物体边界的同时而又不明显地改变其面积,如图 3-3-29 所示。

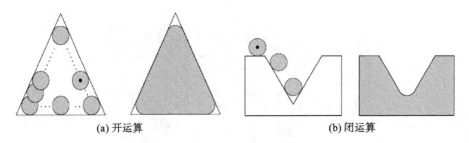

(a) 开运算   (b) 闭运算

图 3-3-27 开运算与闭运算示例

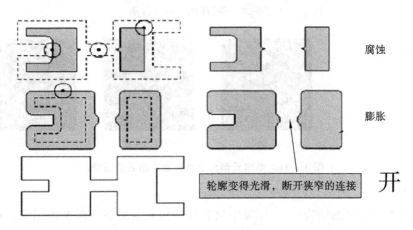

图 3-3-28 开运算示例

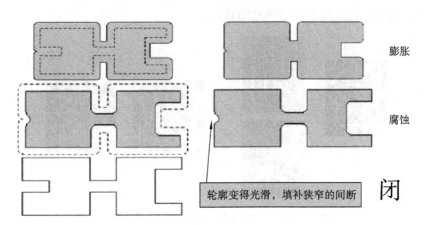

图 3-3-29 闭运算示例

开运算和闭运算对边界进行了平滑,消除了边界中的尖角,其中,开运算通过消除物体的凸角来平滑图像,闭运算通过填充物体的凹坑来平滑图像,如图 3-3-30 所示。

下面,我们来看开运算和闭运算在二值图像中的几个具体应用。如图 3-3-31 所示,通过不同大小的结构元素,采用开运算可以得到不同的图像结构特征,产生滤波

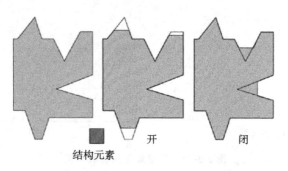

图 3-3-30　开、闭运算平滑效果

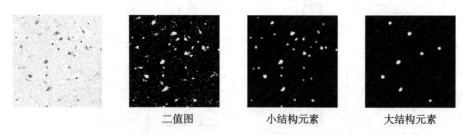

图 3-3-31　结构元素大小对开运算结果的影响

器的效果。

　　通过不同形状的结构元素,图像中只有与结构元素形态相匹配的图像特征才会被保留,进而可以得到不同的图像结构特征。如图 3-3-32 所示,通过线形或者圆形结构元素,可以定向选取和识别特定的目标。

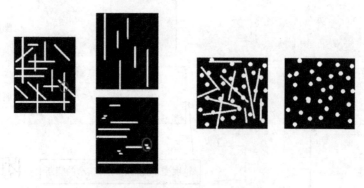

图 3-3-32　结构元素形状对形态学运算的影响

　　如图 3-3-33 所示,图(a)是受噪声污染的指纹二值图像,噪声为黑色背景上的亮元素和亮指纹上的暗元素;图(b)是结构元素;图(c)是采用结构元素对图(a)进行腐蚀后的结果,从图中可以看到,黑色背景中的噪声消除了,指纹中的噪声增加了;图(d)是使用结构元素对图(c)进行膨胀后的结果,实质上就是对图(a)进行了一次开运算,从图中可以看出,指纹中的噪声分量减小甚至可以说完全消除了,但是指纹纹路间产生了新的间断；图(e)是对图(d)进行膨胀后的结果，从图中可以看出，大部分间断被恢复，噪声被消除，但是指纹的线路变粗了；图(f)是对图(e)进行腐蚀的结果，实质上就是对图(d)进行了一次闭运算，从图中可以看出，相对于图(a)，亮噪声和暗噪声都消除了，且纹路被较好地保留。

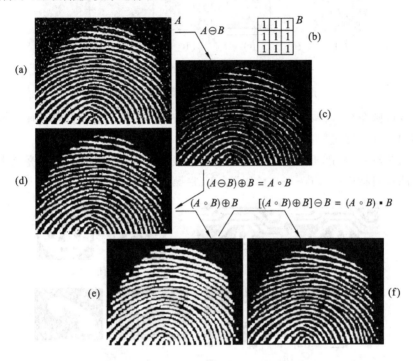

图 3-3-33　形态学运算在指纹检测中的应用

　　通常情况下，当有噪声的图像经过二值化后，边缘是很不平滑的，目标区域内存在一些错判的孔洞，称为暗噪声，而背景区域内也散布着一些小的噪声，称为亮噪声，由于开运算、闭运算所处理的信息分别与图像的凸、凹处相关，因此，可以利用开运算、闭运算来去除图像的噪声。通常情况下，将开运算、闭运算联合起来，开运算用于消除图像中的小分支，闭运算用于填补图像中的孔洞。

　　如图 3-3-34 所示，图(a)中的目标内部有一些噪声孔，外部有一些噪声块；图(b)是结构元素 S，其尺寸比噪声孔和噪声块都要大；图(c)是用 S 对图(a)进行腐蚀后的结果；图(d)是用 S 对图(c)进行膨胀后的结果，这两步操作相当于对图(a)执行了一次开运算，得到了图(d)，从图中可以看出，目标外部的噪声块去除了。再继续用 S 对图(d)进行膨胀得到图(e)，然后继续用 S 对图(e)进行腐蚀得到图(f)，这两步操作相当于对图(d)执行了一次闭运算，从图中可以看出，目标内部的噪声孔去除了，而图像大小并没有发生明显的变化。上述处理过程的数学表达式为

$$\{[(A \ominus B) \oplus B] \oplus B\} \ominus B = (A \circ B) \cdot B$$

对比图(a)和图(f)可以看出，目标区域内外的噪声都被消除了，而目标本身除原来 4

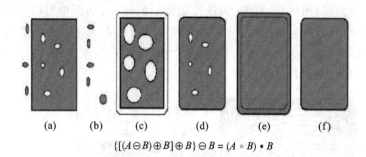

$$\{[(A \ominus B) \oplus B] \oplus B\} \ominus B = (A \circ B) \bullet B$$

图 3-3-34　形态学运算在孔洞消除中的应用

个直角变成圆角外并没有太大的变化。在利用开运算、闭运算滤除图像噪声时,选择圆形结构元素往往可以得到较好的结果。

如图 3-3-35 所示,开运算可以滤掉背景中的噪声——"胡椒"噪声、亮噪声;闭运算可以滤掉目标中的噪声——"沙眼"噪声、暗噪声。

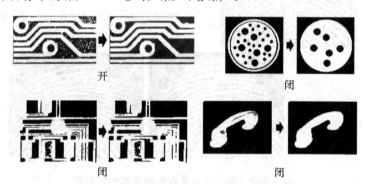

图 3-3-35　开和闭运算的应用之去噪

3.3.4　灰度级图像形态学

前面学习的形态学方法都是基于二值图像的,下面我们要把形态学处理扩展到灰度图像中。

灰度级图像形态学是二值图像形态学向灰度空间的自然扩展,在灰度级图像形态学中,分别用图像函数 $i(x,y)$ 和 $b(x,y)$ 表示二值图像形态学中的目标图像 A 和结构元素 B ,并把 $i(x,y)$ 称为输入图像,$b(x,y)$ 称为结构元素,(x,y) 表示图像中像素点的坐标,二值图像形态学中用到的交运算、并运算在灰度级图像形态学中分别用最大极值、最小极值来代替。与二值图像形态学相似,灰度级图像形态学也有腐蚀、膨胀、开、闭这四种基本运算。

1. 灰度腐蚀与灰度膨胀

灰度腐蚀运算是逐点进行的,计算该点局部范围内各点与结构元素中对应点的灰度值之差,并选取其中的最小值作为该点的腐蚀结果。经腐蚀运算后,图像边缘部分原本具有较大灰度值的点的灰度会降低,因此,边缘会向灰度值高的区域内部收缩,如图 3-3-36 所示。灰度腐蚀会产生两种效果:

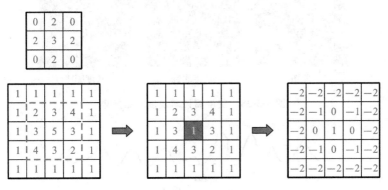

图 3-3-36　灰度腐蚀示例

(1) 如果结构元素的值都为正,则输出图像会比输入图像暗。

(2) 根据输入图像的亮细节的灰度值,以及它们相对于结构元素的尺寸和形状,这些亮细节在腐蚀中会被削弱甚至消除。

灰度膨胀运算也是逐点进行的,计算该点局部范围内各点与结构元素中对应点的灰度值之和,并选取其中的最大值作为该点的膨胀结果。经膨胀运算后,图像边缘部分得到了延伸,如图 3-3-37 所示。灰度膨胀会产生两种效果:

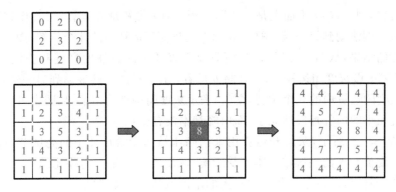

图 3-3-37　灰度膨胀示例

(1) 如果结构元素的值都为正,则输出图像会比输入图像亮。

(2) 根据输入图像的暗细节的灰度值,以及它们相对于结构元素的尺寸和形状,这些暗细节在膨胀中会被削弱甚至消除。

如图 3-3-38 所示,灰度腐蚀会使图像变暗,灰度膨胀会使图像变亮。

2. 灰度开和灰度闭

灰度开运算和灰度闭运算的几何解释如图 3-3-39 所示。图(a)表示图像 $i(x,y)$ 在 y 为常数时的剖面 $i(x)$,其形状为一连串的山峰-山谷。假设结构元素 $b(x,y)$ 为

原图　　　　　　　　灰度腐蚀　　　　　　　灰度膨胀

图 3-3-38　灰度腐蚀与灰度膨胀效果

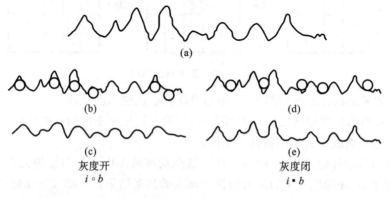

(a)

(b)　　　　　　　　　　　　　　　　　(d)

(c)　　　　　　　　　　　　　　　　　(e)

灰度开　　　　　　　　　　　　　　　灰度闭

$i \circ b$　　　　　　　　　　　　　　　　$i \bullet b$

图 3-3-39　灰度开与灰度闭的几何解释

球状,则投影到 x-$i(x)$ 平面上是一个圆。用 b 对 i 做灰度开运算,可看作将 b 贴着 i 的下沿从一端滚动到另一端,图(b)表示 b 在灰度开运算中的几个位置,图(c)表示灰度开运算的结果,从图中可以看出,所有比 b 直径小的山峰的高度和尖锐度都减弱了。用 b 对 i 做灰度闭运算,可看作将 b 贴着 i 的上沿从一端滚动到另一端,图(d)表示 b 在灰度闭运算中的几个位置,图(e)表示灰度闭运算的结果,从图中可以看出,所有比 b 直径小的山谷都被填充了,而山峰基本没有变化。

如图 3-3-40 所示,灰度开运算用来消除比结构元素尺寸小的亮细节,而保持图像整体灰度值和大的亮区域基本不受影响;灰度闭运算用来消除比结构元素尺寸小的暗细节,而保持图像整体灰度值和大的暗区域基本不受影响。

原图　　　　　　　　灰度开　　　　　　　　灰度闭

图 3-3-40　图像灰度开与灰度闭

如图 3-3-41 所示,依次对噪声图像进行灰度开运算和灰度闭运算,可以去除形状小于结构元素的亮噪声;反之,依次对噪声图像进行灰度闭运算和灰度开运算,可以去除形状小于结构元素的暗噪声。

原图　　　　　　　灰度开-灰度闭　　　　　　灰度闭-灰度开
　　　　　　　　$i \square b = (i \circ b) \bullet b$　　　　　$i \blacksquare b = (i \bullet b) \circ b$

图 3-3-41　噪声图像灰度开与灰度闭

如图 3-3-42 所示,采用与图像中左边球大小相当的结构元素对图像进行灰度闭运算,此时,左边的小球相当于暗细节而被去除,而右边的区域不变。再用大于图像中右边大球间距离的结构元素对上述结果做灰度开运算,此时,图像右边的亮背景被消除,致使图像右边区域都变成了黑色,这样就得到左边为白色、右边为黑色的灰度图像。最后,采用简单的阈值操作就可以分割出大小球的边界。

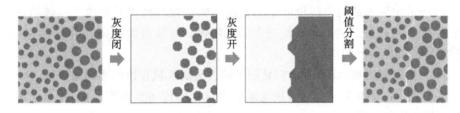

图 3-3-42　灰度级图像形态学的应用——边界分割

思考与练习题

3-1　设有如图所示的一幅图像,根据一阶梯度算子计算其梯度(幅值)图。

3-2　如图所示,A 是待处理图像,黑色方块代表目标像素,白色方块代表背景像素;B 是结构元素,☆处为原点,分别计算 $A \circ B$ 和 $A \bullet B$。

3-3　采用"图解法"给出"分裂-合并法"分割下图的各个步骤。

3-4　根据下图所示的腐蚀运算和膨胀运算的结果示意图,分别简述这两种运算对图像边界的影响。

3-5　一家制造公司购买了一个成像系统,成像系统的功能是平滑或锐化图像。对生产现场使用这个系统的结果并不是很理想,请问:如何确定系统是否正常工作?

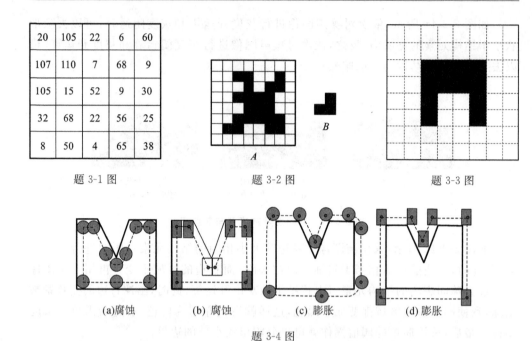

题 3-1 图　　　　　　　　题 3-2 图　　　　　　　　题 3-3 图

(a)腐蚀　　　　　(b) 腐蚀　　　　　(c) 膨胀　　　　　(d) 膨胀

题 3-4 图

3-6　下图所示的两个傅里叶频谱是同一幅图像的傅里叶频谱。左侧的频谱对应于原图像,右侧的频谱对应于填充零后的图像。解释右侧的频谱中沿中心纵轴和横轴信号谱明显增强的原因。

3-7　考虑如图所示的图像,它显示了较大圆圈区域包围的小圆圈区域。

(1) 用于生成图 3-3-42 的方法也能处理这幅图像吗? 说明原因,包括使方法有效需要做的任何假设。

(2) 对(1)问做肯定的回答时,请画出边界。

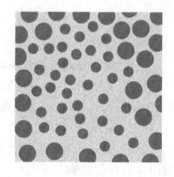

题 3-6 图　　　　　　　　　　　　　题 3-7 图

3-8　显微镜应用的预处理步骤是,从重叠的两个或多个颗粒组中分离出各个圆形颗粒,如图所示。假设所有颗粒的大小相同,请给出一种形态学算法生成只包含如下颗粒的三幅图像:只包含与图像边界接触的颗粒;只包含重叠的颗粒;只包含不重叠的颗粒。

3-9　某家高技术制造工厂与当地政府签订了一份合同,合同内容是制造如右图所示的高精度垫圈,合同要求使用图像系统来检测所有垫圈的形状。在合同正文中,形状检测是指检测垫圈内边缘和外边缘的偏差。通常在生产中可以做如下假设:

(1) 存在一幅能够满足要求的垫圈“金”图像(对这一问题而言,“金”图像是指一幅完美的图像);

(2) 系统所用成像和定位部件的精度高到足以允许你忽略数字化和定位引起的误差。为了规定系统的视觉检查部分,请根据形态学/逻辑运算提出一种检测方案。

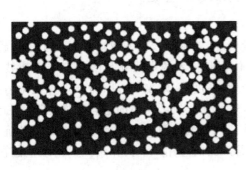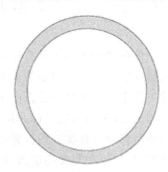

题 3-8 图　　　　　　　　　　　　　　　题 3-9 图

3-10　假设在如图所示的图像中使用了多个边缘模型(“粗”边缘除外),画出每个剖面线的梯度和拉普拉斯。

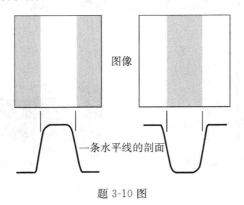

题 3-10 图

第4章　机器视觉中的图像三维重建

4.1　图像三维重建

立体视觉技术由于具有较高的测量精度、效率和较低的成本而得到了越来越广泛的研究和应用。在机器视觉领域,立体视觉技术的本质就是图像三维重建技术。图像三维重建就是利用图像中包含的轮廓、亮度、明暗度、纹理、特征点等视觉信息,结合相机、镜头与场景目标的位置参数,进行光学投影变换的逆向变换运算,由此恢复出场景目标在真实三维世界里的三维几何模型。图像三维重建在机器人导航、视觉感知、物体识别和智能制造等领域有着广泛的应用。下面介绍图像三维重建在日常生产、生活中的几个典型应用。

第一个例子,如图 4-1-1 所示,对真实物体进行高精度的三维重建,可以快速生成计算机可处理和编辑的三维数字模型,为产品的设计与开发带来极大的便利。将3D 扫描技术应用于 3D 打印系统的前端,可以快速地获取实物的数字模型,从而实现三维复制。

图 4-1-1　三维模型

第二个例子,如图 4-1-2 所示,对文物和艺术品进行三维数字化处理,既可以实现其三维建档,有利于保护文化遗产,又可以满足公众的鉴赏需求。

第三个例子,如图 4-1-3 所示,基于三维重建的 VR/AR(virtual reality/augment reality,虚拟现实/增强现实)技术可以用于制作影视道具,充实电影和视频的素材库,提高数字媒体创作的效率,保证卓越的视觉真实度。

第四个例子,如图 4-1-4 所示,对汽车生产线上白车身的快速三维扫描,可以精确检测出车身的外形尺寸误差,极大地提高产品质量和生产效率。

图 4-1-2　文物和艺术品三维数字化

图 4-1-3　基于三维重建的 VR/AR 技术用于影视道具的制作

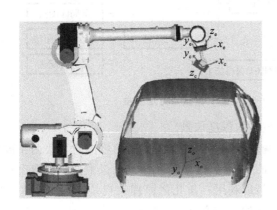

汽车实物

整车3D扫描

数据对比，质量控制

图 4-1-4　三维重建在汽车上的应用

　　第五个例子,如图 4-1-5 所示,在机器人或工业自动化设备上加装 3D 图像传感器来对目标进行的三维重建,为设备的控制及人机交互提供了更加可靠的数据基础。

　　图像三维重建方法主要分为三类:主动式法、被动式法和基于 RGB-D 相机法,如图 4-1-6 所示。主动式法分为结构光法、TOF(time of flight,飞行时间)法和三角测距法。被动式法分为单目视觉法和双目/多目视觉法,其中,单目视觉法分为离线法和在线法,双目/多目视觉法分为全局匹配法、半全局匹配法和局部匹配法。

　　主动式法和被动式法都是以光学三角测量法为基础,通过待测点相对于光学基

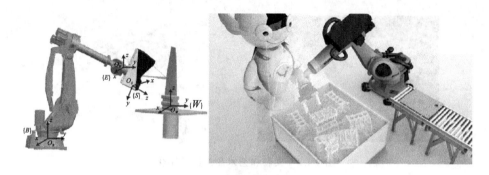

图 4-1-5　三维重建在工业上的应用

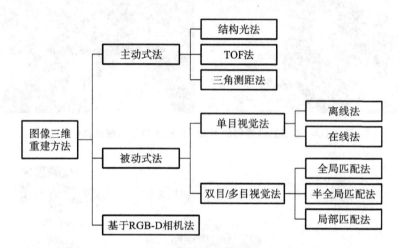

图 4-1-6　图像三维重建方法分类

准线偏移产生的角度变化计算该点的深度信息。

　　双目/多目视觉法是典型的被动式法,是指从不同的角度同时采集两张被测目标的图像,从而获得在不同角度下的目标图像,然后从两幅图像中分别提取出对应的匹配点并计算匹配点之间的视差,最后利用三角几何原理从视差信息中解算出定量的三维几何(深度)信息,以实现目标的三维重建。在实际应用中,可以采用两个/多个相机在不同的位置同时对被测目标进行拍摄,也可以采用同一个相机先后从不同位置对被测目标采集至少两幅图像,再计算被测目标的三维几何信息。双目/多目视觉法的优点在于其适应性强,可以在多种条件下灵活地测量物体的立体信息;缺点是需要大量的相关匹配运算,以及涉及较为复杂的空间几何参数的校准等问题,测量精度低,计算量较大,不适用于精密计量,常用于三维目标的识别、理解以及位形分析等场合。然而,在有两个相机的情况下,如何甄别不同图像中的两个点是否是同一个特征点是一个难题,这对特征点的匹配算法提出了很高的要求。在这样的背景下,主动式法便应运而生。这里主要介绍飞行时间法和结构光法。

　　飞行时间法:基于三维面形对结构光束产生的时间调制,通过测量光波的飞行时间来获得距离信息,并结合附加的扫描装置使光波能够扫描整个被测目标从而得到其三维信息。飞行时间法通过对信号进行检测的时间分辨率来获得距离测量精度,因此,要得到较高的测量精度,必须有极高的时间分辨率。该方法常用于大尺度、远距离测量。

结构光法:向被测目标表面投射结构信息已知的可控制光束,获取被物体调制过的束学信息,然后结合三维重建算法求解物体的三维信息。由于增加了额外的光束信息,被测目标中可用的信息量增多,因此结构光法具有更高的测量精度,尤其是对于表面特征较少、纹理不太明显的物体,结构光法不但可以提高重建的精度,还可以降低重建算法的复杂度。

由于被动式法直接利用的是自然图像,而工业检测环境中被测工件的自然图像往往没有鲜明的可供利用的特征信息,这就使得被动式法对于很多情况都无能为力。而主动式法却恰恰能够"主动地"产生必要的特征信息,并且避免了被动式法所固有的立体匹配困难的缺点,因此在工业检测中得到了广泛的应用。表 4-1-1 所示为三种常用的图像三维重建方法的对比。

表 4-1-1　图像三维重建常用方法的对比

项　　　目	双目/多目视觉法	飞行时间法	结构光法
原理	图像特征点匹配	光反射时间差	投影光栅编解码
响应时间	中	快	慢
低光环境表现	差	良	良
强光环境表现	良	中	差
深度精确度	良	差	优
工作距离	短	长	长
缺点	不合适低光照、少纹理场合	分辨率不高	易受环境光影响

4.2　相机标定

通过相机光学镜头,一个 3D 空间中的物体会被映射成一个倒立缩小的像,被基于 CCD 或 CMOS 光电传感器的成像平面感知到而形成 2D 图像,如图 4-2-1 所示。相机成像模型可以近似地用小孔成像模型来代替。

在图 4-2-2 所示的小孔成像模型中,h_o 表示物高,h_i 表示像高,d_o 表示物距,f 表示焦距,根据几何关系,有

$$\frac{f}{h_i} = \frac{d_o}{h_o}$$

为了计算方便,可以将图像平面移动到透镜前面。

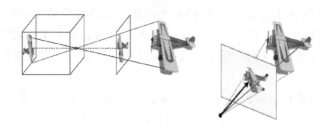

图 4-2-1　相机成像模型

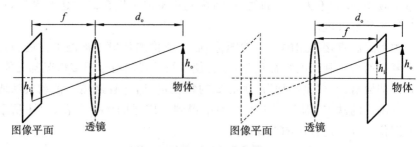

图 4-2-2　小孔成像模型

理想情况下,镜头的光轴(通过镜头中心并垂直于成像平面的直线)应该穿过图像的正中心,镜头会将一条三维空间中的直线也映射成直线(射影变换),其对物体 x 方向和 y 方向尺寸的缩小比例是一样的。

为了提高相机的光通量,我们采用透镜代替小孔来成像,由于这种代替并不完全符合小孔成像的性质,因此镜头畸变就产生了,即中心投影光线会发生弯曲和位置变化。

如图 4-2-3 所示,镜头畸变主要包括径向畸变和切向畸变。径向畸变是指光线在远离透镜中心的地方比靠近中心的地方弯曲程度大,且越向透镜边缘移动径向畸变越严重,这是由透镜的制造工艺导致的。切向畸变是由透镜和传感器平面的安装位置不平行导致的。

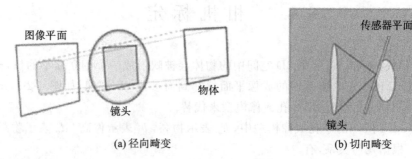

(a)径向畸变　　　　　　　　　(b)切向畸变

图 4-2-3　镜头畸变

而在实际中,由于制造工艺的原因,相机镜头形状并不是完美的圆,光电传感器上的像素也并不是完美地呈紧密排列的正方形,同时由于安装的原因,镜头平面也不是和成像平面完全平行的,光轴会偏离镜头的中心,直线会变弯(主点偏移),这些误差会导致镜头对物体 x 方向和 y 方向尺寸的缩小比例不一致(焦距畸变),从而造成枕形畸变和桶形畸变,如图 4-2-4 所示。

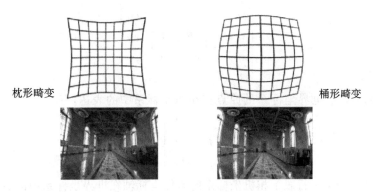

枕形畸变　　　　　　　　　　　　　　　　　　桶形畸变

图 4-2-4　枕形畸变和桶形畸变

4.2.1　概述

如图 4-2-5(见书末)所示,相机标定就是为了获取表示相机自身特性的内参数和表示相机与场景位置关系的外参数,从而建立起 3D 空间中的物点和它在 2D 成像平面上的像点间的投影映射关系。外参数表示 3D 世界坐标系(world coordinate system) O_w-$x_w y_w z_w$ 和 3D 相机坐标系(camera coordinate system) O_C-$x_C y_C z_C$ 之间的投影变换关系。内参数表示 3D 相机坐标系、2D 图像坐标系(image coordinate system) O_I-$x_I y_I$ 和 2D 像素坐标系(pixel coordinate system) O_D-$x_D y_D$ 之间的投影变换关系,其中,畸变(distortion)表示 2D 像素坐标系中像素点的偏移。

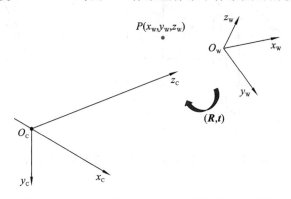

图 4-2-6　世界坐标系和相机坐标系的转换示意图

1. 世界坐标系与相机坐标系之间的投影变换

图 4-2-6 所示为世界坐标系和相机坐标系的转换示意图,有

$$\begin{bmatrix} x_C \\ y_C \\ z_C \end{bmatrix} = \begin{bmatrix} r_{11} & r_{12} & r_{13} \\ r_{21} & r_{22} & r_{23} \\ r_{31} & r_{32} & r_{33} \end{bmatrix} \begin{bmatrix} x_W \\ y_W \\ z_W \end{bmatrix} + \begin{bmatrix} t_x \\ t_y \\ t_z \end{bmatrix} = \boldsymbol{R} \begin{bmatrix} x_W \\ y_W \\ z_W \end{bmatrix} + \boldsymbol{t} \tag{4-1}$$

写成齐次坐标的形式,有

$$\begin{bmatrix} x_C \\ y_C \\ z_C \\ 1 \end{bmatrix} = \begin{bmatrix} \boldsymbol{R} & \boldsymbol{t} \\ \boldsymbol{0}_{1\times3}^T & 1 \end{bmatrix} \begin{bmatrix} x_W \\ y_W \\ z_W \\ 1 \end{bmatrix} \tag{4-2}$$

这里的 $\boldsymbol{t}$ 表示世界坐标系的原点在相机坐标系中的表达,有

$$\boldsymbol{t} = \begin{bmatrix} t_x \\ t_y \\ t_z \end{bmatrix}$$

这里的 $\boldsymbol{R}$ 的每一行表示相机坐标系的单位坐标轴在世界坐标系中的表达,实质上就是 $\boldsymbol{R}$ 的每一行构成了相机坐标系,并且这个坐标系是基于世界坐标系的,即相机坐标系在世界坐标系中的表达、相机坐标系在世界坐标系中的位姿。同时,$\boldsymbol{R}$ 也可以表述为世界坐标系中的某个点在相机坐标系中的表达的变换矩阵 $\boldsymbol{P}_W^C$,这样,世界坐标系中的任意一点 $\boldsymbol{p}_W$ 和变换矩阵的乘积 $\boldsymbol{P}_W^C \boldsymbol{p}_W$ 就表示了该点在相机坐标系中的表达。

2. 相机坐标系与图像坐标系之间的投影变换

图 4-2-7 所示为相机坐标系和图像坐标系的转换示意图,相机坐标系的原点位于镜头光心处,有

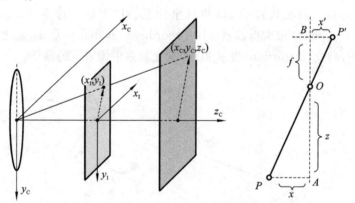

图 4-2-7　相机坐标系和图像坐标系的转换示意图

$$\begin{cases} \dfrac{x_I}{f} = \dfrac{x_C}{z_C} \\ \dfrac{y_I}{f} = \dfrac{y_C}{z_C} \end{cases} \Rightarrow \begin{cases} z_C x_I = f x_C \\ z_C y_I = f y_C \end{cases} \tag{4-3}$$

即

$$\begin{bmatrix} x_{\mathrm{I}} \\ y_{\mathrm{I}} \\ 1 \end{bmatrix} = \frac{1}{z_{\mathrm{C}}} \begin{bmatrix} f & 0 & 0 \\ 0 & f & 0 \\ 0 & 0 & 1 \end{bmatrix} \begin{bmatrix} x_{\mathrm{C}} \\ y_{\mathrm{C}} \\ z_{\mathrm{C}} \end{bmatrix} \tag{4-4}$$

写成齐次坐标的形式,有

$$z_{\mathrm{C}} \begin{bmatrix} x_{\mathrm{I}} \\ y_{\mathrm{I}} \\ 1 \end{bmatrix} = \begin{bmatrix} f & 0 & 0 & 0 \\ 0 & f & 0 & 0 \\ 0 & 0 & 1 & 0 \end{bmatrix} \begin{bmatrix} x_{\mathrm{C}} \\ y_{\mathrm{C}} \\ z_{\mathrm{C}} \\ 1 \end{bmatrix} \tag{4-5}$$

3. 图像坐标系与像素坐标系之间的投影变换

图 4-2-8 所示为图像坐标系和像素坐标系的转换示意图,图像坐标系的原点位于图像中心,像素坐标系的原点位于图像的左下角,有

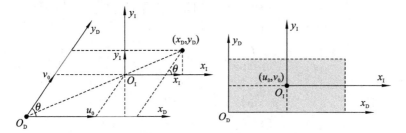

图 4-2-8　图像坐标系和像素坐标系的转换示意图

$$\begin{cases} x_{\mathrm{D}} = u_0 + \left(\dfrac{x_{\mathrm{I}}}{p_U} - \dfrac{y_{\mathrm{I}}}{p_U \tan\theta} \right) \\ y_{\mathrm{D}} = v_0 + \dfrac{y_{\mathrm{I}}}{p_V \sin\theta} \end{cases} \tag{4-6}$$

式中: p_U 和 p_V 表示像素精度,即 mm/pixel; x_{I} 和 y_{I} 的单位是 mm;经过变换, x_{D} 和 y_{D} 变成了像素坐标。

将式(4-6)写成齐次坐标的形式,有

$$\begin{bmatrix} x_{\mathrm{D}} \\ y_{\mathrm{D}} \\ 1 \end{bmatrix} = \begin{bmatrix} \dfrac{1}{p_U} & -\dfrac{1}{p_U \tan\theta} & u_0 \\ 0 & \dfrac{1}{p_V \sin\theta} & v_0 \\ 0 & 0 & 1 \end{bmatrix} \begin{bmatrix} x_{\mathrm{I}} \\ y_{\mathrm{I}} \\ 1 \end{bmatrix} \tag{4-7}$$

式中: $\dfrac{1}{p_U}$ 和 $\dfrac{1}{p_V \sin\theta}$ 表征单位距离的像素数,pixel/mm。

若不考虑角度 θ 的影响,有

$$\begin{cases} x_{\mathrm{D}} = u_0 + \dfrac{x_{\mathrm{I}}}{p_U} \\ y_{\mathrm{D}} = v_0 + \dfrac{y_{\mathrm{I}}}{p_V} \end{cases}$$

即

$$
\begin{bmatrix} x_D \\ y_D \\ 1 \end{bmatrix} = \begin{bmatrix} \dfrac{1}{p_U} & 0 & u_0 \\ 0 & \dfrac{1}{p_V} & v_0 \\ 0 & 0 & 1 \end{bmatrix} \begin{bmatrix} x_I \\ y_I \\ 1 \end{bmatrix}
$$

式中的 $\dfrac{1}{p_U}$ 和 $\dfrac{1}{p_V}$ 可以看成缩放因子。

综合有

$$
\begin{aligned}
z_C \begin{bmatrix} x_D \\ y_D \\ 1 \end{bmatrix} &= \begin{bmatrix} \dfrac{1}{p_U} & -\dfrac{1}{p_U \tan\theta} & u_0 \\ 0 & \dfrac{1}{p_V \sin\theta} & v_0 \\ 0 & 0 & 1 \end{bmatrix} \begin{bmatrix} f & 0 & 0 & 0 \\ 0 & f & 0 & 0 \\ 0 & 0 & 1 & 0 \end{bmatrix} \begin{bmatrix} R & t \\ 0_{1\times 3}^T & 1 \end{bmatrix} \begin{bmatrix} x_W \\ y_W \\ z_W \\ 1 \end{bmatrix} \\[2mm]
&= \begin{bmatrix} \dfrac{f}{p_U} & -\dfrac{f}{p_U \tan\theta} & u_0 & 0 \\ 0 & \dfrac{f}{p_V \sin\theta} & v_0 & 0 \\ 0 & 0 & 1 & 0 \end{bmatrix} \begin{bmatrix} R & t \\ 0_{1\times 3}^T & 1 \end{bmatrix} \begin{bmatrix} x_W \\ y_W \\ z_W \\ 1 \end{bmatrix} \\[2mm]
&= \begin{bmatrix} f_x & s & u_0 & 0 \\ 0 & f_y & v_0 & 0 \\ 0 & 0 & 1 & 0 \end{bmatrix} \begin{bmatrix} R & t \\ 0_{1\times 3}^T & 1 \end{bmatrix} \begin{bmatrix} x_W \\ y_W \\ z_W \\ 1 \end{bmatrix} \\[2mm]
&= \begin{bmatrix} f_x & s & u_0 \\ 0 & f_y & v_0 \\ 0 & 0 & 1 \end{bmatrix} \begin{bmatrix} R & t \end{bmatrix} \begin{bmatrix} x_W \\ y_W \\ z_W \\ 1 \end{bmatrix} \\[2mm]
&= K \begin{bmatrix} R & t \end{bmatrix} \begin{bmatrix} x_W \\ y_W \\ z_W \\ 1 \end{bmatrix}
\end{aligned} \tag{4-8}
$$

式中：K 表示相机的内参数矩阵，其中，f_x 和 f_y 表示在像素度量下，相机焦距 f 沿图像坐标系 O_1-$x_1 y_1$ 的 x 轴和 y 轴的尺度因子，即三维空间中的任一点经相机成像后，投影到图像平面上的坐标在 x、y 方向上不同的缩放比例；u_0 和 v_0 表示主点坐标，即光心在像素坐标系中的坐标；s 表示倾斜因子，表征像素坐标系中 x_D 轴和 y_D 轴的不垂直度。

通常情况下，不考虑倾斜因子 s，则

$$z_C \begin{bmatrix} x_D \\ y_D \\ 1 \end{bmatrix} = \begin{bmatrix} f_x & 0 & u_0 \\ 0 & f_y & v_0 \\ 0 & 0 & 1 \end{bmatrix} \begin{bmatrix} \boldsymbol{R} & \boldsymbol{t} \end{bmatrix} \begin{bmatrix} x_W \\ y_W \\ z_W \\ 1 \end{bmatrix} = \boldsymbol{K} \begin{bmatrix} \boldsymbol{R} & \boldsymbol{t} \end{bmatrix} \begin{bmatrix} x_W \\ y_W \\ z_W \\ 1 \end{bmatrix} \tag{4-9}$$

4.2.2　张正友标定法

张正友标定法是目前比较主流的相机标定方法，下面，我们来一起学习这个标定方法。如图 4-2-9 所示，张正友标定法将世界坐标系固定于棋盘格上，且 z 坐标轴垂直于棋盘格向上，则棋盘格上任意一个角点的 z 坐标为 0。由于棋盘格的世界坐标系是事先定义好的，且棋盘格上每一格的物理尺寸是已知的，则每一个角点在世界坐标系下的坐标为 $\begin{bmatrix} x_W \\ y_W \\ 0 \end{bmatrix}$，进而根据每个角点在世界坐标系下的坐标 $\begin{bmatrix} x_W \\ y_W \\ 0 \end{bmatrix}$ 和像素坐标 $\begin{bmatrix} x_D \\ y_D \end{bmatrix}$ 来进行相机标定，求解出相机的内参数矩阵 $\boldsymbol{K}$ 和外参数矩阵 $\begin{bmatrix} \boldsymbol{R} & \boldsymbol{t} \end{bmatrix}$。

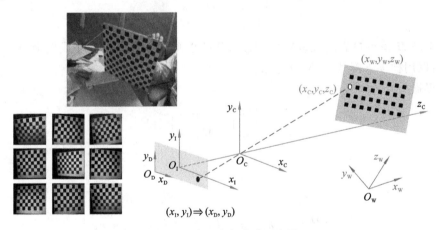

图 4-2-9　张正友标定法示意图

$$\lambda \begin{bmatrix} x_D \\ y_D \\ 1 \end{bmatrix} = \begin{bmatrix} f_x & s & u_0 \\ 0 & f_y & v_0 \\ 0 & 0 & 1 \end{bmatrix} \begin{bmatrix} \boldsymbol{R} & \boldsymbol{t} \end{bmatrix} \begin{bmatrix} x_W \\ y_W \\ z_W \\ 1 \end{bmatrix} = \boldsymbol{K} \begin{bmatrix} r_1 & r_2 & r_3 & t \end{bmatrix} \begin{bmatrix} x_W \\ y_W \\ z_W \\ 1 \end{bmatrix} \tag{4-10}$$

式中：λ 为非零尺度因子。

选取棋盘格平面为世界坐标系的 x-y 平面，则棋盘格上的所有特征点的 z 坐标为 0，即 $z_W = 0$，则

$$\lambda \begin{bmatrix} x_D \\ y_D \\ 1 \end{bmatrix} = \boldsymbol{K} \begin{bmatrix} \boldsymbol{r}_1 & \boldsymbol{r}_2 & \boldsymbol{r}_3 & \boldsymbol{t} \end{bmatrix} \begin{bmatrix} x_W \\ y_W \\ 0 \\ 1 \end{bmatrix} = \boldsymbol{K} \begin{bmatrix} \boldsymbol{r}_1 & \boldsymbol{r}_2 & \boldsymbol{t} \end{bmatrix} \begin{bmatrix} x_W \\ y_W \\ 1 \end{bmatrix} \tag{4-11}$$

设单应矩阵

$$\boldsymbol{H} = \begin{bmatrix} \boldsymbol{h}_1 & \boldsymbol{h}_2 & \boldsymbol{h}_3 \end{bmatrix} = \begin{bmatrix} h_{11} & h_{12} & h_{13} \\ h_{21} & h_{22} & h_{23} \\ h_{31} & h_{32} & h_{33} \end{bmatrix} = \rho \boldsymbol{K} \begin{bmatrix} \boldsymbol{r}_1 & \boldsymbol{r}_2 & \boldsymbol{t} \end{bmatrix}$$

式中：ρ 为常数。

由上述分析可知，张正友标定法主要分为四个步骤：①求单应矩阵 $\boldsymbol{H}$；②求内参数矩阵 $\boldsymbol{K}$ 和外参数矩阵 $\begin{bmatrix} \boldsymbol{R} & \boldsymbol{t} \end{bmatrix}$ 的积 $\boldsymbol{Q}$；③求内参数矩阵 $\boldsymbol{K}$；④求外参数矩阵 $\begin{bmatrix} \boldsymbol{R} & \boldsymbol{t} \end{bmatrix}$。

1）求单应矩阵 $\boldsymbol{H}$

由于单应矩阵 $\boldsymbol{H}$ 表征从一个平面到另外一个平面的 2D 投影映射变换，则

$$\lambda \begin{bmatrix} x_D \\ y_D \\ 1 \end{bmatrix} = \boldsymbol{H} \begin{bmatrix} x_W \\ y_W \\ 1 \end{bmatrix}$$

求解 $\boldsymbol{H}$ 使得投影的误差最小，因此，$\boldsymbol{H}$ 的求解可以看成一个非线性最小二乘问题，可以用梯度下降法、L-M 法求解。

根据

$$\rho\lambda \begin{bmatrix} x_D \\ y_D \\ 1 \end{bmatrix} = \boldsymbol{H} \begin{bmatrix} x_W \\ y_W \\ 1 \end{bmatrix}$$

并令

$$\boldsymbol{H} = \eta \hat{\boldsymbol{H}} = \eta \begin{bmatrix} \hat{\boldsymbol{h}}_1 & \hat{\boldsymbol{h}}_2 & \hat{\boldsymbol{h}}_3 \end{bmatrix} = \eta \begin{bmatrix} \hat{h}_{11} & \hat{h}_{12} & \hat{h}_{13} \\ \hat{h}_{21} & \hat{h}_{22} & \hat{h}_{23} \\ \hat{h}_{31} & \hat{h}_{32} & 1 \end{bmatrix}$$

有

$$\rho\lambda \begin{bmatrix} x_D \\ y_D \\ 1 \end{bmatrix} = \eta \begin{bmatrix} \hat{h}_{11} & \hat{h}_{12} & \hat{h}_{13} \\ \hat{h}_{21} & \hat{h}_{22} & \hat{h}_{23} \\ \hat{h}_{31} & \hat{h}_{32} & 1 \end{bmatrix} \begin{bmatrix} x_W \\ y_W \\ 1 \end{bmatrix} \tag{4-12}$$

即

$$\begin{cases} \varepsilon x_D = \hat{h}_{11} x_W + \hat{h}_{12} y_W + \hat{h}_{13} \\ \varepsilon y_D = \hat{h}_{21} x_W + \hat{h}_{22} y_W + \hat{h}_{23} \\ \varepsilon = \hat{h}_{31} x_W + \hat{h}_{32} y_W + 1 \end{cases} \tag{4-13}$$

式中：$\varepsilon = \dfrac{\rho\lambda}{\eta}$。

$$\begin{cases} x_{\mathrm{D}} = \dfrac{\hat{h}_{11}x_{\mathrm{W}} + \hat{h}_{12}y_{\mathrm{W}} + \hat{h}_{13}}{\hat{h}_{31}x_{\mathrm{W}} + \hat{h}_{32}y_{\mathrm{W}} + 1} \\[4mm] y_{\mathrm{D}} = \dfrac{\hat{h}_{21}x_{\mathrm{W}} + \hat{h}_{22}y_{\mathrm{W}} + \hat{h}_{23}}{\hat{h}_{31}x_{\mathrm{W}} + \hat{h}_{32}y_{\mathrm{W}} + 1} \end{cases} \tag{4-14}$$

进一步，有

$$\begin{cases} x_{\mathrm{D}} = \hat{h}_{11}x_{\mathrm{W}} + \hat{h}_{12}y_{\mathrm{W}} + \hat{h}_{13} - \hat{h}_{31}x_{\mathrm{D}}x_{\mathrm{W}} - \hat{h}_{32}x_{\mathrm{D}}y_{\mathrm{W}} \\[2mm] y_{\mathrm{D}} = \hat{h}_{21}x_{\mathrm{W}} + \hat{h}_{22}y_{\mathrm{W}} + \hat{h}_{23} - \hat{h}_{31}y_{\mathrm{D}}x_{\mathrm{W}} - \hat{h}_{32}y_{\mathrm{D}}y_{\mathrm{W}} \end{cases} \tag{4-15}$$

则

$$\begin{bmatrix} x_{\mathrm{W}} & y_{\mathrm{W}} & 1 & 0 & 0 & 0 & -x_{\mathrm{D}}x_{\mathrm{W}} & -x_{\mathrm{D}}y_{\mathrm{W}} \\ 0 & 0 & 0 & x_{\mathrm{W}} & y_{\mathrm{W}} & 1 & -y_{\mathrm{D}}x_{\mathrm{W}} & -y_{\mathrm{D}}y_{\mathrm{W}} \end{bmatrix} \begin{bmatrix} \hat{h}_{11} \\ \hat{h}_{12} \\ \hat{h}_{13} \\ \hat{h}_{21} \\ \hat{h}_{22} \\ \hat{h}_{23} \\ \hat{h}_{31} \\ \hat{h}_{32} \end{bmatrix} = \begin{bmatrix} x_{\mathrm{D}} \\ y_{\mathrm{D}} \end{bmatrix} \tag{4-16}$$

因此，至少需要 4 个匹配点对 $\begin{bmatrix} x_{\mathrm{D}} \\ y_{\mathrm{D}} \end{bmatrix}$ 和 $\begin{bmatrix} x_{\mathrm{W}} \\ y_{\mathrm{W}} \end{bmatrix}$ 来求出 $\boldsymbol{H}$。

单应矩阵 $\boldsymbol{H}$ 描述了物体在世界坐标系和像素坐标系之间的相对位置关系（内参和外参）。

2）求内参数矩阵 $\boldsymbol{K}$ 和外参数矩阵 $[\boldsymbol{R} \quad \boldsymbol{t}]$ 的积 $\boldsymbol{Q}$

根据 $\begin{cases} \rho\boldsymbol{K}\boldsymbol{r}_1 = \boldsymbol{h}_1 \\ \rho\boldsymbol{K}\boldsymbol{r}_2 = \boldsymbol{h}_2 \end{cases}$ 以及旋转矩阵 $\boldsymbol{R}$ 的正交性 $\begin{cases} \boldsymbol{r}_1^{\mathrm{T}}\boldsymbol{r}_2 = 0 \\ \|\boldsymbol{r}_1\|_2^2 = \|\boldsymbol{r}_2\|_2^2 \end{cases}$，有

$$\begin{cases} \boldsymbol{h}_1^{\mathrm{T}}\boldsymbol{K}^{-\mathrm{T}}\boldsymbol{K}^{-1}\boldsymbol{h}_2 = \boldsymbol{0} \\ \boldsymbol{h}_1^{\mathrm{T}}\boldsymbol{K}^{-\mathrm{T}}\boldsymbol{K}^{-1}\boldsymbol{h}_1 = \boldsymbol{h}_2^{\mathrm{T}}\boldsymbol{K}^{-\mathrm{T}}\boldsymbol{K}^{-1}\boldsymbol{h}_2 \end{cases} \tag{4-17}$$

令 $\boldsymbol{Q} = \boldsymbol{K}^{-\mathrm{T}}\boldsymbol{K}^{-1} = \begin{bmatrix} q_{11} & q_{12} & q_{13} \\ q_{21} & q_{22} & q_{23} \\ q_{31} & q_{32} & q_{33} \end{bmatrix}$，有

$$Q = \begin{bmatrix} \dfrac{1}{f_x} & 0 & 0 \\[2mm] -\dfrac{s}{f_x f_y} & \dfrac{1}{f_y} & 0 \\[2mm] -\dfrac{u_0}{f_x} + \dfrac{v_0 s}{f_x f_y} & -\dfrac{v_0}{f_y} & 1 \end{bmatrix} \begin{bmatrix} \dfrac{1}{f_x} & -\dfrac{s}{f_x f_y} & -\dfrac{u_0}{f_x} + \dfrac{v_0 s}{f_x f_y} \\[2mm] 0 & \dfrac{1}{f_y} & -\dfrac{v_0}{f_y} \\[2mm] 0 & 0 & 1 \end{bmatrix}$$

$$= \begin{bmatrix} \dfrac{1}{f_x^2} & -\dfrac{s}{f_x^2 f_y} & -\dfrac{u_0}{f_x^2} + \dfrac{v_0 s}{f_x^2 f_y} \\[3mm] -\dfrac{s}{f_x^2 f_y} & \dfrac{s^2}{f_x^2 f_y^2} + \dfrac{1}{f_y^2} & \dfrac{u_0 s}{f_x^2 f_y} - \dfrac{v_0 s^2}{f_x^2 f_y^2} - \dfrac{v_0}{f_y^2} \\[3mm] -\dfrac{u_0}{f_x^2} + \dfrac{v_0 s}{f_x^2 f_y} & \dfrac{u_0 s}{f_x^2 f_y} - \dfrac{v_0 s^2}{f_x^2 f_y^2} - \dfrac{v_0}{f_y^2} & \dfrac{u_0^2}{f_x^2} - \dfrac{2 u_0 v_0 s}{f_x^2 f_y} + \dfrac{v_0^2 s^2}{f_x^2 f_y^2} + \dfrac{v_0^2}{f_y^2} + 1 \end{bmatrix}$$

$$= \begin{bmatrix} \dfrac{1}{f_x^2} & -\dfrac{s}{f_x^2 f_y} & \dfrac{v_0 s - u_0 f_y}{f_x^2 f_y} \\[3mm] -\dfrac{s}{f_x^2 f_y} & \dfrac{s^2 + f_x^2}{f_x^2 f_y^2} & -\dfrac{s(v_0 s - u_0 f_y)}{f_x^2 f_y^2} - \dfrac{v_0}{f_y^2} \\[3mm] \dfrac{v_0 s - u_0 f_y}{f_x^2 f_y} & -\dfrac{s(v_0 s - u_0 f_y)}{f_x^2 f_y^2} - \dfrac{v_0}{f_y^2} & \dfrac{(v_0 s - u_0 f_y)^2}{f_x^2 f_y^2} + \dfrac{v_0^2}{f_y^2} + 1 \end{bmatrix} \qquad (4\text{-}18)$$

故

$$\begin{cases} \boldsymbol{h}_1^{\mathrm{T}} \boldsymbol{Q} \boldsymbol{h}_2 = 0 \\ \boldsymbol{h}_1^{\mathrm{T}} \boldsymbol{Q} \boldsymbol{h}_1 - \boldsymbol{h}_2^{\mathrm{T}} \boldsymbol{Q} \boldsymbol{h}_2 = 0 \end{cases} \qquad (4\text{-}19)$$

令 $\boldsymbol{h}_1 = \begin{bmatrix} h_1^1 \\ h_1^2 \\ h_1^3 \end{bmatrix}$，$\boldsymbol{h}_2 = \begin{bmatrix} h_2^1 \\ h_2^2 \\ h_2^3 \end{bmatrix}$，则

$$\boldsymbol{h}_1^{\mathrm{T}} \boldsymbol{Q} \boldsymbol{h}_2 = \begin{bmatrix} h_1^1 & h_1^2 & h_1^3 \end{bmatrix} \begin{bmatrix} q_{11} & q_{12} & q_{13} \\ q_{21} & q_{22} & q_{23} \\ q_{31} & q_{32} & q_{33} \end{bmatrix} \begin{bmatrix} h_2^1 \\ h_2^2 \\ h_2^3 \end{bmatrix}$$

$$= h_1^1 h_2^1 q_{11} + h_1^1 h_2^2 q_{12} + h_1^1 h_2^3 q_{13} + h_1^2 h_2^1 q_{21} + h_1^2 h_2^2 q_{22} + h_1^2 h_2^3 q_{23}$$
$$\quad + h_1^3 h_2^1 q_{31} + h_1^3 h_2^2 q_{32} + h_1^3 h_2^3 q_{33}$$
$$= h_1^1 h_2^1 q_{11} + (h_1^1 h_2^2 q_{12} + h_1^2 h_2^1 q_{21}) + (h_1^1 h_2^3 q_{13} + h_1^3 h_2^1 q_{31})$$
$$\quad + h_1^2 h_2^2 q_{22} + (h_1^2 h_2^3 q_{23} + h_1^3 h_2^2 q_{32}) + h_1^3 h_2^3 q_{33} \qquad (4\text{-}20)$$

$$\boldsymbol{h}_1^{\mathrm{T}} \boldsymbol{Q} \boldsymbol{h}_1 = \begin{bmatrix} h_1^1 & h_1^2 & h_1^3 \end{bmatrix} \begin{bmatrix} q_{11} & q_{12} & q_{13} \\ q_{21} & q_{22} & q_{23} \\ q_{31} & q_{32} & q_{33} \end{bmatrix} \begin{bmatrix} h_1^1 \\ h_1^2 \\ h_1^3 \end{bmatrix}$$

$$= h_1^1 h_1^1 q_{11} + (h_1^1 h_1^2 q_{12} + h_1^2 h_1^1 q_{21}) + (h_1^1 h_1^3 q_{13} + h_1^1 h_1^3 q_{31})$$
$$\quad + h_1^2 h_1^2 q_{22} + (h_1^2 h_1^3 q_{23} + h_1^2 h_1^3 q_{32}) + h_1^3 h_1^3 q_{33} \qquad (4\text{-}21)$$

$$\boldsymbol{h}_2^{\mathrm{T}}\boldsymbol{Q}\boldsymbol{h}_2 = \begin{bmatrix} h_2^1 & h_2^2 & h_2^3 \end{bmatrix} \begin{bmatrix} q_{11} & q_{12} & q_{13} \\ q_{21} & q_{22} & q_{23} \\ q_{31} & q_{32} & q_{33} \end{bmatrix} \begin{bmatrix} h_2^1 \\ h_2^2 \\ h_2^3 \end{bmatrix}$$

$$\begin{aligned} = & h_2^1 h_2^1 q_{11} + (h_2^1 h_2^2 q_{12} + h_2^1 h_2^2 q_{21}) + (h_2^1 h_2^3 q_{13} + h_2^1 h_2^3 q_{31}) \\ & + h_2^2 h_2^2 q_{22} + (h_2^2 h_2^3 q_{23} + h_2^2 h_2^3 q_{32}) + h_2^3 h_2^3 q_{33} \end{aligned} \tag{4-22}$$

由于 $\boldsymbol{Q}$ 的对称性,可以设 $\boldsymbol{q} = \begin{bmatrix} q_{11} \\ q_{12} \\ q_{13} \\ q_{22} \\ q_{23} \\ q_{33} \end{bmatrix}$,有

$$\begin{aligned} \boldsymbol{h}_1^{\mathrm{T}}\boldsymbol{Q}\boldsymbol{h}_2 = & h_1^1 h_2^1 q_{11} + (h_1^1 h_2^2 + h_1^2 h_2^1)q_{12} + (h_1^1 h_2^3 + h_1^3 h_2^1)q_{13} + h_1^2 h_2^2 q_{22} \\ & + (h_1^2 h_2^3 + h_1^3 h_2^2)q_{23} + h_1^3 h_2^3 q_{33} \\ = & \begin{bmatrix} h_1^1 h_2^1 & h_1^1 h_2^2 + h_1^2 h_2^1 & h_1^1 h_2^3 + h_1^3 h_2^1 & h_1^2 h_2^2 & h_1^2 h_2^3 + h_1^3 h_2^2 & h_1^3 h_2^3 \end{bmatrix}\boldsymbol{q} \end{aligned} \tag{4-23}$$

$$\begin{aligned} \boldsymbol{h}_1^{\mathrm{T}}\boldsymbol{Q}\boldsymbol{h}_1 = & h_1^1 h_1^1 q_{11} + (h_1^1 h_1^2 + h_1^1 h_1^2)q_{12} + (h_1^1 h_1^3 + h_1^1 h_1^3)q_{13} + h_1^2 h_1^2 q_{22} \\ & + (h_1^2 h_1^3 + h_1^2 h_1^3)q_{23} + h_1^3 h_1^3 q_{33} \\ = & \begin{bmatrix} h_1^1 h_1^1 & h_1^1 h_1^2 + h_1^1 h_1^2 & h_1^1 h_1^3 + h_1^1 h_1^3 & h_1^2 h_1^2 & h_1^2 h_1^3 + h_1^2 h_1^3 & h_1^3 h_1^3 \end{bmatrix}\boldsymbol{q} \\ = & \begin{bmatrix} (h_1^1)^2 & 2h_1^1 h_1^2 & 2h_1^1 h_1^3 & h_1^2 h_1^2 & 2h_1^2 h_1^3 & h_1^3 h_1^3 \end{bmatrix}\boldsymbol{q} \end{aligned} \tag{4-24}$$

$$\begin{aligned} \boldsymbol{h}_2^{\mathrm{T}}\boldsymbol{Q}\boldsymbol{h}_2 = & h_2^1 h_2^1 q_{11} + (h_2^1 h_2^2 + h_2^1 h_2^2)q_{12} + (h_2^1 h_2^3 + h_2^1 h_2^3)q_{13} + h_2^2 h_2^2 q_{22} \\ & + (h_2^2 h_2^3 + h_2^2 h_2^3)q_{23} + h_2^3 h_2^3 q_{33} \\ = & \begin{bmatrix} h_2^1 h_2^1 & h_2^1 h_2^2 + h_2^1 h_2^2 & h_2^1 h_2^3 + h_2^1 h_2^3 & h_2^2 h_2^2 & h_2^2 h_2^3 + h_2^2 h_2^3 & h_2^3 h_2^3 \end{bmatrix}\boldsymbol{q} \\ = & \begin{bmatrix} (h_2^1)^2 & 2h_2^1 h_2^2 & 2h_2^1 h_2^3 & h_2^2 h_2^2 & 2h_2^2 h_2^3 & h_2^3 h_2^3 \end{bmatrix}\boldsymbol{q} \end{aligned} \tag{4-25}$$

从而有

$$\begin{bmatrix} h_1^1 h_2^1 & h_1^1 h_2^2 + h_1^2 h_2^1 & h_1^1 h_2^3 + h_1^3 h_2^1 & h_1^2 h_2^2 & h_1^2 h_2^3 + h_1^3 h_2^2 & h_1^3 h_2^3 \\ (h_1^1)^2 - (h_2^1)^2 & 2h_1^1 h_1^2 - 2h_2^1 h_2^2 & 2h_1^1 h_1^3 - 2h_2^1 h_2^3 & (h_1^2)^2 - (h_2^2)^2 & 2h_1^2 h_1^3 - 2h_2^2 h_2^3 & (h_1^3)^2 - (h_2^3)^2 \end{bmatrix}\boldsymbol{q}$$

$$= \boldsymbol{V}\boldsymbol{q} = \boldsymbol{0} \tag{4-26}$$

式中:$\boldsymbol{V} \in \mathbf{R}^{2\times 6}$;$\boldsymbol{q} \in \mathbf{R}^6$。

　　处在当前摆放位置的标定板的图像可以提供两个方程,而 $\boldsymbol{q}$ 有 6 个未知数,因此,至少需要 3 个不同摆放位置的棋盘格图像才能求解出 $\boldsymbol{q}$,再根据求解出的 $\boldsymbol{q}$ 来构造 $\boldsymbol{Q}$。

　　3) 求内参数矩阵 $\boldsymbol{K}$

　　在实际计算中,在相差一个尺度因子的情况下,根据 $\boldsymbol{Q}$ 表征绝对二次曲线的性质,有 $\boldsymbol{Q} = \tau \boldsymbol{K}^{-\mathrm{T}} \boldsymbol{K}^{-1}$,即

$$\tau \begin{bmatrix} \dfrac{1}{f_x^2} & -\dfrac{s}{f_x^2 f_y} & \dfrac{v_0 s - u_0 f_y}{f_x^2 f_y} \\[3mm] -\dfrac{s}{f_x^2 f_y} & \dfrac{s^2 + f_x^2}{f_x^2 f_y^2} & -\dfrac{s(v_0 s - u_0 f_y)}{f_x^2 f_y^2} - \dfrac{v_0}{f_y^2} \\[3mm] \dfrac{v_0 s - u_0 f_y}{f_x^2 f_y} & -\dfrac{s(v_0 s - u_0 f_y)}{f_x^2 f_y^2} - \dfrac{v_0}{f_y^2} & \dfrac{(v_0 s - u_0 f_y)^2}{f_x^2 f_y^2} + \dfrac{v_0^2}{f_y^2} + 1 \end{bmatrix} = \begin{bmatrix} q_{11} & q_{12} & q_{13} \\ q_{21} & q_{22} & q_{23} \\ q_{31} & q_{32} & q_{33} \end{bmatrix}$$

$$(4\text{-}27)$$

因此，

$$q_{12} q_{13} - q_{11} q_{23} = \tau^2 \left\{ -\frac{s}{f_x^2 f_y} \frac{v_0 s - u_0 f_y}{f_x^2 f_y} + \frac{1}{f_x^2}\left[\frac{s(v_0 s - u_0 f_y)}{f_x^2 f_y^2} + \frac{v_0}{f_y^2} \right] \right\}$$

$$= \tau^2 \left[-\frac{s(v_0 s - u_0 f_y)}{f_x^4 f_y^2} + \frac{s(v_0 s - u_0 f_y)}{f_x^4 f_y^2} + \frac{v_0}{f_x^2 f_y^2} \right]$$

$$= \frac{\tau^2}{f_x^2 f_y^2} v_0 \tag{4-28}$$

$$q_{11} q_{22} - q_{12}^2 = \tau^2 \left(\frac{1}{f_x^2} \frac{s^2 + f_x^2}{f_x^2 f_y^2} - \frac{s}{f_x^2 f_y} \frac{s}{f_x^2 f_y} \right) = \frac{\tau^2}{f_x^2 f_y^2} \tag{4-29}$$

即

$$q_{12} q_{13} - q_{11} q_{23} = (q_{11} q_{22} - q_{12}^2) v_0 \tag{4-30}$$

有

$$v_0 = \frac{q_{12} q_{13} - q_{11} q_{23}}{q_{11} q_{22} - q_{12}^2} \tag{4-31}$$

根据式(4-28)，有

$$v_0 (q_{12} q_{13} - q_{11} q_{23}) = \frac{\tau^2 v_0^2}{f_x^2 f_y^2} \tag{4-32}$$

$$q_{13}^2 + v_0(q_{12} q_{13} - q_{11} q_{23}) = \left(\tau \frac{v_0 s - u_0 f_y}{f_x^2 f_y} \right)^2 + \frac{\tau^2 v_0^2}{f_x^2 f_y^2}$$

$$= \frac{\tau^2 (v_0^2 s^2 - 2u_0 v_0 s f_y + u_0^2 f_y^2 + v_0^2 f_x^2)}{f_x^4 f_y^2} \tag{4-33}$$

$$\frac{q_{13}^2 + v_0(q_{12} q_{13} - q_{11} q_{23})}{q_{11}} = \frac{\tau^2 (v_0^2 s^2 - 2u_0 v_0 s f_y + u_0^2 f_y^2 + v_0^2 f_x^2)}{f_x^4 f_y^2} \frac{f_x^2}{\tau}$$

$$= \frac{\tau (v_0^2 s^2 - 2u_0 v_0 s f_y + u_0^2 f_y^2 + v_0^2 f_x^2)}{f_x^2 f_y^2} \tag{4-34}$$

$$q_{33} - \frac{q_{13}^2 + v_0(q_{12} q_{13} - q_{11} q_{23})}{q_{11}}$$

$$= \tau \left[\frac{(v_0 s - u_0 f_y)^2}{f_x^2 f_y^2} + \frac{v_0^2}{f_y^2} + 1 \right] - \frac{\tau (v_0^2 s^2 - 2u_0 v_0 s f_y + u_0^2 f_y^2 + v_0^2 f_x^2)}{f_x^2 f_y^2}$$

$$= \frac{\tau (v_0^2 s^2 - 2u_0 v_0 s f_y + u_0^2 f_y^2) + \tau f_x^2 v_0^2 + \tau f_x^2 f_y^2 - \tau (v_0^2 s^2 - 2u_0 v_0 s f_y + u_0^2 f_y^2 + v_0^2 f_x^2)}{f_x^2 f_y^2}$$

$$= \tau \tag{4-35}$$

依此类推,从而可以依次得到相机内参矩阵 $\boldsymbol{K} = \begin{bmatrix} f_x & s & u_0 \\ 0 & f_y & v_0 \\ 0 & 0 & 1 \end{bmatrix}$ 的相关参数,有

$$
\begin{cases}
v_0 = \dfrac{q_{12}q_{13} - q_{11}q_{23}}{q_{11}q_{22} - q_{12}^2} \\[3mm]
\tau = q_{33} - \dfrac{q_{13}^2 + v_0(q_{12}q_{13} - q_{11}q_{23})}{q_{11}} \\[3mm]
f_x = \sqrt{\dfrac{\tau}{q_{11}}} \\[3mm]
f_y = \sqrt{\dfrac{\tau q_{11}}{q_{11}q_{22} - q_{12}^2}} \\[3mm]
s = -\dfrac{q_{12}f_x^2 f_y}{\tau} \\[3mm]
u_0 = \dfrac{sv_0}{f_x} - \dfrac{q_{13}f_x^2}{\tau}
\end{cases}
\tag{4-36}
$$

4) 求外参数矩阵 $[\boldsymbol{R}\quad \boldsymbol{t}]$

当 $\boldsymbol{K}$ 确定后,再根据 $[\boldsymbol{h}_1\quad \boldsymbol{h}_2\quad \boldsymbol{h}_3] = \rho \boldsymbol{K}[\boldsymbol{r}_1\quad \boldsymbol{r}_2\quad \boldsymbol{t}]$,有

$$
\begin{cases}
\boldsymbol{r}_1 = \dfrac{1}{\rho}\boldsymbol{K}^{-1}\boldsymbol{h}_1 \\[3mm]
\boldsymbol{r}_2 = \dfrac{1}{\rho}\boldsymbol{K}^{-1}\boldsymbol{h}_2 \\[3mm]
\boldsymbol{r}_3 = \boldsymbol{r}_1 \times \boldsymbol{r}_2 \\[3mm]
\boldsymbol{t} = \dfrac{1}{\rho}\boldsymbol{K}^{-1}\boldsymbol{h}_3
\end{cases}
\tag{4-37}
$$

式中: $\rho = \dfrac{1}{\|\boldsymbol{K}^{-1}\boldsymbol{h}_1\|_2} = \dfrac{1}{\|\boldsymbol{K}^{-1}\boldsymbol{h}_2\|_2}$ 。

另外,根据 $\boldsymbol{H} = [\boldsymbol{h}_1\quad \boldsymbol{h}_2\quad \boldsymbol{h}_3] = \eta[\hat{\boldsymbol{h}}_1\quad \hat{\boldsymbol{h}}_2\quad \hat{\boldsymbol{h}}_3]$,有

$$
\begin{cases}
\boldsymbol{r}_1 = \dfrac{\eta}{\rho}\boldsymbol{K}^{-1}\hat{\boldsymbol{h}}_1 \\[3mm]
\boldsymbol{r}_2 = \dfrac{\eta}{\rho}\boldsymbol{K}^{-1}\hat{\boldsymbol{h}}_2 \\[3mm]
\boldsymbol{r}_3 = \boldsymbol{r}_1 \times \boldsymbol{r}_2 \\[3mm]
\boldsymbol{t} = \dfrac{\eta}{\rho}\boldsymbol{K}^{-1}\hat{\boldsymbol{h}}_3
\end{cases}
\tag{4-38}
$$

5) 计算重投影误差

假设同一个相机从 N 个不同的角度拍到了 N 张棋盘格的图像,且设定每张棋盘格图像上有 K 个角点, $\boldsymbol{p}_{ij}$ 表示第 i 张图像上第 j 个像点(角点)所对应的 3D 坐标,则

$$
\hat{\boldsymbol{p}}(\boldsymbol{K}, \boldsymbol{R}_i, \boldsymbol{t}_i, \boldsymbol{p}_{ij}) = \boldsymbol{K}[\boldsymbol{R}\quad \boldsymbol{t}]\boldsymbol{p}_{ij}
\tag{4-39}
$$

式中：$\hat{p}(\cdot)$ 表示 p_{ij} 的二维像点。

构造重投影误差函数，有

$$\sum_{i=1}^{N}\sum_{j=1}^{K}\parallel\hat{p}(\boldsymbol{K},\boldsymbol{R}_i,\boldsymbol{t}_i,\boldsymbol{p}_{ij})-\boldsymbol{p}'_{ij}\parallel_2^2 \tag{4-40}$$

实际应用中，至少需要 10 张以上的棋盘格图像，以提高数值稳定性和信噪比，得

到更高质量的标定结果。对每幅图像提取角点，从而获得标定板 3D 角点 $\begin{bmatrix}x_{\mathrm{W}}\\y_{\mathrm{W}}\\z_{\mathrm{W}}\end{bmatrix}$ 与图

像 2D 角点 $\begin{bmatrix}x_{\mathrm{D}}\\y_{\mathrm{D}}\end{bmatrix}$ 之间的对应关系，通过若干张不同视角下的棋盘格的 3D-2D 点对

来实现相机标定，求解出外参数 $\begin{bmatrix}\boldsymbol{R}&\boldsymbol{t}\end{bmatrix}$、内参数 $\boldsymbol{K}$。

根据相机投影模型

$$z_{\mathrm{C}}\begin{bmatrix}x_{\mathrm{D}}\\y_{\mathrm{D}}\\1\end{bmatrix}=\boldsymbol{K}\begin{bmatrix}x_{\mathrm{C}}\\y_{\mathrm{C}}\\z_{\mathrm{C}}\end{bmatrix}$$

有

$$\begin{bmatrix}x_{\mathrm{D}}\\y_{\mathrm{D}}\\1\end{bmatrix}=\boldsymbol{K}\begin{bmatrix}\dfrac{x_{\mathrm{C}}}{z_{\mathrm{C}}}\\\dfrac{y_{\mathrm{C}}}{z_{\mathrm{C}}}\\1\end{bmatrix}$$

则

$$\begin{bmatrix}\dfrac{x_{\mathrm{C}}}{z_{\mathrm{C}}}\\\dfrac{y_{\mathrm{C}}}{z_{\mathrm{C}}}\\1\end{bmatrix}=\boldsymbol{K}^{-1}\begin{bmatrix}x_{\mathrm{D}}\\y_{\mathrm{D}}\\1\end{bmatrix}$$

式中：$\begin{bmatrix}\dfrac{x_{\mathrm{C}}}{z_{\mathrm{C}}}\\\dfrac{y_{\mathrm{C}}}{z_{\mathrm{C}}}\\1\end{bmatrix}$ 称为归一化的图像坐标。由于相机投影过程中 3D 空间点的深度信息丢

失，因此 2D 像素点坐标 $\begin{bmatrix}x_{\mathrm{D}}\\y_{\mathrm{D}}\end{bmatrix}$ 只能得到其对应 3D 空间点的相对坐标 $\begin{bmatrix}\dfrac{x_{\mathrm{C}}}{z_{\mathrm{C}}}\\\dfrac{y_{\mathrm{C}}}{z_{\mathrm{C}}}\end{bmatrix}$，而无法

恢复其绝对坐标 $\begin{bmatrix} x_C \\ y_C \\ z_C \end{bmatrix}$。这就是单目三维重建中的不

确定问题,即一个 2D 像素点可以对应多个不同的(共线)3D 空间点,如图 4-2-10 所示。因此,在由 2D 像点(逆向映射)恢复 3D 物点的过程中,2D 像点的深度信息的丢失,造成了重建过程中的不确定性,故需要引入新的约束条件才能完成三维重建。前面介绍的双目立体视觉和结构光立体视觉就是通过在单目的情况下添加新的约束条件来实现三维重建的,如图 4-2-11 所示。

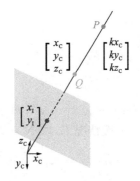

图 4-2-10　单目视觉的歧义性

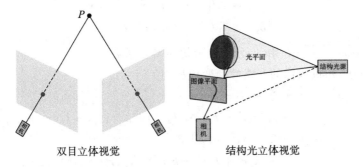

图 4-2-11　双目视觉与结构光视觉

4.2.3　畸变校正

镜头畸变是指当被测物体与其像在成像系统中不能满足针孔线性成像规律时,中心投影光线会发生弯曲和位置变化,镜头发生畸变时的成像模型为

$$\begin{cases} x'_I = x_I + \delta_x \\ y'_I = y_I + \delta_y \end{cases} \tag{4-41}$$

式中,$\begin{bmatrix} x'_I \\ y'_I \end{bmatrix}$ 表示实际(畸变)的图像坐标;$\begin{bmatrix} x_I \\ y_I \end{bmatrix}$ 表示理想的图像坐标;δ_x 和 δ_y 分别表示畸变因子。

镜头发生畸变时归一化的成像模型为

$$\begin{bmatrix} x'_I \\ y'_I \\ 1 \end{bmatrix} = \begin{bmatrix} 1 & 0 & \delta_x \\ 0 & 1 & \delta_y \\ 0 & 0 & 1 \end{bmatrix} \begin{bmatrix} x_I \\ y_I \\ 1 \end{bmatrix} \tag{4-42}$$

径向畸变:

$$
\begin{cases}
\delta_{x\_r} = x_I \sum_{i=1}^{N} k_i r^{2i} \\
\delta_{y\_r} = y_I \sum_{i=1}^{N} k_i r^{2i}
\end{cases}
\tag{4-43}
$$

式中：$r = \sqrt{x_I^2 + y_I^2}$；k_i 表示径向畸变系数，表征了沿直径方向的镜头畸变的大小。

一般情况下，取 $N = 3$ ，有

$$
\begin{cases}
\delta_{x\_r} = x_I(k_1 r^2 + k_2 r^4 + k_3 r^6) \\
\delta_{y\_r} = y_I(k_1 r^2 + k_2 r^4 + k_3 r^6)
\end{cases}
\tag{4-44}
$$

切向畸变：

$$
\begin{cases}
\delta_{x\_t} = 2 l_1 x_I y_I + l_2(r^2 + 2x_I^2) \\
\delta_{y\_t} = l_1(r^2 + 2y_I^2) + 2 l_2 x_I y_I
\end{cases}
\tag{4-45}
$$

式中：$r = \sqrt{x_I^2 + y_I^2}$；l_1 和 l_2 分别表示切向畸变系数。

综上所述，相机成像的非线性畸变模型为

$$
\begin{cases}
x'_I = x_I + \delta_x = x_I + \delta_{x\_l} + \delta_{x\_t} \\
\quad = x_I + x_I(k_1 r^2 + k_2 r^4 + k_3 r^6) + 2 l_1 x_I y_I + l_2(r^2 + 2x_I^2) \\
y'_I = y_I + \delta_y = y_I + \delta_{y\_l} + \delta_{y\_t} \\
\quad = y_I + y_I(k_1 r^2 + k_2 r^4 + k_3 r^6) + l_1(r^2 + 2y_I^2) + 2 l_2 x_I y_I
\end{cases}
\tag{4-46}
$$

在张正友标定法中，只考虑了影响较大的径向畸变，设畸变后的图像坐标和像素坐标分别为 $\begin{bmatrix} x'_I \\ y'_I \end{bmatrix}$ 和 $\begin{bmatrix} x'_D \\ y'_D \end{bmatrix}$，由于径向畸变的中心和相机的主心处在相同的位置，则

$$
\begin{cases}
x_D = u_0 + f_x x_I \\
x'_D = u_0 + f_x x'_I
\end{cases}
\tag{4-47}
$$

即

$$
x'_D - x_D = f_x(x'_I - x_I)
\tag{4-48}
$$

根据 $x'_I = x_I + x_I(k_1 r^2 + k_2 r^4 + k_3 r^6)$ ，有

$$
\begin{aligned}
x'_D - x_D &= f_x[x_I(k_1 r^2 + k_2 r^4 + k_3 r^6)] = f_x x_I(k_1 r^2 + k_2 r^4 + k_3 r^6) \\
&= (x_D - u_0)(k_1 r^2 + k_2 r^4 + k_3 r^6)
\end{aligned}
\tag{4-49}
$$

同理，$y'_D - y_D = (y_D - v_0)(k_1 r^2 + k_2 r^4 + k_3 r^6)$ ，则

$$
\begin{cases}
x'_D - x_D = (x_D - u_0)(k_1 r^2 + k_2 r^4 + k_3 r^6) \\
y'_D - y_D = (y_D - v_0)(k_1 r^2 + k_2 r^4 + k_3 r^6)
\end{cases}
\tag{4-50}
$$

即

$$
\begin{bmatrix}
(x_D - u_0)r^2 & (x_D - u_0)r^4 & (x_D - u_0)r^6 \\
(y_D - v_0)r^2 & (y_D - v_0)r^4 & (y_D - v_0)r^6
\end{bmatrix}
\begin{bmatrix}
k_1 \\ k_2 \\ k_3
\end{bmatrix}
=
\begin{bmatrix}
x'_D - x_D \\
y'_D - y_D
\end{bmatrix}
\tag{4-51}
$$

式中：$\begin{bmatrix} k_1 \\ k_2 \\ k_3 \end{bmatrix}$ 称为畸变矢量。可令 $\boldsymbol{k} = \begin{bmatrix} k_1 \\ k_2 \\ k_3 \end{bmatrix}$。

设有 N 张图像，每张图像上有 K 个点，则会有 $2NK$ 个方程，将这些方程写成矩阵形式，有

$$\boldsymbol{A}_{2NK \times 3} \boldsymbol{k} = \boldsymbol{b} \tag{4-52}$$

则

$$\boldsymbol{k} = (\boldsymbol{A}^{\mathrm{T}} \boldsymbol{A})^{-1} \boldsymbol{A}^{\mathrm{T}} \boldsymbol{b} \tag{4-53}$$

4.3 双目立体视觉

如图 4-3-1 所示，设左、右两个相机的光心分别为 O 和 O'，两个光心之间的连线称为基线，基线与左、右两个成像面的交点 e、e' 称为极点，其中，e' 表示 O 在右成像面上的像，e 表示 O' 在左成像面上的像。世界空间中一点 P 在左、右两个相机的成像面上的像点分别为 x 和 x'，称这两个点为共轭点。由点 P 及左、右两个相机的光心 O、O' 确定的平面称为点 P 对应的极平面，极平面与左、右两个成像面的交线 l、l' 称为极线。

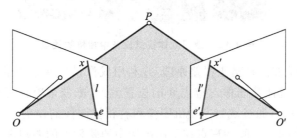

图 4-3-1 对极几何示意图

任何一个包含基线的平面都可以称为极平面，且与成像平面相交于对应的极线 l 和 l'；所有极线相交于极点；当三维空间点 P 变化时，极平面绕着基线旋转，形成极平面束。如图 4-3-1 所示，点 P 在右成像面上的像点 x' 一定在右极线 l' 上，这种约束称为对极约束。

在双目立体视觉的特征点匹配中，经常希望两张图像之间的匹配点在同一条水平线上，从而使对应点的搜索范围从二维空间降为一维空间，这不仅可以大大缩小匹配点的搜索范围，还可以提高匹配的可靠性，减少误匹配。这个将极线和基线由交叉变成平行的过程称为极线校正，如图 4-3-2 所示。

因此，我们在实际中看到的基于双目立体视觉的三维重建设备中的两个相机都是面对同一方向平行放置的，如图 4-3-3 所示。

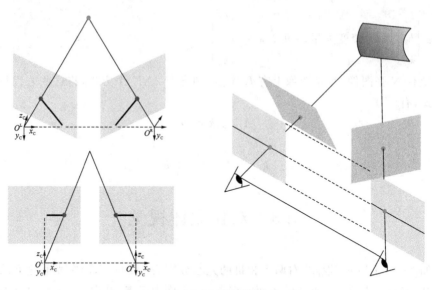

图 4-3-2　极线校正

图 4-3-3　双目立体视觉设备中相机的放置

　　双目立体视觉方法是基于视差原理,并利用成像设备从不同的位置获取被测物体的两幅图像,通过计算图像对应点间的位置偏差,来获取物体三维几何信息的方法。如图 4-3-4 所示,通过观察左相机图像和右相机图像的差别,建立两张图像特征间的对应关系,将同一空间物理点在不同图像中的映射点的差别进行可视化,得到的图像称为视差图像。

(a) 左相机图像　　　　　　(b) 右相机图像　　　　　(c) 视差图像

图 4-3-4　视差图像

　　按图 4-3-5 所示的视差计算原理图,有

$$\frac{d}{t} = \frac{z_C - f}{z_C} \tag{4-54}$$

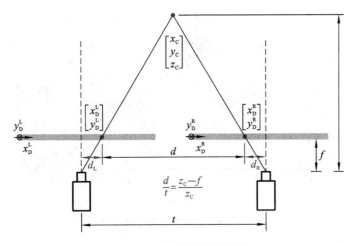

图 4-3-5 视差计算原理图

式中：d 表示匹配的两个像点之间的物理距离。

因

$$d = t - d_L - d_R = t - (d_L + d_R) = t - \left[\left(x_D^L - \frac{W}{2} \right) + \left(\frac{W}{2} - x_D^R \right) \right]$$

$$= t - (x_D^L - x_D^R) = t - \Delta x_D \tag{4-55}$$

式中：Δx_D 表示视差，即匹配的两个像点的像素坐标值之差，$\Delta x_D = d_L + d_R = x_D^L - x_D^R$。由式(4-54)、式(4-55)，则有

$$\frac{t - \Delta x_D}{t} = \frac{z_C - f}{z_C} \tag{4-56}$$

即

$$z_C = \frac{tf}{\Delta x_D} \tag{4-57}$$

4.3.1 标定

下面我们来学习双目立体视觉的标定。如图 4-3-6 所示，点 P 在左、右两个相机成像面上的像点坐标分别表示为 p_l、p_r，$\begin{bmatrix} R_l & t_l \end{bmatrix}$ 表示棋盘格和左相机之间的位姿关系，$\begin{bmatrix} R_r & t_r \end{bmatrix}$ 表示棋盘格和右相机之间的位姿关系，双目立体视觉的标定就是求解两个相机之间的位姿关系 $\begin{bmatrix} R & t \end{bmatrix}$。

根据 $\lambda \begin{bmatrix} x_D \\ y_D \\ 1 \end{bmatrix} = K \begin{bmatrix} R & t \end{bmatrix} \begin{bmatrix} x_W \\ y_W \\ z_W \\ 1 \end{bmatrix}$，有

$$\begin{cases} \lambda_l \, p_l = K_l (R_l p + t_l) \\ \lambda_r \, p_r = K_r (R_r p + t_r) \end{cases} \tag{4-58}$$

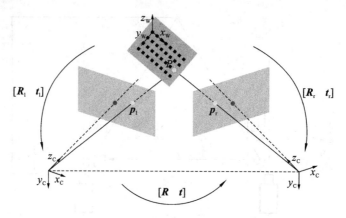

图 4-3-6　双目立体视觉的标定

式中：p 表示三维空间点 P 的 3D 坐标，$p = \begin{bmatrix} x \\ y \\ z \end{bmatrix}$；$p_{\mathrm{l}}$、$p_{\mathrm{r}}$ 表示 2D 像点的齐次坐标，p_{l}

$= \begin{bmatrix} x^{\mathrm{l}} \\ y^{\mathrm{l}} \\ 1 \end{bmatrix}$，$p_{\mathrm{r}} = \begin{bmatrix} x^{\mathrm{r}} \\ y^{\mathrm{r}} \\ 1 \end{bmatrix}$。

因内参数矩阵 K_{l} 和 K_{r} 是可逆的，故有

$$\begin{cases} \lambda_{\mathrm{l}} K_{\mathrm{l}}^{-1} p_{\mathrm{l}} = R_{\mathrm{l}} p + t_{\mathrm{l}} \\ \lambda_{\mathrm{r}} K_{\mathrm{r}}^{-1} p_{\mathrm{r}} = R_{\mathrm{r}} p + t_{\mathrm{r}} \end{cases} \tag{4-59}$$

令 $p'_{\mathrm{l}} = K_{\mathrm{l}}^{-1} p_{\mathrm{l}}$，$p'_{\mathrm{r}} = K_{\mathrm{r}}^{-1} p_{\mathrm{r}}$，$p'_{\mathrm{l}}$ 和 p'_{r} 称为归一化的图像坐标，则

$$\begin{cases} \lambda_{\mathrm{l}} p'_{\mathrm{l}} = R_{\mathrm{l}} p + t_{\mathrm{l}} \\ \lambda_{\mathrm{r}} p'_{\mathrm{r}} = R_{\mathrm{r}} p + t_{\mathrm{r}} \end{cases} \tag{4-60}$$

以左相机的相机坐标系作为世界坐标系，则

$$\begin{cases} R_{\mathrm{l}} = I \\ t_{\mathrm{l}} = 0 \end{cases} \tag{4-61}$$

即

$$\begin{cases} \lambda_{\mathrm{l}} p'_{\mathrm{l}} = p \\ \lambda_{\mathrm{r}} p'_{\mathrm{r}} = R_{\mathrm{r}} p + t_{\mathrm{r}} \end{cases} \tag{4-62}$$

有

$$\lambda_{\mathrm{r}} p'_{\mathrm{r}} = R_{\mathrm{r}} (\lambda_{\mathrm{l}} p'_{\mathrm{l}}) + t_{\mathrm{r}} = \lambda_{\mathrm{l}} R_{\mathrm{r}} p'_{\mathrm{l}} + t_{\mathrm{r}} \tag{4-63}$$

分别用 t_{r} 与式（4-63）两边进行叉乘运算，则

$$\lambda_{\mathrm{r}} t_{\mathrm{r}} \times p'_{\mathrm{r}} = \lambda_{\mathrm{l}} t_{\mathrm{r}} \times R_{\mathrm{r}} p'_{\mathrm{l}} + t_{\mathrm{r}} \times t_{\mathrm{r}} \tag{4-64}$$

因 $t_{\mathrm{r}} \times t_{\mathrm{r}} = 0$，故

$$\lambda_{\mathrm{r}} t_{\mathrm{r}} \times p'_{\mathrm{r}} = \lambda_{\mathrm{l}} t_{\mathrm{r}} \times R_{\mathrm{r}} p'_{\mathrm{l}} \tag{4-65}$$

已知 $t_r = \begin{bmatrix} t_1^r \\ t_2^r \\ t_3^r \end{bmatrix}$，根据两个矢量之间的叉乘等于前一个矢量对应的反对称矩阵与

后一个矢量的内积的原理，有

$$t_r \times p'_r = [t_r]_\times \, p'_r = \begin{bmatrix} 0 & -t_3^r & t_2^r \\ t_3^r & 0 & -t_1^r \\ -t_2^r & t_1^r & 0 \end{bmatrix} p'_r \qquad (4\text{-}66)$$

式中：$[t_r]_\times$ 表示 t_r 的反对称矩阵。由式(4-65)、式(4-66)可得

$$\lambda_r \, [t_r]_\times \, p'_r = \lambda_1 \, [t_r]_\times \, R_r p'_1 \qquad (4\text{-}67)$$

分别用 p'^T_r 与式(4-67)两边进行内积运算，有

$$\lambda_r p'^T_r ([t_r]_\times \, p'_r) = \lambda_1 p'^T_r \, [t_r]_\times \, R_r p'_1 \qquad (4\text{-}68)$$

因 $p'^T_r ([t_r]_\times \, p'_r) = 0$，故

$$\lambda_1 p'^T_r \, [t_r]_\times \, R_r p'_1 = 0 \qquad (4\text{-}69)$$

即

$$p'^T_r \, [t_r]_\times \, R_r p'_1 = 0 \qquad (4\text{-}70)$$

令 $E = [t_r]_\times \, R_r = \begin{bmatrix} 0 & -t_3^r & t_2^r \\ t_3^r & 0 & -t_1^r \\ -t_2^r & t_1^r & 0 \end{bmatrix} R_r$，$E$ 称为本征矩阵，有

$$p'^T_r E \, p'_1 = 0 \qquad (4\text{-}71)$$

进一步，有

$$(K_r^{-1} p_r)^T E (K_1^{-1} p_1) = 0 \qquad (4\text{-}72)$$

$$p_r^T (K_r^{-1})^T E K_1^{-1} p_1 = 0 \qquad (4\text{-}73)$$

令 $F = (K_r^{-1})^T E K_1^{-1}$，$F$ 称为基础矩阵，有

$$P_r^T F P_1 = 0 \qquad (4\text{-}74)$$

进一步，有

$$\begin{bmatrix} x^r & y^r & 1 \end{bmatrix} \begin{bmatrix} f_{11} & f_{12} & f_{13} \\ f_{21} & f_{22} & f_{23} \\ f_{31} & f_{32} & f_{33} \end{bmatrix} \begin{bmatrix} x^1 \\ y^1 \\ 1 \end{bmatrix} = 0 \qquad (4\text{-}75)$$

即

$$x^1(x^r f_{11} + y^r f_{21} + f_{31}) + y^1(x^r f_{12} + y^r f_{22} + f_{32}) + (x^r f_{13} + y^r f_{23} + f_{33}) = 0 \qquad (4\text{-}76)$$

$$x^1 x^r f_{11} + x^1 y^r f_{21} + x^1 f_{31} + y^1 x^r f_{12} + y^1 y^r f_{22} + y^1 f_{32} + x^r f_{13} + y^r f_{23} + f_{33} = 0 \qquad (4\text{-}77)$$

$$x^1 x^r f_{11} + y^1 x^r f_{12} + x^r f_{13} + x^1 y^r f_{21} + y^1 y^r f_{22} + y^r f_{23} + x^1 f_{31} + y^1 f_{32} + f_{33} = 0 \qquad (4\text{-}78)$$

将式(4-78)写成矩阵形式,有

$$
\begin{bmatrix} x^{\mathrm{l}}x^{\mathrm{r}} & y^{\mathrm{l}}x^{\mathrm{r}} & x^{\mathrm{r}} & x^{\mathrm{l}}y^{\mathrm{r}} & y^{\mathrm{l}}y^{\mathrm{r}} & y^{\mathrm{r}} & x^{\mathrm{l}} & y^{\mathrm{l}} & 1 \end{bmatrix}
\begin{bmatrix} f_{11} \\ f_{12} \\ f_{13} \\ f_{21} \\ f_{22} \\ f_{23} \\ f_{31} \\ f_{32} \\ f_{33} \end{bmatrix} = \mathbf{0}
\tag{4-79}
$$

即

$$
\begin{bmatrix} x^{\mathrm{l}}x^{\mathrm{r}} & y^{\mathrm{l}}x^{\mathrm{r}} & x^{\mathrm{r}} & x^{\mathrm{l}}y^{\mathrm{r}} & y^{\mathrm{l}}y^{\mathrm{r}} & y^{\mathrm{r}} & x^{\mathrm{l}} & y^{\mathrm{l}} & 1 \end{bmatrix} \mathbf{f} = \mathbf{0}
\tag{4-80}
$$

假设存在 N 对匹配点,则

$$
\begin{bmatrix} x_1^{\mathrm{l}}x_1^{\mathrm{r}} & y_1^{\mathrm{l}}x_1^{\mathrm{r}} & x_1^{\mathrm{r}} & x_1^{\mathrm{l}}y_1^{\mathrm{r}} & y_1^{\mathrm{l}}y_1^{\mathrm{r}} & y_1^{\mathrm{r}} & x_1^{\mathrm{l}} & y_1^{\mathrm{l}} & 1 \\ \vdots & \vdots & \vdots & \vdots & \vdots & \vdots & \vdots & \vdots & \vdots \\ x_N^{\mathrm{l}}x_N^{\mathrm{r}} & y_N^{\mathrm{l}}x_N^{\mathrm{r}} & x_N^{\mathrm{r}} & x_N^{\mathrm{l}}y_N^{\mathrm{r}} & y_N^{\mathrm{l}}y_N^{\mathrm{r}} & y_N^{\mathrm{r}} & x_N^{\mathrm{l}} & y_N^{\mathrm{l}} & 1 \end{bmatrix} \mathbf{f} = \mathbf{0}
\tag{4-81}
$$

令

$$
\mathbf{A} = \begin{bmatrix} x_1^{\mathrm{l}}x_1^{\mathrm{r}} & y_1^{\mathrm{l}}x_1^{\mathrm{r}} & x_1^{\mathrm{r}} & x_1^{\mathrm{l}}y_1^{\mathrm{r}} & y_1^{\mathrm{l}}y_1^{\mathrm{r}} & y_1^{\mathrm{r}} & x_1^{\mathrm{l}} & y_1^{\mathrm{l}} & 1 \\ \vdots & \vdots & \vdots & \vdots & \vdots & \vdots & \vdots & \vdots & \vdots \\ x_N^{\mathrm{l}}x_N^{\mathrm{r}} & y_N^{\mathrm{l}}x_N^{\mathrm{r}} & x_N^{\mathrm{r}} & x_N^{\mathrm{l}}y_N^{\mathrm{r}} & y_N^{\mathrm{l}}y_N^{\mathrm{r}} & y_N^{\mathrm{r}} & x_N^{\mathrm{l}} & y_N^{\mathrm{l}} & 1 \end{bmatrix}
$$

则

$$
\mathbf{A}\mathbf{f} = \mathbf{0}
\tag{4-82}
$$

根据齐次线性方程组 $\mathbf{A}\mathbf{f} = \mathbf{0}$ 有非零解的充要条件($r < 9$)可知,$\mathbf{A}$ 的最大秩为 8,故至少需要 8 个匹配点对才能求解出基础矩阵 $\mathbf{F}$,此即八点法。

因 $\mathbf{f}$ 是 $\mathbf{A}$ 的右零矢量,故 $\mathbf{f}$ 是 $\mathbf{A}$ 进行奇异值分解(SVD) $\mathbf{A} = \mathbf{U}_1 \mathbf{\Sigma}_1 \mathbf{V}_1^{\mathrm{T}}$ 得到的 $\mathbf{V}$ 中的最后一个列矢量(非零最小二乘解)。

将 $\mathbf{f}$ 转化为矩阵后,继续对其进行奇异值分解 $\mathbf{U}_2 \mathbf{\Sigma}_2 \mathbf{V}_2^{\mathrm{T}}$,并令 $\mathbf{\Sigma}_2(3,3) = 0$,此时的 $\mathbf{U}_2 \mathbf{\Sigma}_2 \mathbf{V}_2^{\mathrm{T}}$ 即最终的 $\mathbf{F}$。

根据标定确定的左、右两个相机的位置关系 $[\mathbf{R} \quad \mathbf{t}]$,以及左、右两个相机的内参数矩阵 $\mathbf{K}_{\mathrm{l}}$ 和 $\mathbf{K}_{\mathrm{r}}$,可以求出匹配点对的三维空间坐标。

4.3.2　三维信息构建

下面分别介绍三种基于双目立体视觉的三维重建方法。

方法一:如图 4-3-7 所示,已知三维空间点 P 在左相机坐标系和右相机坐标系的

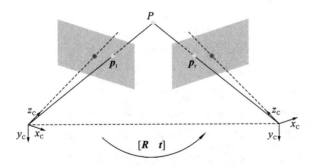

图 4-3-7　双目立体视觉三维重建

坐标分别为 $\boldsymbol{p}^{\mathrm{L}} = \begin{bmatrix} x^{\mathrm{L}} \\ y^{\mathrm{L}} \\ z^{\mathrm{L}} \end{bmatrix}$、$\boldsymbol{p}^{\mathrm{R}} = \begin{bmatrix} x^{\mathrm{R}} \\ y^{\mathrm{R}} \\ z^{\mathrm{R}} \end{bmatrix}$，则

$$\begin{cases} \lambda_1 \boldsymbol{p}_1 = \boldsymbol{K}_1 \boldsymbol{p}^{\mathrm{L}} \\ \lambda_{\mathrm{r}} \boldsymbol{p}_{\mathrm{r}} = \boldsymbol{K}_{\mathrm{r}} \boldsymbol{p}^{\mathrm{R}} \\ \boldsymbol{p}^{\mathrm{R}} = \boldsymbol{R} \boldsymbol{p}^{\mathrm{L}} + \boldsymbol{t} \end{cases} \tag{4-83}$$

即

$$\begin{cases} \lambda_1 \begin{bmatrix} x^1 \\ y^1 \\ 1 \end{bmatrix} = \boldsymbol{K}_1 \begin{bmatrix} x^{\mathrm{L}} \\ y^{\mathrm{L}} \\ z^{\mathrm{L}} \end{bmatrix} \\[20pt] \lambda_{\mathrm{r}} \begin{bmatrix} x^{\mathrm{r}} \\ y^{\mathrm{r}} \\ 1 \end{bmatrix} = \boldsymbol{K}_{\mathrm{r}} \begin{bmatrix} x^{\mathrm{R}} \\ y^{\mathrm{R}} \\ z^{\mathrm{R}} \end{bmatrix} \\[20pt] \begin{bmatrix} x^{\mathrm{R}} \\ y^{\mathrm{R}} \\ z^{\mathrm{R}} \end{bmatrix} = \boldsymbol{R} \begin{bmatrix} x^{\mathrm{L}} \\ y^{\mathrm{L}} \\ z^{\mathrm{L}} \end{bmatrix} + \boldsymbol{t} \end{cases} \tag{4-84}$$

则

$$\begin{cases} \lambda_1 \begin{bmatrix} x^1 \\ y^1 \\ 1 \end{bmatrix} = \begin{bmatrix} f_x^1 & 0 & u_0^1 \\ 0 & f_y^1 & v_0^1 \\ 0 & 0 & 1 \end{bmatrix} \begin{bmatrix} x^{\mathrm{L}} \\ y^{\mathrm{L}} \\ z^{\mathrm{L}} \end{bmatrix} \\[24pt] \lambda_{\mathrm{r}} \begin{bmatrix} x^{\mathrm{r}} \\ y^{\mathrm{r}} \\ 1 \end{bmatrix} = \begin{bmatrix} f_x^{\mathrm{r}} & 0 & u_0^{\mathrm{r}} \\ 0 & f_y^{\mathrm{r}} & v_0^{\mathrm{r}} \\ 0 & 0 & 1 \end{bmatrix} \begin{bmatrix} x^{\mathrm{R}} \\ y^{\mathrm{R}} \\ z^{\mathrm{R}} \end{bmatrix} \\[24pt] \begin{bmatrix} x^{\mathrm{R}} \\ y^{\mathrm{R}} \\ z^{\mathrm{R}} \end{bmatrix} = \begin{bmatrix} r_{11} & r_{12} & r_{13} \\ r_{21} & r_{22} & r_{23} \\ r_{31} & r_{32} & r_{33} \end{bmatrix} \begin{bmatrix} x^{\mathrm{L}} \\ y^{\mathrm{L}} \\ z^{\mathrm{L}} \end{bmatrix} + \begin{bmatrix} t_1 \\ t_2 \\ t_3 \end{bmatrix} \end{cases} \tag{4-85}$$

即

$$\begin{cases} x^l z^L = f_x^l x^L + u_0^l z^L \\ y^l z^L = f_y^l y^L + v_0^l z^L \\ x^r z^R = f_x^r x^R + u_0^r z^R \\ y^r z^R = f_y^r y^R + v_0^r z^R \\ x^R = r_{11} x^L + r_{12} y^L + r_{13} z^L + t_1 \\ y^R = r_{21} x^L + r_{22} y^L + r_{23} z^L + t_2 \\ z^R = r_{31} x^L + r_{32} y^L + r_{33} z^L + t_3 \end{cases} \tag{4-86}$$

有

$$\begin{cases} x^L = \dfrac{(x^l - u_0^l)}{f_x^l} z^L \\ y^L = \dfrac{(y^l - v_0^l)}{f_y^l} z^L \\ (x^r - u_0^r)(r_{31} x^L + r_{32} y^L + r_{33} z^L + t_3) = f_x^r(r_{11} x^L + r_{12} y^L + r_{13} z^L + t_1) \\ (y^r - v_0^r)(r_{31} x^L + r_{32} y^L + r_{33} z^L + t_3) = f_y^r(r_{21} x^L + r_{22} y^L + r_{23} z^L + t_2) \end{cases} \tag{4-87}$$

将式(4-87)分解成两个方程组：

$$\begin{cases} x^L = \dfrac{(x^l - u_0^l)}{f_x^l} z^L \\ y^L = \dfrac{(y^l - v_0^l)}{f_y^l} z^L \\ (x^r - u_0^r)(r_{31} x^L + r_{32} y^L + r_{33} z^L + t_3) = f_x^r(r_{11} x^L + r_{12} y^L + r_{13} z^L + t_1) \end{cases} \tag{4-88a}$$

$$\begin{cases} x^L = \dfrac{(x^l - u_0^l)}{f_x^l} z^L \\ y^L = \dfrac{(y^l - v_0^l)}{f_y^l} z^L \\ (y^r - v_0^r)(r_{31} x^L + r_{32} y^L + r_{33} z^L + t_3) = f_y^r(r_{21} x^L + r_{22} y^L + r_{23} z^L + t_2) \end{cases} \tag{4-88b}$$

分别解式(4-88)这两个方程组。对式(4-88a)，有

$$r_{31}(x^r - u_0^r)x^L + r_{32}(x^r - u_0^r)y^L + r_{33}(x^r - u_0^r)z^L + (x^r - u_0^r)t_3$$
$$= f_x^r r_{11} x^L + f_x^r r_{12} y^L + f_x^r r_{13} z^L + f_x^r t_1 \tag{4-89}$$

即

$$[r_{31}(x^r - u_0^r) - f_x^r r_{11}]x^L + [r_{32}(x^r - u_0^r) - f_x^r r_{12}]y^L + [r_{33}(x^r - u_0^r) - f_x^r r_{13}]z^L$$
$$= f_x^r t_1 - (x^r - u_0^r)t_3 \tag{4-90}$$

$\Rightarrow$

$$[r_{31}(x^r - u_0^r) - f_x^r r_{11}]\frac{(x^l - u_0^l)}{f_x^l}z^L + [r_{32}(x^r - u_0^r) - f_x^r r_{12}]\frac{(y^l - v_0^l)}{f_y^l}z^L$$
$$+ [r_{33}(x^r - u_0^r) - f_x^r r_{13}]z^L = f_x^r t_1 - (x^r - u_0^r)t_3 \tag{4-91}$$

$\Rightarrow$

$$\{f_y^l[r_{31}(x^r - u_0^r) - f_x^r r_{11}](x^l - u_0^l) + f_x^l[r_{32}(x^r - u_0^r) - f_x^r r_{12}](y^l - v_0^l)$$
$$+ f_x^l f_y^l[r_{33}(x^r - u_0^r) - f_x^r r_{13}]\}z^L = f_x^l f_y^l[f_x^r t_1 - (x^r - u_0^r)t_3] \tag{4-92}$$

$\Rightarrow$

$$z^L = \frac{f_x^l f_y^l[f_x^r t_1 - (x^r - u_0^r)t_3]}{f_y^l[r_{31}(x^r - u_0^r) - f_x^r r_{11}](x^l - u_0^l) + f_x^l[r_{32}(x^r - u_0^r) - f_x^r r_{12}](y^l - v_0^l) + f_x^l f_y^l[r_{33}(x^r - u_0^r) - f_x^r r_{13}]} \tag{4-93}$$

对式(4-88b)，有
$$r_{31}(y^r - v_0^r)x^L + r_{32}(y^r - v_0^r)y^L + r_{33}(y^r - v_0^r)z^L + (y^r - v_0^r)t_3$$
$$= f_y^r r_{21}x^L + f_y^r r_{22}y^L + f_y^r r_{23}z^L + f_y^r t_2 \tag{4-94}$$

$\Rightarrow$

$$[r_{31}(y^r - v_0^r) - f_y^r r_{21}]x^L + [r_{32}(y^r - v_0^r) - f_y^r r_{22}]y^L + [r_{33}(y^r - v_0^r) - f_y^r r_{23}]z^L$$
$$= f_y^r t_2 - (y^r - v_0^r)t_3 \tag{4-95}$$

$\Rightarrow$

$$[r_{31}(y^r - v_0^r) - f_y^r r_{21}]\frac{(x^l - u_0^l)}{f_x^l}z^L + [r_{32}(y^r - v_0^r) - f_y^r r_{22}]\frac{(y^l - v_0^l)}{f_y^l}z^L$$
$$+ [r_{33}(y^r - v_0^r) - f_y^r r_{23}]z^L = f_y^r t_2 - (y^r - v_0^r)t_3 \tag{4-96}$$

$\Rightarrow$

$$\{f_y^l[r_{31}(y^r - v_0^r) - f_y^r r_{21}](x^l - u_0^l) + f_x^l[r_{32}(y^r - v_0^r) - f_y^r r_{22}](y^l - v_0^l)$$
$$+ f_x^l f_y^l[r_{33}(y^r - v_0^r) - f_y^r r_{23}]\}z^L = f_x^l f_y^l[f_y^r t_2 - (y^r - v_0^r)t_3] \tag{4-97}$$

$\Rightarrow$

$$z^L = \frac{f_x^l f_y^l[f_y^r t_2 - (y^r - v_0^r)t_3]}{f_y^l[r_{31}(y^r - v_0^r) - f_y^r r_{21}](x^l - u_0^l) + f_x^l[r_{32}(y^r - v_0^r) - f_y^r r_{22}](y^l - v_0^l) + f_x^l f_y^l[r_{33}(y^r - v_0^r) - f_y^r r_{23}]} \tag{4-98}$$

因此有

$$\begin{cases} z^L = \dfrac{f_x^l f_y^l[f_x^r t_1 - (x^r - u_0^r)t_3]}{f_y^l[r_{31}(x^r - u_0^r) - f_x^r r_{11}](x^l - u_0^l) + f_x^l[r_{32}(x^r - u_0^r) - f_x^r r_{12}](y^l - v_0^l) + f_x^l f_y^l[r_{33}(x^r - u_0^r) - f_x^r r_{13}]} \\[2mm] x^L = \dfrac{(x^l - u_0^l)}{f_x^l}z^L \\[2mm] y^L = \dfrac{(y^l - v_0^l)}{f_y^l}z^L \end{cases} \tag{4-99}$$

$$\begin{cases} z^L = \dfrac{f_x^l f_y^l[f_y^r t_2 - (y^r - v_0^r)t_3]}{f_y^l[r_{31}(y^r - v_0^r) - f_y^r r_{21}](x^l - u_0^l) + f_x^l[r_{32}(y^r - v_0^r) - f_y^r r_{22}](y^l - v_0^l) + f_x^l f_y^l[r_{33}(y^r - v_0^r) - f_y^r r_{23}]} \\[2mm] x^L = \dfrac{(x^l - u_0^l)}{f_x^l}z^L \\[2mm] y^L = \dfrac{(y^l - v_0^l)}{f_y^l}z^L \end{cases} \tag{4-100}$$

需注意的是,此方法中需要的已知量:左、右像点 $\begin{bmatrix} x^l \\ y^l \end{bmatrix}$ 和 $\begin{bmatrix} x^r \\ y^r \end{bmatrix}$;左、右内参数 $\boldsymbol{K}_l$ 和 $\boldsymbol{K}_r$;左、右位姿 $\begin{bmatrix} \boldsymbol{R} & \boldsymbol{t} \end{bmatrix}$。

方法二:如图 4-3-7 所示,对于空间点 P,根据

$$\lambda \begin{bmatrix} x_D \\ y_D \\ 1 \end{bmatrix} = \boldsymbol{K} \begin{bmatrix} \boldsymbol{R} & \boldsymbol{t} \end{bmatrix} \begin{bmatrix} x_W \\ y_W \\ z_W \\ 1 \end{bmatrix} = \boldsymbol{P}_{3\times 4} \begin{bmatrix} x_W \\ y_W \\ z_W \\ 1 \end{bmatrix}$$

并以左相机坐标系为世界坐标系,有

$$\begin{cases} \lambda_l \boldsymbol{p}_l = \boldsymbol{K}_l \begin{bmatrix} \boldsymbol{I} & \boldsymbol{0} \end{bmatrix} \boldsymbol{p} \\ \lambda_r \boldsymbol{p}_r = \boldsymbol{K}_r \begin{bmatrix} \boldsymbol{R} & \boldsymbol{t} \end{bmatrix} \boldsymbol{p} \end{cases} \tag{4-101}$$

即

$$\begin{cases} \lambda_l \begin{bmatrix} x^l \\ y^l \\ 1 \end{bmatrix} = \boldsymbol{K}_l \begin{bmatrix} x_W \\ y_W \\ z_W \end{bmatrix} \\ \\ \lambda_r \begin{bmatrix} x^r \\ y^r \\ 1 \end{bmatrix} = \boldsymbol{K}_r \begin{bmatrix} \boldsymbol{R} & \boldsymbol{t} \end{bmatrix} \begin{bmatrix} x_W \\ y_W \\ z_W \\ 1 \end{bmatrix} = \boldsymbol{p}_r \begin{bmatrix} x_W \\ y_W \\ z_W \\ 1 \end{bmatrix} \end{cases} \tag{4-102}$$

$$\begin{cases} \lambda_l \begin{bmatrix} x^l \\ y^l \\ 1 \end{bmatrix} = \begin{bmatrix} f_x^l & 0 & u_0^l \\ 0 & f_y^l & v_0^l \\ 0 & 0 & 1 \end{bmatrix} \begin{bmatrix} x_W \\ y_W \\ z_W \end{bmatrix} \\ \\ \lambda_r \begin{bmatrix} x^r \\ y^r \\ 1 \end{bmatrix} = \begin{bmatrix} p_{11}^r & p_{12}^r & p_{13}^r & p_{14}^r \\ p_{21}^r & p_{22}^r & p_{23}^r & p_{24}^r \\ p_{31}^r & p_{32}^r & p_{33}^r & p_{34}^r \end{bmatrix} \begin{bmatrix} x_W \\ y_W \\ z_W \\ 1 \end{bmatrix} \end{cases} \tag{4-103}$$

则进一步,有

$$\begin{cases} \lambda_l x^l = f_x^l x_W + u_0^l z_W \\ \lambda_l y^l = f_y^l y_W + v_0^l z_W \\ \lambda_l = z_W \\ \lambda_r x^r = p_{11}^r x_W + p_{12}^r y_W + p_{13}^r z_W + p_{14}^r \\ \lambda_r y^r = p_{21}^r x_W + p_{22}^r y_W + p_{23}^r z_W + p_{24}^r \\ \lambda_r = p_{31}^r x_W + p_{32}^r y_W + p_{33}^r z_W + p_{34}^r \end{cases} \tag{4-104}$$

故

$$
\begin{cases}
x^{\mathrm{l}} z_{\mathrm{W}} = f_x^{\mathrm{l}} x_{\mathrm{W}} + u_0^{\mathrm{l}} z_{\mathrm{W}} \\
y^{\mathrm{l}} z_{\mathrm{W}} = f_y^{\mathrm{l}} y_{\mathrm{W}} + v_0^{\mathrm{l}} z_{\mathrm{W}} \\
(p_{31}^{\mathrm{r}} x_{\mathrm{W}} + p_{32}^{\mathrm{r}} y_{\mathrm{W}} + p_{33}^{\mathrm{r}} z_{\mathrm{W}} + p_{34}^{\mathrm{r}}) x^{\mathrm{r}} = p_{11}^{\mathrm{r}} x_{\mathrm{W}} + p_{12}^{\mathrm{r}} y_{\mathrm{W}} + p_{13}^{\mathrm{r}} z_{\mathrm{W}} + p_{14}^{\mathrm{r}} \\
(p_{31}^{\mathrm{r}} x_{\mathrm{W}} + p_{32}^{\mathrm{r}} y_{\mathrm{W}} + p_{33}^{\mathrm{r}} z_{\mathrm{W}} + p_{34}^{\mathrm{r}}) y^{\mathrm{r}} = p_{21}^{\mathrm{r}} x_{\mathrm{W}} + p_{22}^{\mathrm{r}} y_{\mathrm{W}} + p_{23}^{\mathrm{r}} z_{\mathrm{W}} + p_{24}^{\mathrm{r}}
\end{cases}
\tag{4-105}
$$

即

$$
\begin{cases}
f_x^{\mathrm{l}} x_{\mathrm{W}} + (u_0^{\mathrm{l}} - x^{\mathrm{l}}) z_{\mathrm{W}} = 0 \\
f_y^{\mathrm{l}} y_{\mathrm{W}} + (v_0^{\mathrm{l}} - y^{\mathrm{l}}) z_{\mathrm{W}} = 0 \\
(p_{31}^{\mathrm{r}} x^{\mathrm{r}} - p_{11}^{\mathrm{r}}) x_{\mathrm{W}} + (p_{32}^{\mathrm{r}} x^{\mathrm{r}} - p_{12}^{\mathrm{r}}) y_{\mathrm{W}} + (p_{33}^{\mathrm{r}} x^{\mathrm{r}} - p_{13}^{\mathrm{r}}) z_{\mathrm{W}} = p_{14}^{\mathrm{r}} - p_{34}^{\mathrm{r}} x^{\mathrm{r}} \\
(p_{31}^{\mathrm{r}} y^{\mathrm{r}} - p_{21}^{\mathrm{r}}) x_{\mathrm{W}} + (p_{32}^{\mathrm{r}} y^{\mathrm{r}} - p_{22}^{\mathrm{r}}) y_{\mathrm{W}} + (p_{33}^{\mathrm{r}} y^{\mathrm{r}} - p_{23}^{\mathrm{r}}) z_{\mathrm{W}} = p_{24}^{\mathrm{r}} - p_{34}^{\mathrm{r}} y^{\mathrm{r}}
\end{cases}
\tag{4-106}
$$

将式(4-106)矩阵化,有

$$
\begin{bmatrix}
f_x^{\mathrm{l}} & 0 & u_0^{\mathrm{l}} - x^{\mathrm{l}} \\
0 & f_y^{\mathrm{l}} & v_0^{\mathrm{l}} - y^{\mathrm{l}} \\
p_{31}^{\mathrm{r}} x^{\mathrm{r}} - p_{11}^{\mathrm{r}} & p_{32}^{\mathrm{r}} x^{\mathrm{r}} - p_{12}^{\mathrm{r}} & p_{33}^{\mathrm{r}} x^{\mathrm{r}} - p_{13}^{\mathrm{r}} \\
p_{31}^{\mathrm{r}} y^{\mathrm{r}} - p_{21}^{\mathrm{r}} & p_{32}^{\mathrm{r}} y^{\mathrm{r}} - p_{22}^{\mathrm{r}} & p_{33}^{\mathrm{r}} y^{\mathrm{r}} - p_{23}^{\mathrm{r}}
\end{bmatrix}
\begin{bmatrix}
x_{\mathrm{W}} \\ y_{\mathrm{W}} \\ z_{\mathrm{W}}
\end{bmatrix}
=
\begin{bmatrix}
0 \\
0 \\
p_{14}^{\mathrm{r}} - p_{34}^{\mathrm{r}} x^{\mathrm{r}} \\
p_{24}^{\mathrm{r}} - p_{34}^{\mathrm{r}} y^{\mathrm{r}}
\end{bmatrix}
\tag{4-107}
$$

即

$$
\boldsymbol{Ap} = \boldsymbol{b} \tag{4-108}
$$

同方法一,此方法中也需要已知:左、右像点 $\begin{bmatrix} x^{\mathrm{l}} \\ y^{\mathrm{l}} \end{bmatrix}$ 和 $\begin{bmatrix} x^{\mathrm{r}} \\ y^{\mathrm{r}} \end{bmatrix}$;左、右内参数 $\boldsymbol{K}_{\mathrm{l}}$ 和 $\boldsymbol{K}_{\mathrm{r}}$;左、右位姿 $\begin{bmatrix} \boldsymbol{R} & \boldsymbol{t} \end{bmatrix}$。

方法三:根据双目视觉的标定过程推导步骤 $\lambda_{\mathrm{r}} \boldsymbol{p}_{\mathrm{r}} = \boldsymbol{K}_{\mathrm{r}}(\boldsymbol{R}_{\mathrm{r}} \boldsymbol{p} + \boldsymbol{t}_{\mathrm{r}})$,分别用 $\boldsymbol{p}_{\mathrm{r}}$ 与等式两边进行叉乘运算,则

$$
\lambda_{\mathrm{r}} \boldsymbol{p}_{\mathrm{r}} \times \boldsymbol{p}_{\mathrm{r}} = \boldsymbol{p}_{\mathrm{r}} \times \boldsymbol{K}_{\mathrm{r}}(\boldsymbol{R}_{\mathrm{r}} \boldsymbol{p} + \boldsymbol{t}_{\mathrm{r}})
\tag{4-109}
$$

有

$$
[\boldsymbol{p}_{\mathrm{r}}]_{\times} \boldsymbol{K}_{\mathrm{r}}(\boldsymbol{R}_{\mathrm{r}} \boldsymbol{p} + \boldsymbol{t}_{\mathrm{r}}) = \boldsymbol{0}
\tag{4-110}
$$

$$
[\boldsymbol{p}_{\mathrm{r}}]_{\times} \boldsymbol{K}_{\mathrm{r}} \boldsymbol{R}_{\mathrm{r}} \boldsymbol{p} + [\boldsymbol{p}_{\mathrm{r}}]_{\times} \boldsymbol{K}_{\mathrm{r}} \boldsymbol{t}_{\mathrm{r}} = \boldsymbol{0}
\tag{4-111}
$$

故

$$
\begin{bmatrix} [\boldsymbol{p}_{\mathrm{r}}]_{\times} \boldsymbol{K}_{\mathrm{r}} \boldsymbol{R}_{\mathrm{r}} & [\boldsymbol{p}_{\mathrm{r}}]_{\times} \boldsymbol{K}_{\mathrm{r}} \boldsymbol{t}_{\mathrm{r}} \end{bmatrix}
\begin{bmatrix} \boldsymbol{p} \\ 1 \end{bmatrix} = 0
\tag{4-112}
$$

对于 N 对匹配点,则

$$
\begin{bmatrix}
[(\boldsymbol{p}_{\mathrm{r}})_1]_{\times} \boldsymbol{K}_{\mathrm{r}} \boldsymbol{R}_{\mathrm{r}} & 0 & \cdots & 0 & [(\boldsymbol{p}_{\mathrm{r}})_1]_{\times} \boldsymbol{K}_{\mathrm{r}} \boldsymbol{t}_{\mathrm{r}} \\
0 & [(\boldsymbol{p}_{\mathrm{r}})_2]_{\times} \boldsymbol{K}_{\mathrm{r}} \boldsymbol{R}_{\mathrm{r}} & \cdots & 0 & [(\boldsymbol{p}_{\mathrm{r}})_2]_{\times} \boldsymbol{K}_{\mathrm{r}} \boldsymbol{t}_{\mathrm{r}} \\
\vdots & \vdots & & \vdots & \vdots \\
0 & 0 & \cdots & [(\boldsymbol{p}_{\mathrm{r}})_N]_{\times} \boldsymbol{K}_{\mathrm{r}} \boldsymbol{R}_{\mathrm{r}} & [(\boldsymbol{p}_{\mathrm{r}})_N]_{\times} \boldsymbol{K}_{\mathrm{r}} \boldsymbol{t}_{\mathrm{r}}
\end{bmatrix}
\begin{bmatrix}
(\boldsymbol{p})_1 \\
(\boldsymbol{p})_2 \\
\vdots \\
(\boldsymbol{p})_N \\
1
\end{bmatrix} = \boldsymbol{0}
\tag{4-113}
$$

即

$$Ap = 0 \tag{4-114}$$

同理,对 A 进行奇异值分解,即 $A = U\Sigma V^{\mathrm{T}}$,将 V 的最后一个列矢量的最后一个元素归一化到 1,即可求得 p,即求解出所有匹配点的三维空间坐标。

与前两种方法不同,此方法中需要的已知量:右像点 $\begin{bmatrix} x^{\mathrm{r}} \\ y^{\mathrm{r}} \end{bmatrix}$;右内参数 K_{r};左、右位姿 $\begin{bmatrix} R & t \end{bmatrix}$。

4.4　结构光立体视觉

由于以双目立体视觉为代表的被动式三维重建方法直接利用的是自然图像,而自然图像往往没有鲜明的可供利用的特征信息,这就使得这些被动式三维重建方法在很多检测中显得无能为力。而以结构光立体视觉为代表的主动式三维重建方法却恰恰能够"主动地"产生必要的特征信息,并且避免了被动式三维重建方法所固有的立体匹配困难,因此得到了广泛的应用。尤其是对于表面特征较少、纹理不太明显的物体,结构光立体视觉类三维重建不但能提高三维重建的精度,还能降低重建算法的复杂度。

结构光主要分为点结构光、线结构光和面结构光,其中线结构光又分为单线和多线结构光,面结构光又按照编码方式分为离散型编码面结构光和连续型编码面结构光,如图 4-4-1 所示。离散型编码分为直接编码、空间编码和时间编码。连续型编码主要指条纹投影轮廓法编码,主要分为基于傅里叶变换轮廓法的空间编码和基于相位测量轮廓法的时间编码。

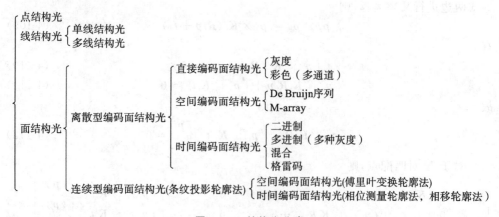

图 4-4-1　结构光分类

光条的畸变程度取决于投影仪和相机之间的相对位置以及物体表面轮廓,当投影仪和相机的相对位置一定时,光条的畸变程度就可以表征物体表面的轮廓信息。

结构光立体视觉正是利用了这一原理。不在同一个高度上的点会发生偏移,而偏移量引起的像点或者相位变化则隐含了物体的高度信息,如图 4-4-2 所示。

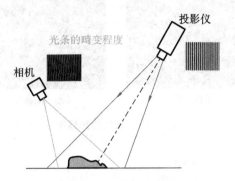

图 4-4-2　结构光立体视觉检测原理图

如图 4-4-3 所示,物体和线结构光传感器的相对移动,使激光平面(光刀)以一定的间隔扫描物体表面,在物体表面形成一系列的光切面二维轮廓,由光切面二维轮廓组合形成物体表面三维轮廓,实现三维重建。

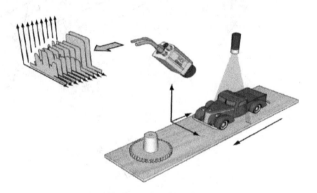

图 4-4-3　结构光应用示例

4.4.1　线结构光

1. 标定

如图 4-4-4 所示,线结构光主要采用两步标定法:①相机标定;②投影仪标定,即光平面标定。

如图 4-4-5 所示,π_1 表示相机的像平面(O_C-$x_C y_C z_C$),π_S 表示光平面(O_S-$x_S y_S z_S$),π_K 表示第 K 个标定板平面(O_W-$x_W y_W z_W$),其中,z_S 轴与光平面垂直,z_W 轴与标定板平面垂直。光平面 π_S 和标定板平面 π_K 相交后得到光条纹 L_S,坐标已知的 A_i、B_i 和 C_i 是标定板平面中的任意一条直线 L_i 上的三个点,L_S 和 L_i 的交点 q_i 即光平面的特征点,L_i、A_i、B_i 和 C_i 在像平面中分别对应 l_i、a_i、b_i 和 c_i。

根据射影变换中的二次交比不变性(两个长度比值之间的比不会随相机与物体

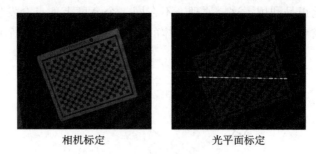

相机标定　　　　　　　　光平面标定

图 4-4-4　线结构光标定

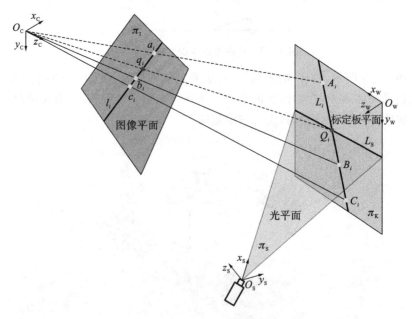

图 4-4-5　线结构光平面标定

之间位置关系的改变而改变),有交比函数 $\mathrm{CR}(A_i,q_i,B_i,C_i)=\dfrac{A_iB_i}{q_iB_i}:\dfrac{A_iC_i}{q_iC_i}=\dfrac{a_ib_i}{q_ib_i}:$

$\dfrac{a_ic_i}{q_ic_i}=\mathrm{CR}(a_i,q_i,b_i,c_i)$。若已知点 A_i、B_i 和 C_i 在标定板坐标系 $O\text{-}x_\mathrm{w}y_\mathrm{w}z_\mathrm{w}$ 中的坐标,以及像平面中 a_i、b_i、c_i 和 q_i 的坐标,则可以求出 q_i 在相机坐标系 $O\text{-}x_\mathrm{c}y_\mathrm{c}z_\mathrm{c}$ 中的坐标,通过若干个不共线的光平面特征点来拟合相机坐标系下的光平面方程。

$$\begin{cases}\lambda\begin{bmatrix}x_\mathrm{D}\\y_\mathrm{D}\\1\end{bmatrix}=\boldsymbol{K}\begin{bmatrix}\boldsymbol{R}&\boldsymbol{t}\end{bmatrix}\begin{bmatrix}x_\mathrm{w}\\y_\mathrm{w}\\z_\mathrm{w}\\1\end{bmatrix}=\boldsymbol{P}\begin{bmatrix}x_\mathrm{w}\\y_\mathrm{w}\\z_\mathrm{w}\\1\end{bmatrix}\\z_\mathrm{w}=0\end{cases}\tag{4-115}$$

有

$$\lambda \begin{bmatrix} x_D \\ y_D \\ 1 \\ 0 \end{bmatrix} = \begin{bmatrix} p_{11} & p_{12} & p_{13} & p_{14} \\ p_{21} & p_{22} & p_{23} & p_{24} \\ p_{31} & p_{32} & p_{33} & p_{34} \\ 0 & 0 & 1 & 0 \end{bmatrix} \begin{bmatrix} x_W \\ y_W \\ z_W \\ 1 \end{bmatrix} \tag{4-116}$$

即

$$\lambda \begin{bmatrix} x_D \\ y_D \\ 1 \\ 0 \end{bmatrix} = \boldsymbol{A} \begin{bmatrix} x_W \\ y_W \\ z_W \\ 1 \end{bmatrix} \tag{4-117}$$

可得

$$\begin{bmatrix} \dfrac{x_W}{\lambda} \\ \dfrac{y_W}{\lambda} \\ \dfrac{z_W}{\lambda} \\ \dfrac{1}{\lambda} \end{bmatrix} = \boldsymbol{A}^{-1} \begin{bmatrix} x_D \\ y_D \\ 1 \\ 0 \end{bmatrix} \tag{4-118}$$

如果取条纹图像上的 N 个特征点,则

$$\begin{bmatrix} \left(\dfrac{x_W}{\lambda}\right)_1 & \left(\dfrac{x_W}{\lambda}\right)_2 & \cdots & \left(\dfrac{x_W}{\lambda}\right)_N \\ \left(\dfrac{y_W}{\lambda}\right)_1 & \left(\dfrac{y_W}{\lambda}\right)_2 & \cdots & \left(\dfrac{y_W}{\lambda}\right)_N \\ \left(\dfrac{z_W}{\lambda}\right)_1 & \left(\dfrac{z_W}{\lambda}\right)_2 & \cdots & \left(\dfrac{z_W}{\lambda}\right)_N \\ \left(\dfrac{1}{\lambda}\right)_1 & \left(\dfrac{1}{\lambda}\right)_2 & \cdots & \left(\dfrac{1}{\lambda}\right)_N \end{bmatrix} = \boldsymbol{A}^{-1} \begin{bmatrix} (x_D)_1 & (x_D)_2 & \cdots & (x_D)_N \\ (y_D)_1 & (y_D)_2 & \cdots & (y_D)_N \\ 1 & 1 & \cdots & 1 \\ 0 & 0 & \cdots & 0 \end{bmatrix} \tag{4-119}$$

进而可以求出激光条纹所包含的所有像素点在世界坐标系中的坐标表达,再根据相机标定得到的外参数将世界坐标系中的坐标表达转化为相机坐标系下的坐标表达,通过若干次标定板的移动,得到一系列直线,从而可以拟合相机坐标系下的光平面方程。

2. 三维信息构建

如图 4-4-6 所示,可分别得到光平面方程和相机投影模型:

$$\begin{cases} \lambda \begin{bmatrix} x_D \\ y_D \\ 1 \end{bmatrix} = K \begin{bmatrix} x_C \\ y_C \\ z_C \end{bmatrix} \\ ax_C + by_C + cz_C + d = 0 \end{cases} \tag{4-120}$$

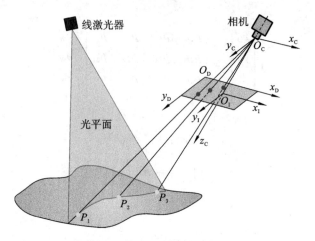

图 4-4-6 线结构光三维信息构建

$$\lambda \begin{bmatrix} x_D \\ y_D \\ 1 \\ 0 \end{bmatrix} = \begin{bmatrix} f_x & 0 & u_0 & 0 \\ 0 & f_y & v_0 & 0 \\ 0 & 0 & 1 & 0 \\ a & b & c & d \end{bmatrix} \begin{bmatrix} x_C \\ y_C \\ z_C \\ 1 \end{bmatrix} \tag{4-121}$$

根据式（4-121），有

$$\lambda \begin{bmatrix} x_D \\ y_D \\ 1 \\ 0 \end{bmatrix} = \boldsymbol{A} \begin{bmatrix} x_C \\ y_C \\ z_C \\ 1 \end{bmatrix} \tag{4-122}$$

即

$$\begin{bmatrix} \dfrac{x_C}{\lambda} \\[2mm] \dfrac{y_C}{\lambda} \\[2mm] \dfrac{z_C}{\lambda} \\[2mm] \dfrac{1}{\lambda} \end{bmatrix} = \boldsymbol{A}^{-1} \begin{bmatrix} x_D \\ y_D \\ 1 \\ 0 \end{bmatrix} \tag{4-123}$$

式中：$\lambda = z_C$，则

$$\begin{bmatrix} \dfrac{x_C}{z_C} \\[2mm] \dfrac{y_C}{z_C} \\[2mm] 1 \\[2mm] \dfrac{1}{z_C} \end{bmatrix} = \boldsymbol{A}^{-1} \begin{bmatrix} x_D \\ y_D \\ 1 \\ 0 \end{bmatrix} \tag{4-124}$$

如果取条纹图像上的 N 个特征点,则

$$
\begin{bmatrix}
\left(\dfrac{x_C}{z_C}\right)_1 & \left(\dfrac{x_C}{z_C}\right)_2 & \cdots & \left(\dfrac{x_C}{z_C}\right)_N \\
\left(\dfrac{y_C}{z_C}\right)_1 & \left(\dfrac{y_C}{z_C}\right)_2 & \cdots & \left(\dfrac{y_C}{z_C}\right)_N \\
1 & 1 & \cdots & 1 \\
\left(\dfrac{1}{z_C}\right)_1 & \left(\dfrac{1}{z_C}\right)_2 & \cdots & \left(\dfrac{1}{z_C}\right)_N
\end{bmatrix}
= \boldsymbol{A}^{-1}
\begin{bmatrix}
(x_D)_1 & (x_D)_2 & \cdots & (x_D)_N \\
(y_D)_1 & (y_D)_2 & \cdots & (y_D)_N \\
1 & 1 & \cdots & 1 \\
0 & 0 & \cdots & 0
\end{bmatrix}
\tag{4-125}
$$

进而可以求出激光条纹所表征的实际轮廓的几何信息。

4.4.2　面结构光

1. 标定

如图 4-4-7 所示,先用相机采集标定板上的黑白棋盘格图像,保持标定板位置不变,通过投影仪将灰度棋盘格图案投射到标定板上的空白位置,相机再次采集标定板上的图像,投影仪暂停投射灰度棋盘格图案。然后,改变标定板的位置和方向,并重复前面的操作,直到采集到若干张仅含有黑白棋盘格的图像,以及同时含有黑白棋盘格和灰度棋盘格的图像。通过仅含有黑白棋盘格

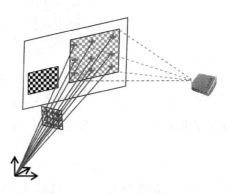

图 4-4-7　面结构光系统标定

的图像来标定相机,求解相机的内参数矩阵 $\boldsymbol{K}_C$、相机和标定板之间的位姿关系 $\begin{bmatrix} \boldsymbol{R}_C & \boldsymbol{t}_C \end{bmatrix}$,由此计算出灰度棋盘格角点坐标对应的 3D 坐标值。根据灰度棋盘格角点的 3D 点与 2D 点之间的映射关系,采用张正友标定法求解出投影仪的内参数矩阵 $\begin{bmatrix} f_x^P & 0 & u_0^P \\ 0 & f_y^P & v_0^P \\ 0 & 0 & 1 \end{bmatrix}$ 和外参数矩阵 $\begin{bmatrix} \boldsymbol{R}_P & \boldsymbol{t}_P \end{bmatrix}$,最后根据

$$
\begin{cases}
\boldsymbol{R} = \boldsymbol{R}_P \boldsymbol{R}_C^{-1} = \boldsymbol{R}_P \boldsymbol{R}_C^{\mathsf{T}} \\
\boldsymbol{t} = \boldsymbol{t}_P - \boldsymbol{R}\, \boldsymbol{t}_C
\end{cases}
$$

求解出相机和投影仪之间的位姿关系 $\begin{bmatrix} \boldsymbol{R} & \boldsymbol{t} \end{bmatrix}$,实现面结构光系统的标定。

2. 三维信息构建

如图 4-4-8 所示的相机-投影仪组成的面结构光系统,其中,$O\text{-}xyz$ 表示相机坐标系,z 轴为相机的光轴,相机的焦距为 f,$X\text{-}Y$ 为对应的图像坐标系;$O'\text{-}x'y'z'$ 表示投影仪坐标系,z' 轴为投影仪的光轴,投影仪的焦距为 f',$X'\text{-}Y'$ 为对应的图像坐标系。这里,可以把投影仪看成逆向的相机。已知三维空间中的任意一点 P,其在

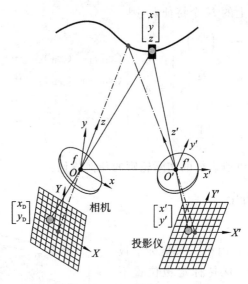

图 4-4-8　面结构光三维信息构建原理

相机坐标系 $O\text{-}xyz$ 中的坐标为 $\begin{bmatrix} x \\ y \\ z \end{bmatrix}$，像点坐标为 $\begin{bmatrix} x_D \\ y_D \end{bmatrix}$，其在投影仪坐标系

$O'\text{-}x'y'z'$ 中的坐标为 $\begin{bmatrix} x_P \\ y_P \\ z_P \end{bmatrix}$，投影像点坐标为 $\begin{bmatrix} x' \\ y' \end{bmatrix}$。根据相机投影模型，有

$$\lambda_C \begin{bmatrix} x_D \\ y_D \\ 1 \end{bmatrix} = \begin{bmatrix} f_x & 0 & u_0 \\ 0 & f_y & v_0 \\ 0 & 0 & 1 \end{bmatrix} \begin{bmatrix} x \\ y \\ z \end{bmatrix} = \boldsymbol{K}_C \begin{bmatrix} x \\ y \\ z \end{bmatrix} \tag{4-126}$$

$$\lambda_P \begin{bmatrix} x' \\ y' \\ 1 \end{bmatrix} = \begin{bmatrix} f'_x & 0 & u'_0 \\ 0 & f'_y & v'_0 \\ 0 & 0 & 1 \end{bmatrix} \begin{bmatrix} x_P \\ y_P \\ z_P \end{bmatrix} = \boldsymbol{K}_P \begin{bmatrix} x_P \\ y_P \\ z_P \end{bmatrix} \tag{4-127}$$

则

$$\begin{cases} zx_D = xf_x + zu_0 \\ zy_D = yf_y + zv_0 \end{cases} \tag{4-128}$$

$$\begin{cases} z_P x' = x_P f'_x + z_P u'_0 \\ z_P y' = y_P f'_y + z_P v'_0 \end{cases} \tag{4-129}$$

已知相机坐标系和投影仪坐标系的转换关系为

$$\begin{bmatrix} x_P \\ y_P \\ z_P \end{bmatrix} = \begin{bmatrix} r_{11} & r_{12} & r_{13} & t_1 \\ r_{21} & r_{22} & r_{23} & t_2 \\ r_{31} & r_{32} & r_{33} & t_3 \end{bmatrix} \begin{bmatrix} x \\ y \\ z \\ 1 \end{bmatrix} = \boldsymbol{M} \begin{bmatrix} x \\ y \\ z \\ 1 \end{bmatrix} \tag{4-130}$$

即

$$\begin{cases} x_P = x r_{11} + y r_{12} + z r_{13} + t_1 \\ y_P = x r_{21} + y r_{22} + z r_{23} + t_2 \\ z_P = x r_{31} + y r_{32} + z r_{33} + t_3 \end{cases} \tag{4-131}$$

从而可得

$$\begin{cases} z = \dfrac{f_x f_y \left[f'_x t_1 - (x' - u'_0) t_3 \right]}{\left[f_y r_{31} (x_D - u_0) + f_x r_{32} (y_D - v_0) + f_x f_y r_{33} \right] (x' - u'_0) - \left[f_y r_{11} (x_D - u_0) + f_x r_{12} (y_D - v_0) + f_x f_y r_{13} \right] f'_x} \\ x = \dfrac{z (x_D - u_0)}{f_x} \\ y = \dfrac{z (y_D - v_0)}{f_y} \end{cases}$$

$$\tag{4-132}$$

由式(4-132)可知,仅需知道相机的内参数矩阵 $\boldsymbol{K}_C$、投影仪的内参数矩阵 $\boldsymbol{K}_P$、相机和投影仪的位姿关系 $\boldsymbol{M}$、匹配点对 $\begin{bmatrix} x_D \\ y_D \end{bmatrix}$ 和 $\begin{bmatrix} x' \\ y' \end{bmatrix}$,即可求出 3D 空间点 P 的坐标 $\begin{bmatrix} x \\ y \\ z \end{bmatrix}$。而 $\boldsymbol{K}_C$、$\boldsymbol{K}_P$、$\boldsymbol{M}$ 可以通过面结构光系统标定得到,三维重建的核心问题就是如何确定匹配点对 $\begin{bmatrix} x_D \\ y_D \end{bmatrix}$、$\begin{bmatrix} x' \\ y' \end{bmatrix}$,而式(4-132)中没有用到 y' 的信息,因此,仅需求出 $\begin{bmatrix} x_D \\ y_D \end{bmatrix}$、$x'$ 即可。

这里,我们通过投影仪向被测目标投射正弦条纹的方法来进行面结构光系统的三维信息构建,如图 4-4-9 所示。投影仪将计算机生成的正弦条纹图投影至目标表面;目标的表面轮廓或形貌会使正弦条纹变形,产生变形条纹图;相机采集变形条纹图并在计算机中进行相位恢复来获得相位图;计算机利用系统模型和相位图进行三维重建,获得目标的表面轮廓/形貌。因此,对条纹图像进行准确解读,是进行三维信息构建的重要环节。

这里介绍基于相移轮廓法的解相位方法,该方法主要分为两步:第一步是获得条纹图像的相位主值或包裹相位,此时每个周期的相位取值范围为 $(-\pi, \pi]$;第二步是将包裹相位恢复为全场展开的相位场,得到解包裹相位。

图 4-4-10 所示为基于相移轮廓法的解相位示意图,采用四步相移法求解出包裹相位图,通过三组由低到高的不同频率的光栅图像就可以得到三张不同的包裹相位图,用这三张图像采用三频外差法进行解包裹,求解出解包裹相位图。

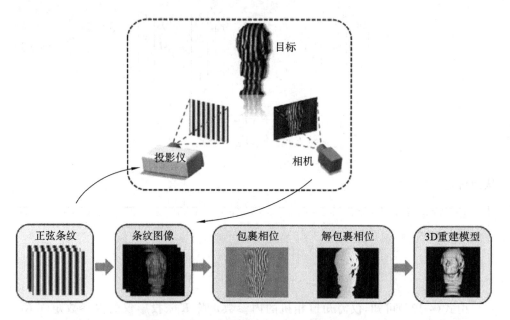

图 4-4-9　面结构光系统的三维信息构建示意图

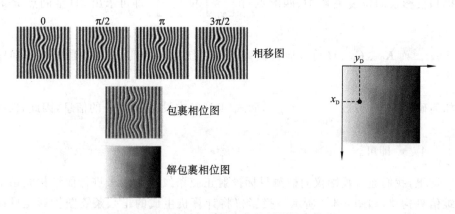

图 4-4-10　基于相移轮廓法的解相位示意图

根据解包裹相位图可知,相机像点 $\begin{bmatrix} x_{\mathrm{D}} \\ y_{\mathrm{D}} \end{bmatrix}$ 对应的投影仪匹配点的横坐标为

$$x' = \frac{\Theta_V}{2\pi/(W/f)}$$

式中:Θ_V 表示该点的解包裹相位;W 表示图像的宽度;f 表示当前正弦条纹的频率,这里,解包裹相位图中正弦条纹的频率 $f=1$。因此,根据 $\boldsymbol{K}_{\mathrm{C}}$、$\boldsymbol{K}_{\mathrm{P}}$、$\boldsymbol{M}$、$\begin{bmatrix} x_{\mathrm{D}} \\ y_{\mathrm{D}} \end{bmatrix}$、$x'$ 即可求解出 3D 空间点 P 的三维信息。

下面我们来学习相移轮廓法的具体计算步骤。

（1）求包裹相位。

已知正弦光栅受被测目标表面高度调制产生的光强函数可以表示为

$$I(x,y) = a(x,y) + b(x,y)\cos(2\pi f_0 x - \delta_n) \tag{4-133}$$

式中：$I(x,y)$ 表示当前像素（x,y）的光强；$a(x,y)$、$b(x,y)$ 均为光强参数；f_0 表示条纹的频率；δ_n 表示相移量。

进一步，有

$$I_n(x,y) = a(x,y) + b_1(x,y)\cos\delta_n + b_2(x,y)\sin\delta_n \tag{4-134}$$

式中：下标 n 表示第 n 张条纹投影图像；$b_1(x,y) = b(x,y)\cos[\theta(x,y)]$，$b_2(x,y) = b(x,y)\sin[\theta(x,y)]$，其中 $\theta(x,y)$ 表示当前像素（x,y）的包裹相位或者相位主值。

对式（4-134）进行简化，有

$$I_n = a + b_1\cos\delta_n + b_2\sin\delta_n \ , \ \delta_n = \frac{2(n-1)\pi}{N}$$

构造优化函数

$$f = \sum_{n=1}^{N}\left[I_n - (a + b_1\cos\delta_n + b_2\sin\delta_n)\right]^2$$

分别对 a、b_1 和 b_2 求偏导并令偏导数为零，有

$$\frac{\partial f}{\partial a} = 0 \Rightarrow \sum_{n=1}^{N}I_n = Na + b_1\sum_{n=1}^{N}\cos\delta_n + b_2\sum_{n=1}^{N}\sin\delta_n \tag{4-135}$$

$$\frac{\partial f}{\partial b_1} = 0 \Rightarrow \sum_{n=1}^{N}I_n\cos\delta_n = a\sum_{n=1}^{N}\cos\delta_n + b_1\sum_{n=1}^{N}\cos^2\delta_n + b_2\sum_{n=1}^{N}\sin\delta_n\cos\delta_n \tag{4-136}$$

$$\frac{\partial f}{\partial b_2} = 0 \rightarrow \sum_{n=1}^{N}I_n\sin\delta_n = a\sum_{n=1}^{N}\sin\delta_n + b_1\sum_{n=1}^{N}\sin\delta_n\cos\delta_n + b_2\sum_{n=1}^{N}\sin^2\delta_n \tag{4-137}$$

进一步，有

$$\begin{bmatrix} N & \sum_{n=1}^{N}\cos\delta_n & \sum_{n=1}^{N}\sin\delta_n \\ \sum_{n=1}^{N}\cos\delta_n & \sum_{n=1}^{N}\cos^2\delta_n & \sum_{n=1}^{N}\sin\delta_n\cos\delta_n \\ \sum_{n=1}^{N}\sin\delta_n & \sum_{n=1}^{N}\sin\delta_n\cos\delta_n & \sum_{n=1}^{N}\sin^2\delta_n \end{bmatrix} \begin{bmatrix} a \\ b_1 \\ b_2 \end{bmatrix} = \begin{bmatrix} \sum_{n=1}^{N}I_n \\ \sum_{n=1}^{N}I_n\cos\delta_n \\ \sum_{n=1}^{N}I_n\sin\delta_n \end{bmatrix} \tag{4-138}$$

根据 $\int\cos\theta\mathrm{d}\theta = \sin\theta + C$，$\int\sin\theta\mathrm{d}\theta = -\cos\theta + C$，$\int\sin\theta\cos\theta\mathrm{d}\theta = \dfrac{\sin2\theta}{2} + C$，有

$$\sum_{n=1}^{N}\cos\delta_n = \int_{0}^{2\pi}\cos\delta_n\mathrm{d}\delta_n = \sin\delta_n\Big|_{0}^{2\pi} = 0 \tag{4-139}$$

$$\sum_{n=1}^{N}\sin\delta_n = \int_{0}^{2\pi}\sin\delta_n\mathrm{d}\delta_n = -\cos\delta_n\Big|_{0}^{2\pi} = 0 \tag{4-140}$$

$$\sum_{n=1}^{N} \sin\delta_n \cos\delta_n = \int_0^{2\pi} \sin\delta_n \cos\delta_n \mathrm{d}\delta_n = -\left.\frac{\sin 2\delta_n}{2}\right|_0^{2\pi} = 0 \tag{4-141}$$

根据 $\cos^2\theta = \dfrac{1+\cos 2\theta}{2}$ ，有

$$\sum_{n=1}^{N} \cos^2\delta_n = \sum_{n=1}^{N} \frac{1+\cos 2\delta_n}{2} = \frac{N}{2} + \frac{1}{2}\sum_{n=1}^{N} \cos 2\delta_n$$

$$= \frac{N}{2} + \frac{1}{2}\left.\frac{\sin 2\delta_n}{2}\right|_0^{2\pi} = \frac{N}{2} \tag{4-142}$$

根据 $\sin^2\theta = \dfrac{1-\cos 2\theta}{2}$ ，有

$$\sum_{n=1}^{N} \sin^2\delta_n = \sum_{n=1}^{N} \frac{1-\cos 2\delta_n}{2} = \frac{N}{2} - \frac{1}{2}\sum_{n=1}^{N} \cos 2\delta_n = \frac{N}{2} \tag{4-143}$$

将式(4-139)至式(4-143)代入式(4-138)，有

$$\begin{bmatrix} N & 0 & 0 \\ 0 & \dfrac{N}{2} & 0 \\ 0 & 0 & \dfrac{N}{2} \end{bmatrix} \begin{bmatrix} a \\ b_1 \\ b_2 \end{bmatrix} = \begin{bmatrix} \displaystyle\sum_{n=1}^{N} I_n \\ \displaystyle\sum_{n=1}^{N} I_n \cos\delta_n \\ \displaystyle\sum_{n=1}^{N} I_n \sin\delta_n \end{bmatrix} \tag{4-144}$$

故

$$\begin{cases} a = \dfrac{1}{N}\displaystyle\sum_{n=1}^{N} I_n \\[3mm] b_1 = \dfrac{2}{N}\displaystyle\sum_{n=1}^{N} I_n \cos\delta_n \\[3mm] b_2 = \dfrac{2}{N}\displaystyle\sum_{n=1}^{N} I_n \sin\delta_n \end{cases} \tag{4-145}$$

已知 $\cos\theta = \dfrac{b_1}{b}$ ，$\sin\theta = \dfrac{b_2}{b}$ ，有

$$\tan\theta = \frac{b_2}{b_1} = \frac{\displaystyle\sum_{n=1}^{N} I_n \sin\delta_n}{\displaystyle\sum_{n=1}^{N} I_n \cos\delta_n} \tag{4-146}$$

即

$$\theta = \arctan \frac{\displaystyle\sum_{n=1}^{N} I_n \sin\frac{2(n-1)\pi}{N}}{\displaystyle\sum_{n=1}^{N} I_n \cos\frac{2(n-1)\pi}{N}} \tag{4-147}$$

已知 $\cos^2\theta + \sin^2\theta = \dfrac{b_1^2 + b_2^2}{b^2} = 1$,有

$$b = \frac{2}{N} \sqrt{\Big(\sum_{n=1}^{N} I_n \cos\delta_n \Big)^2 + \Big(\sum_{n=1}^{N} I_n \sin\delta_n \Big)^2} \tag{4-148}$$

这里采用四步相移法来求包裹相位,即采用四张带有 $\dfrac{\pi}{2}$ 相移的光栅图像来求解,如图 4-4-10 所示。

当 $N = 4$ 时,则

$$\begin{aligned}
\theta &= \arctan \frac{I_1 \sin \dfrac{0\pi}{4} + I_2 \sin \dfrac{2\pi}{4} + I_3 \sin \dfrac{4\pi}{4} + I_4 \sin \dfrac{6\pi}{4}}{I_1 \cos \dfrac{0\pi}{4} + I_2 \cos \dfrac{2\pi}{4} + I_3 \cos \dfrac{4\pi}{4} + I_4 \cos \dfrac{6\pi}{4}} = \arctan \frac{I_2 - I_4}{I_1 - I_3} \\[2mm]
&= \arctan \frac{\left[a + b\cos\left(\theta - \dfrac{2\pi}{4}\right) \right] - \left[a + b\cos\left(\theta - \dfrac{6\pi}{4}\right) \right]}{\left[a + b\cos\left(\theta - \dfrac{0\pi}{4}\right) \right] - \left[a + b\cos\left(\theta - \dfrac{4\pi}{4}\right) \right]} \\[2mm]
&= \arctan \frac{\left[a + b\cos\left(\theta - \dfrac{\pi}{2}\right) \right] - \left[a + b\cos\left(\theta - \dfrac{3\pi}{2}\right) \right]}{(a + b\cos\theta) - \left[a + b\cos(\theta - \pi) \right]} \\[2mm]
&= \arctan \frac{a + b\sin\theta - (a - b\sin\theta)}{(a + b\cos\theta) - (a - b\cos\theta)} \\[2mm]
&= \arctan \frac{2b\sin\theta}{2b\cos\theta}
\end{aligned} \tag{4-149}$$

进一步,有

$$\begin{cases}
I_1(x,y) = a(x,y) + b(x,y)\cos[\theta(x,y)] \\
I_2(x,y) = a(x,y) + b(x,y)\cos\left[\theta(x,y) - \dfrac{\pi}{2}\right] = a(x,y) + b(x,y)\sin[\theta(x,y)] \\
I_3(x,y) = a(x,y) + b(x,y)\cos[\theta(x,y) - \pi] = a(x,y) - b(x,y)\cos[\theta(x,y)] \\
I_4(x,y) = a(x,y) + b(x,y)\cos\left[\theta(x,y) - \dfrac{3\pi}{2}\right] = a(x,y) - b(x,y)\sin[\theta(x,y)]
\end{cases} \tag{4-150}$$

则

$$\frac{I_2 - I_4}{I_1 - I_3} = \frac{2b(x,y)\sin[\theta(x,y)]}{2b(x,y)\cos[\theta(x,y)]} = \tan\theta \tag{4-151}$$

即

$$\theta = \arctan \frac{I_2 - I_4}{I_1 - I_3} \tag{4-152}$$

由于上述相位值计算过程中使用了反正切函数,因此得到的相位值的取值范围为 $[-\pi, \pi]$。

（2）求解包裹相位。

求解包裹相位就是要消除相位的阶跃变化，如图 4-4-11 所示。考虑到三角函数的周期性，完整的相位值 $\Theta(x,y)$ 应为

$$\Theta(x,y) = \theta(x,y) + 2k(x,y)\pi \tag{4-153}$$

式中：$k(x,y)$ 表示当前像素点 (x,y) 的条纹级次（条纹级次表示点 (x,y) 属于光栅场中的哪一条条纹），$k(x,y) \in N$。

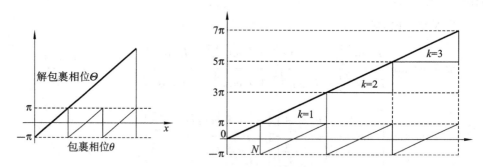

图 4-4-11　包裹相位和解包裹相位示意图

这里采用三频外差法求解包裹相位。由末级外差得到的光栅能够覆盖全场，在全场范围内只有一个周期，频率 $f_{123} = 1$，此时，包裹相位 θ_{123} 等于解包裹相位 Θ_{123}，再分别求解出解包裹相位 Θ_1、Θ_2 和 Θ_3，得到对应的解包裹相位图，如图 4-4-12 所示。

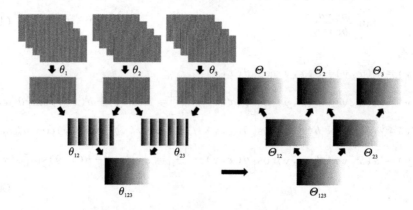

图 4-4-12　三频外差法求解包裹相位示例

思考与练习题

4-1　解释逆投影变换不能将图像平面中的一个 2D 点唯一地映射到世界坐标系中的一个 3D 点上去的原因。讨论满足什么条件时这种映射成为可能。

4-2　假设一个相机的焦距为 $\lambda = 10$ mm，成像面积为 30 mm×30 mm，图像分辨

率为 512 像素×512 像素。

（1）确定一个 3D 空间中的点(x,y,z)在图像上的投影点位置

（2）为了使投影点的位置移动一个像素，该点需要在 z 方向上移动多少距离

（3）如果将一个 1 m×1 m 的平板垂直于摄像机光轴（中心在光轴上）放在与相机中心的距离为 2 m 处，给出上两个问题的数值解。

4-3　考虑一个双目成像系统，两个相机的图像平面在同一个平面 xOy 上（光心和空间点在其两边），两个相机的镜头焦距都是 λ，两个镜头的光轴间距是 B。

（1）画出系统光路的示意图。

（2）如果一个空间点(x,y,z)出现在两幅图像的(x_1,y_1)和(x_2,y_2)处，证明：

$$\frac{z}{\lambda} = \frac{x + \dfrac{B}{2}}{x_1} = \frac{x - \dfrac{B}{2}}{x_2}$$

（3）根据观察到的视差推导计算深度 z 的公式。

4-4　根据题 4-3 推导出的深度 z 的计算公式证明深度的百分比误差在数值上等于视差的百分比误差。这个结果在实际中有什么含义？

4-5　证明：在双目立体视觉系统中，一个图像平面上的所有极线都是通过另一个图像平面进行投影而得到的图像点。

第5章 机器视觉技术在智能制造中的典型案例分析

5.1 机器视觉系统的开发流程

机器视觉已广泛应用于微电子、电子产品、汽车、医疗、印刷、包装、科研、军事等众多行业。涉及技术一致,但应用差异明显,是各种机器视觉应用系统的共同特点。虽然机器视觉系统集成时,涉及多门技术,但最基本的系统都需要照明、成像、图像数字化、图像处理算法、计算机软硬件等,稍微复杂一点的系统还会用到机械设计、传感器、电子线路、PLC、运动控制、数据库、SPC(set point control,设定点控制)等。我们根据多年机器视觉应用系统研发的经验,结合机器视觉系统集成时所涉及的各种技术、需要综合考虑的因素,以及评估机器视觉系统项目成功的可能性的方法,总结出机器视觉系统一般开发流程,如图 5-1-1 所示。

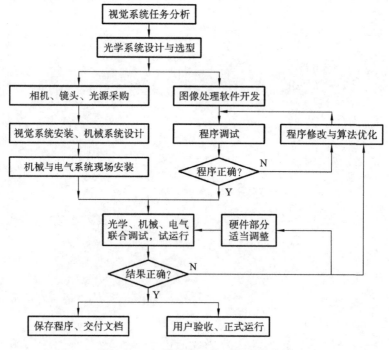

图 5-1-1　机器视觉系统一般开发流程

5.1.1　机器视觉系统的需求分析

准确地描述机器视觉系统需要完成的功能和工作环境,对于整个机器视觉系统的成功集成是至关重要的。对需求的描述实际定义了视觉系统工作的场景,而围绕这个场景设计一个系统来获取合适的图像,并提取有用的信息或控制生产过程就是技术人员工作的目标。这个步骤看起来简单,以至于经常被忽略。有时候用户在生产过程中产生了某种需求,但是限于知识面而不能准确描述自己的需求,若这时系统开发者自己经验不足或没有给予足够的重视,就不能帮助用户来明确系统的功能细节,那么这个系统集成开发过程注定要走弯路,甚至最终失败。因此,机器视觉系统开发的第一步就是明确用户需求,一般情况下可以使用如表 5-1-1 所示的需求分析来完成此步骤。

表 5-1-1　机器视觉系统的需求分析

序　号	需 求 内 容	需 求 描 述
1	工作距离	相机与被测物体的距离是否在允许的工作范围内?两者的距离能否自由调节?
2	分辨率要求	测量尺寸精度要求是多高?
3	颜色	被检测物体对色彩的要求如何?是否可以利用颜色的差异实现检测目的,也就是说能否用彩色或者黑白相机来完成?
4	相机类型	根据被测物体的幅宽或者其在生产线上的运动方式,被测物体是离散的还是连续的?选择面阵相机还是线阵相机?
5	检测速度	全自动检测还是手动检测?每分钟需要检测的产品数量是多少?用什么样配置的工控机?
6	被测物体的材质	被测物体是什么材质?表面的光学性能如何?是否反光?对不同波长光的敏感性如何?这些对于光源的选择和光路设计都有一定的影响。
7	合格的判据	是否有企业标准?或者其他合格标准?对有缺陷的被测物体是否需要准确分类?这些都对相机的选型和软件算法的要求有影响。
8	相机触发信号	相机是单点触发还是自动连续拍摄?是否由生产线的测速编码器给定速度编码信号?根据面阵相机和线阵相机的要求选择。
9	剔除或控制方式	是否需要提供不合格品剔除或者合格品抓取信号?是否要将检测结果与车间管理系统相连接?

续表

序　号	需求内容	需求描述
10	安装空间	被测物体是否有安装光路的空间位置？要留有足够的调整空间，在光学调试中可以方便调整。
11	工作环境	环境温度、湿度、粉尘等是否满足机器视觉系统要求？温度太高会影响相机和光源的正常工作。安装的位置是否有振动或者外界光源的干扰？这些都要在光路设计和机械设计中充分考虑并加以解决，否则对系统的实现有较大的干扰。
12	交货周期	根据用户的期望交货周期并结合机器视觉系统开发的周期综合考虑。一定要有足够的调试时间。

机器视觉系统一般由高性能硬件和高效率软件有机结合而成。一个成熟的机器视觉系统需要满足如下要求。

（1）实时性：机器视觉系统能够实时响应被测物体表面图像的采集、传输、处理、存储和显示等操作。

（2）准确性：机器视觉系统能够对被测物体表面图像进行准确的筛选、分割和分类等检测操作。机器视觉系统只有具备了高的检测准确性，才能及时发现被测物体在生产过程中所存在的问题，才能为提高企业的生产效率和生产质量提供保障。

（3）稳定性：机器视觉系统的硬件设备和软件系统都要具备较强的抗干扰能力，能够长时间在恶劣环境下高效、稳定工作。

技术人员在开发机器视觉系统时需要在实时性、准确性和稳定性这三个方面寻找合理的平衡点，并根据具体的外部环境和检测对象来设计合适的硬件设备和软件系统以满足实际的工业生产需求。

在被测物体生产线上，由于被测物体的大小、运动速度和工作面不同等特性，为了保证采集到的被测物体表面图像的分辨率的大小，需要采用多个相机来对被测物体进行同步采集，这样会使得机器视觉系统在单位时间内产生海量的图像数据（流）。为了处理瞬时产生的海量图像数据（流）并保证机器视觉系统的实时性、准确性和稳定性，可以构造一个基于客户端/服务器（client/server，C/S）模式的分布式并行（计算）的系统结构，如图 5-1-2（见书末）所示。从图中可以看出，整个检测系统由客户端（下位机）、服务器（上位机）和（控制）终端等构成：每一个相机都由一个独立的客户端来控制，以保证图像数据的并行化处理；客户端接收（控制）终端发出的相关指令来控制相机实现图像采集的功能，同时，客户端将处理过的图像数据（流）传递到服务器，并在（控制）终端实时地显示相关处理结果；（控制）终端通过设置检测方法和硬件设备的相关参数来实现对整个检测系统的控制。其中，服务器和客户端之间的图像数据（流）的交互可以采用千兆工业以太网（1 Gb/s）来进行，服务器和客户端之间的控制信号(流)的交互可以采用现场总线来进行。

5.1.2　机器视觉系统的硬件选型与计算

机器视觉系统的硬件部分是整个检测系统的基础,主要包括采集模块、传输模块、计算机处理系统、显示模块和存储模块等。其中,被测物体在生产线上的规律运动可以确保被测物体图像采集过程的连续性和稳定性。

1. 采集模块

采集模块可以确保机器视觉系统获取高质量的被测物体表面图像,主要包括图像传感器(相机)、镜头、图像采集卡、光源系统和(同步)触发器等。

1) 图像传感器(相机)

图像传感器是检测系统的核心部件,其性能直接决定着采集到的图像细节的清晰度。清晰度用单个像素所代表的尺寸(mm)来表征,即 mm/pixel,单个像素所代表的尺寸越小,图像的清晰度就越高,图像细节就越精细。

图像传感器主要有两种分类方式。一是按照芯片类型,分为基于 CCD 的相机和基于 CMOS 的相机,其中,基于 CCD 的相机具有感光度高、畸变小和光谱响应特性好等特点;基于 CMOS 的相机具有成本低、无拖影和集成度好等特点。随着半导体制造工艺的发展,基于 CMOS 的相机相对于基于 CCD 的相机在体积大小、采集速度和能耗等方面的优势逐步体现出来。二是按照工作方式,分为面阵(area scan)相机和线阵(line scan)相机,如图 5-1-3 所示。面阵相机通过一次扫描(区域)直接成像,由于采集的是一块区域的信息,因此要求采集区域的光照是均匀的,这就对光源的均匀性提出了很高的要求。线阵相机通过逐行扫描"拼接"的方式来成像,线性光源即可满足均匀光照的要求。特别地,面阵相机由于受其靶面大小、采集速度和图像重叠区域处理难度等限制,很难实现图像的高速采集,而线阵相机则可以在图像高速采集时依然保持较高的空间和时间分辨率。因此,线阵相机在工业检测领域(如机器视觉)得到了广泛的应用。

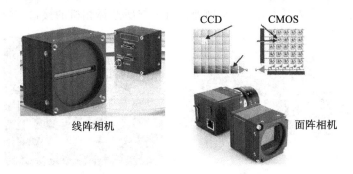

图 5-1-3　线阵相机与面阵相机

　　线阵相机的主要参数是分辨率等级(resolution level)和行频(line frequency),其中,分辨率等级是根据视野大小和所需的横向分辨率(lateral resolution)来确定的,常用的分辨率等级有 2K、4K、8K 和 16K 等;行频是根据被测物体的运动速度和所需的纵向分辨率(longitudinal resolution)来确定的,这里的纵向是指被测物体的运动方向,常用的行频大小有 50 kHz、100 kHz 和 200 kHz 等。图 5-1-4 所示的其他参数需要结合相机的镜头综合考虑。

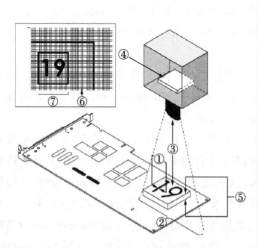

①分辨率
reslution:
被检测物体的最小特征尺寸

②视野
field of view:
物体可被检测到的区域，换言之，它是物体填满传感器图像的区域

③工作距离
working distance:
从镜头前端到被检测物体表面的距离

④传感器尺寸
sensor size:
传感器的有效面积，典型的指标是水平尺寸

⑤景深
depth of field:
在整个聚焦范围内，能够维持清楚成像对应的最大物体的深度;
也可定义为在允许聚焦的范围内，允许物体移动的范围

⑥像素pixel
⑦像素分辨率
pixel resolution:
图像上需要表达被测物体所需的最小像素个数

图 5-1-4　线阵相机参数

　　2) 镜头

　　镜头的焦距 f' 决定相机能否清晰成像,景深(DOF)决定相机清晰成像的范围,光圈数 F 决定进入相机中的光线的强度。光圈数值越小,则进光量越多;反之,则越少。景深数值越大,采集的图像中包含的背景信息就越多;反之,则越少。光圈和景深成正相关的关系,光圈数值越小,景深数值就越小;反之,则越大。如图 5-1-5 所示,镜头除满足成像光学要求外,其物理接口要与所选择相机的接口一致。

图 5-1-5　相机镜头

3）图像采集卡

图像采集卡（见图 5-1-6）通过控制相机的工作模式、触发方式等来实现图像数据的采集，同时，图像采集卡还是相机和工业控制计算机（industrial control computer，ICC）之间进行数据交互的媒介。

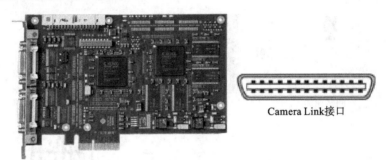

Camera Link接口

图 5-1-6　图像采集卡

图像采集卡的选择主要有如下的 6 个指标。

（1）总线接口。总线接口是图像采集卡和工业控制计算机之间的接口，总线接口主要基于 PCI，如 PCI、PCI-X 和 PCI-Express（PCI-E），其中，PCI-E 2.0 x1、x2、x4、x8、x16 的传输速率可分别达到 512 MB/s、1 GB/s、2 GB/s、4 GB/s、8 GB/s，PCI-E 3.0 x16 的传输速率可达到 16 GB/s。采集卡的数据传输速率是其关键指标。

（2）相机接口。相机接口是图像采集卡和相机之间的接口，根据不同的相机类型来选择不同的图像采集卡，即模拟相机选择模拟采集卡，数字相机选择数字采集卡，其中，数字采集卡主要是 Camera Link 接口，该接口又分为 Full（4.8 Gb/s）、Medium（3.6 Gb/s）和 Base（1.8 Gb/s）这三种模式。

（3）时钟频率。图像采集卡的时钟频率应该不小于相机的时钟频率，以确保采集卡和相机的同步性。

（4）内存大小。图像采集卡的内存起着缓冲存储的功能，空间越大，则缓存能力就越强。

（5）图像处理方法。图像采集卡上应该具有基本的图像预处理方法，如灰度变换、亮度补偿、背景校正

（6）I/O 接口。图像采集卡的 I/O 接口应该具有接收外部控制信号（如触发）的功能。

4）光源系统

光源系统的设计需要综合考虑相机的光谱响应特性、被测物体表面的颜色（色相）和光滑度（镜面反射、漫反射）等因素。一个好的光源系统不仅能够提供稳定、均匀和足够的照度，而且还要尽可能地增强被测物体中的前景与背景之间的差异性和对比度（如被测物体表面缺陷区域），以凸显出目标，进而提高成像的质量。

在机器视觉系统的实际应用中，根据相机和光源的相对位置，光源系统照明方式

可以分为明场照明和暗场照明,如图 5-1-7 所示。由于正常的被测物体表面图像的灰度和纹理比较均匀且无突变,因此其对光的反射和散射性能也具有一致性,而当被测物体表面存在缺陷时,缺陷区域会改变光的运行方向,使得采集到的表面图像存在着与正常表面图像不一样的突变区域。

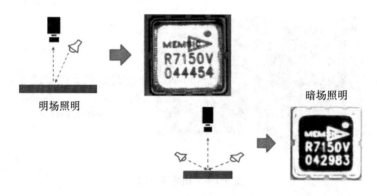

图 5-1-7　光源系统照明方式

当被测物体表面缺陷为吸收光线的类型时,适合采用明场照明方式。如果被测物体表面没有缺陷,则照在被测物体表面的光线将全部反射到相机中,此时采集到的图像是亮背景;如果被测物体表面有缺陷,则入射光线会在缺陷处被吸收,造成进入相机中的光线减少,此时采集到的图像是亮背景、暗缺陷。对于吸收光线类型的表面缺陷,如果采用暗场照明方式,则图像将整体呈现暗色,无法凸显出被测物体表面缺陷(前景)。

当被测物体表面缺陷为散射光线的类型时,适合采用暗场照明方式。如果被测物体表面没有缺陷,则进入相机中的光线极少,此时采集到的图像是暗背景;如果被测物体表面有缺陷,则入射光线会在缺陷处发生散射或漫反射,造成进入相机中的光线增多,此时采集到的图像是暗背景、亮缺陷。对于散射光线类型的表面缺陷,如果采用明场照明方式,则图像将整体呈现亮色,同样无法凸显出被测物体表面缺陷(前景)。

5)(同步)触发器

对于线阵相机来说,当相机的采集速度(行频)小于被测物体的运动速度时,采集到的是"压缩"的失真图像;当相机的采集速度大于被测物体的运动速度时,采集到的是"拉伸"的失真图像;只有当相机的采集速度和被测物体的运动速度匹配时,采集到的才是正常的图像。由于被测物体生产线不可能保持绝对的匀速运动,因此需要采用行触发器(编码器)来确保相机的行频和被测物体的运动速度相匹配,以便于得到不失真的被测物体表面图像。同时,还需要采用帧触发器来控制每一帧图像的尺寸大小,便于得到尺寸大小相同的被测物体表面图像。另外,对于多个相机同步采集的情况,必须采用同步触发控制器来确保所有相机是在同一个时序下工作,并保证所有相机开始和结束的动作是完全同步的。

2. 传输模块

传输模块是机器视觉系统的数据传输通道和保证系统稳定、高效工作的基本前提，主要包括连接各个硬件设备的电缆。针对图像的采集、处理、存储以及数据交换和控制指令发出等操作，都是通过传输模块来保证其流水作业。其中，相机和图像采集卡之间可以采用 Camera Link 连接，这样不仅可以通过对图像采集卡的编程来实现对相机相关参数的设置和修改，而且 Camera Link 连接可以满足图像数据高速传输的需求。一般情况下，Camera Link 连接电缆的推荐长度为 3～10 m，当超过这个范围时，可以使用光端机和光纤适配器来进行中继传输。

3. 计算机处理系统

通常机器视觉系统中的图像处理实际上是一个海量数据的处理过程，对计算机的 CPU、内存和系统时钟都有很高的要求，因此在图像处理的计算机选型中必须考虑采集图像的大小、系统对图像处理最小时间要求，如果处理数据量太大，可选用四核或者八核的 CPU，必要时还可以考虑选用带 GPU 的独立显卡等。

4. 显示模块

显示模块通过显示器来对被测物体表面图像的采集和检测过程进行实时显示，尤其是当有表面缺陷的图像出现时，能够实时显示表面缺陷的位置、类型和相关特征参数，使得操作人员能够实时监控和了解被测物体生产线的运行状况，及时发现被测物体的质量问题并做出相关决策。

5. 存储模块

存储模块通过缓存器和（海量）存储器来对采集和处理的被测物体表面图像（数据）进行缓存和存储。操作者通过对存储的被测物体表面缺陷图像进行统计分析来确定表面缺陷的产生原因，为调整和完善被测物体生产工艺和被测物体的质量检查方法提供参考和数据支撑。

5.1.3　机器视觉系统的算法设计与软件开发

机器视觉系统的软件部分是整个机器视觉系统的核心。技术人员需要设计结构合理、层次明晰的软件系统来管理和调配所有的硬件设备，同时还需要设计快速、准确和稳定的图像检测方法来对被测物体表面缺陷图像进行处理和分析，从而使得整个机器视觉系统高效、有序地运行。如图 5-1-8 所示的机器视觉系统的软件架构图，被测物体表面缺陷图像的筛选、分割和分类等检测方法的程序化实现是其关键环节。

为了确保机器视觉系统的正常工作，相机和图像采集卡之间的数据传输速率要大于相机的采集速率，图像采集卡和工业控制计算机之间的数据传输速率要大于相机和图像采集卡之间的数据传输速率，检测方法对被测物体表面图像的处理速度要大于图像采集卡和工业控制计算机之间的数据传输速率，否则就会造成大量图像数据（流）的堆积，产生丢帧而引起被测物体表面图像的漏检，甚至造成内存溢出而使机

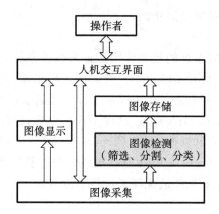

图 5-1-8　机器视觉系统的软件架构

器视觉系统崩溃。因此,可以将被测物体表面缺陷图像检测方法分为在线处理和离线处理两个部分,其中,在线处理采用实时处理和准实时处理相融合的流水作业方式,如图 5-1-9 所示。被测物体表面图像的预处理和筛选必须在线实时完成,以便及时地发现并标记被测物体表面缺陷图像,而被测物体表面缺陷图像的分割和分类等操作,则可以放到在线准实时环节来处理,分类器的训练则可以放到离线环节来处理。

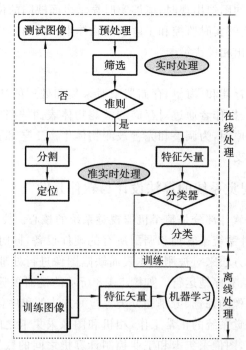

图 5-1-9　被测物体表面缺陷图像检测方法的流程示意图

　　基于上述分析,实时处理环节的检测方法必须具备简单、快速的特点,以匹配被测物体表面图像(数据)源源不断的特点;准实时处理环节由于处理的是经过筛选的被测物体表面图像(数据),其数据量会大大减少,因此可以有更充足的时间与资源来采用较为复杂的检测方法以提高被测物体表面图像检测的准确度。通过采用实时和准实时、在线和离线的分层(图像数据)处理模式,可以对检测系统的硬件计算资源进行合理的分配和利用,这一处理模式兼顾了海量被测物体表面图像(数据)在线处理的高效性(速度)和准确性(精度)的要求。

5.1.4　机器视觉系统的硬件安装与软件调试

机器视觉系统与其他工业自动化系统项目一样,都应该严格遵循工程项目的安装调试步骤,由于机器视觉系统涉及光、机、电领域以及计算机等,因此可根据硬件选型和算法设计来搭建,调试后上线运行。具体步骤如下:

(1)按设计前选定的安装位置,完成机械和电气系统的安装、模块与所有重要的供应(例如压缩空气、电力等)管线的连接。所有的机械、电气安装应使用紧固螺钉和其他固定措施(例如收缩管或胶带),以免检测设备在生产过程中发生振动和松动。

(2)对相机的位置进行校正、调整光学系统的机构。

(3)检查所有接口,例如数字量输入和输出接口、用于触发的启动器接口、与PLC的通信接口、机器人接口、线性轴接口、大型计算机接口、数据库系统接口等。

(4)使用少量的工件变量对光学系统进行手动和自动操作、图像采集与系统测试。

(5)光、机、电以及图像处理联动测试,此时应详细记录图像采集质量以及对测试结果的评估。

(6)系统试运行,将运行结果与系统设计的要求的结果比较,如果有差距,则对系统进行调整、对软件算法进行优化,直到满足设计要求。

(7)系统正式运行,用户使用培训,组织文档交付,正式验收。

5.2　机器视觉技术的典型应用案例

本节将介绍编著者所在团队开发或研究的几个机器视觉技术应用案例,每一个单独作为一个项目,针对相关需求建立机器视觉检测或测量系统。

5.2.1　浮法玻璃表面质量在线检测技术及系统

1. 需求分析

随着生活质量的不断改善,人们对产品质量的要求也在不断提高,高标准、零缺陷的趋势逐渐增强。基于机器视觉技术以计算机代替人眼完成对产品质量的检测和控制的缺陷检测方式,不但具有较高的检测精度,而且提高了生产的柔性和自动化程度,成为企业提高产品质量的重要手段和必然趋势。而基于机器视觉技术的玻璃缺陷检测系统的运用解决了传统人工检测方式的易疲劳、效率低的问题,在浮法玻璃生产车间高温、多尘的生产环境中更能发挥优势,保护了工人的身体健康。这对国内相关的玻璃生产企业来说,提供了一个新的产品质量保障工具,对促进企业改善产品质量水平,提高产品市场竞争力有极为重要的意义。

在基于机器视觉的浮法玻璃缺陷在线检测方面,国外已经处于领先的地位。早在 20 世纪 90 年代初,国外就已经出现了相关的研究,因此,相应的检测系统也要比国内成熟。尽管国内也出现了玻璃缺陷视觉系统的生产单位,但是还处于起步阶段,生产的视觉系统准确度低、算法鲁棒性差,赶不上同类的国外产品,导致国内玻璃生产线所用的视觉检测设备主要依赖进口。一方面,进口设备价格高昂,提高了企业生产成本;另一方面,检测设备维护升级及售后服务的滞后,也给玻璃生产企业的生产带来了影响。因此,如何提高国内视觉系统的性能,对于打破国外厂商的技术垄断,提高我国玻璃生产线的自动化水平以及企业的整体效益,具有重要的现实意义。

从现有的浮法玻璃缺陷检测系统看,主要是在生产线的冷端以分布式方式布置,通过玻璃的光学变形来捕捉缺陷的位置,其系统框架结构已相对稳定,硬件设备已不是左右检测系统性能差异的主要因素,检测系统性能的优劣主要体现在缺陷检测识别算法的有效性上。而检测算法又是整个检测系统的核心,其设计的好坏直接关系到缺陷在线检测的精度和速度能否满足要求。优秀的检测和识别算法不仅可以实现缺陷的快速定位和识别,具有较低的误判率,还能最大限度地减少对硬件系统的依赖。从现有的资料来看,国内缺陷识别算法往往采用图像处理中的线性区域处理技术,经过经典的图像处理方法(比如滤波、锐化、分割),然后对目标缺陷进行提取和识别,依据的特征主要是几何特征或与形状相关的统计特征。这种方法环节多、时间长,容易受干扰,导致鲁棒性和适应性差。当前,模式识别领域存在着一些先进算法,比如支持向量机、小波分析、信息融合等,这些算法在缺陷提取和识别上受形状和干扰的影响较小,具有较好的稳定性。因此,如何把这些先进算法同现有的算法相结合,开发出先进高效的检测识别算法,对提高国内玻璃检测视觉系统的品质,促进机器视觉技术在工程中的应用都有重要的现实价值。

2. 硬件选型

要实现玻璃全检必须将玻璃的实时图像全部采集,且能够实现无缝连接。线阵相机采用扫描成像,在流水线生产中能够做到全扫描,所以这里采用线阵相机。识别精度要求为 0.2 mm,可确定系统的采集精度为 0.1 mm,即 0.1 mm/pixel(转换为数字图像后),则整副玻璃的像素数为 48000 个。目前市面上常见的线阵 CCD 相机的 CCD 个数最大为 8000,所以应考虑使用多台相机联合检测。另外,玻璃颜色均一,相机只需考虑灰度差异,因而选用灰度相机即可,无须彩色相机。线阵相机存在最大采集频率,记为 g_{max},待测物的运动速度在分辨率的约束下应满足:

$$g_{max} \geqslant \frac{v_{max}}{s} \tag{5-1}$$

式中：$v_{\max}$ 为待测物的最大运动速度，mm/s；s 为分辨率，mm/pixel。玻璃生产的最高速度为 250 mm/s，现分辨率为 0.1 mm/pixel，则要求最高采集频率为 $g = 2500$ pixel/s。

综上，使用 8 台 6K 像素相机可以满足精度和范围需要。玻璃检测中，当玻璃生产速度达到最高值时，采集数据量最大为 122.88 Mbyte，而一台相机配置一块采集卡，所以要求单块采集卡传输带宽为 15.36 Mbyte。

3. 软件及算法描述

1) 软件主界面构成

如图 5-2-1（见书末）所示，主界面主要分为 6 个主要部分：

① 标题栏，主要显示系统名称等信息。

② 工具栏，包含所有系统操作命令功能。

③ 玻璃带，显示模拟玻璃以及缺陷的检测结果。

④ 相机状态，通过指示灯的形式显示当前相机的状态，鼠标移动到相应指示灯位置，能看到当前相机的工作温度。

⑤ 图例，显示了缺陷和玻璃板等级示例信息，表示缺陷种类对应的形状、核心尺寸对应的颜色以及玻璃板等级对应的名称和颜色，只有勾选了的缺陷才会显示在玻璃带上。

⑥ 系统信息，包括单个选择缺陷详细信息、玻璃统计信息以及 MDPT 曲线三个页面，单击玻璃带上的缺陷，在缺陷页面中将显示当前选中缺陷的详细信息，如图 5-2-2（见书末）所示。

此外，在玻璃带区域双击已经裁切好的玻璃示意图，会弹出当前玻璃详细信息，如图 5-2-3（见书末）所示。

2) 主要算法

玻璃生产中，气泡、夹杂缺陷是严重缺陷，直径大于 0.5 mm 的气泡和夹杂必须检测出。气泡、夹杂等缺陷图像如图 5-2-4 所示。可以看出，缺陷的中心位置因折射影响导致灰度值变低，而在中心的四周有明显的发亮区，这是由光畸变引起的。这些是气泡、夹杂缺陷的本质特征表现。为了便于特征提取和查找物体，必须将气泡、夹杂这两种特征分割出来。另外，在生产过程中，由于工艺的需要，在玻璃幅面的两边有滚花边，检测时也需要将其分割出，并计算距离。

（1）边缘提取。

玻璃生产中的边缘图像如图 5-2-4（a）所示。中间黑色为滚花，滚花左边为正常玻璃图像，滚花右边图像的六分之一处有一条明显黑线，它是玻璃版面的切边，切边以右为无玻璃区。可以看出滚花边缘的折射十分明显，反映在图像上为明暗相间的灰度；畸变特征明显，有高于四周的亮色区域。但由于生产现场积灰现象严重，当光源积灰较重时玻璃平面成像灰度值与滚花边比较接近。因此必须考虑整体灰度降低后的边缘检测。

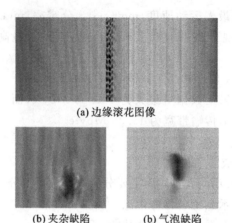

(a) 边缘滚花图像

(b) 夹杂缺陷　　　　　　(b) 气泡缺陷

图 5-2-4　缺陷示例

滚花边在灰度上表现为明暗相间的花纹,取原始图像中的一行进行分析将面临随机出现明或暗的灰度。考虑到滚花边图像黑色占主要成分,而正常玻璃图像灰度值在纵向基本保持一致,可以取一幅完整的含滚花图像,在纵向做平均,然后对平均后的一维图像进行分析。平均算法计算式为

$$f(x,y) = \frac{1}{H}\sum_{m=0}^{H-1}f(x,y_m) \tag{5-2}$$

平均后的玻璃图像如图 5-2-5(a)所示,可以看到图像整体灰度平均,在滚花和切边处灰度值明显下降,且图像灰度主线上含高低不等的噪声,但噪声的幅值较小。可以考虑先滤波再根据一阶差分来寻找边缘。但光源减弱后,整体灰度下降,此时噪声和滚花边缘灰度分布接近,边缘不易检测出。为克服此问题,本案例用横向求取平均灰度,再根据此灰度对一维图像进行滤波的方法求边缘,边缘查找过程如图 5-2-5 所示。横向平均灰度为

$$ave = \frac{1}{M}\sum_{i=0}^{M-1}f(x_i,y) \tag{5-3}$$

选定一个滤波窗,在此窗内求取最大、最小值,若最值之差大于 $f(ave)$($f(ave)$是关于均值的阈值函数),则认为窗内图像是边缘区域,并且对窗内图像赋值为 255;小于 $f(ave)$则认为窗内图像是正常玻璃区域,对窗内图像赋值为 0。如此滤波后的图像可以将边缘分割出来。滤波前及滤波后的一维图像灰度分布分别如图 5-2-5(b)、(c)所示。从图 5-2-5(c)可以看出滤波后的滚花边缘计算值为:起始位置 2738,切边 3416。而在 5523 位置有一个峰值,这是因为选取 $f(ave)=ave/3$,而在 5500处噪声差值≥ave/3。经过光源调整和阈值函数处理,令 $f(ave)=(ave+9)/3$ 可以消除此问题。

(2) 正负差影算法。

从图 5-2-3 可看出气泡、夹杂图像中心为暗色,四周为亮色。而标准的玻璃图像

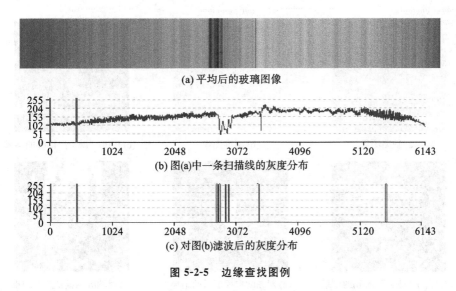

(a) 平均后的玻璃图像

(b) 图(a)中一条扫描线的灰度分布

(c) 对图(b)滤波后的灰度分布

图 5-2-5　边缘查找图例

没有暗亮之分。将标准图像"减去"含缺陷的图像,可以将缺陷核心分割出来,即正差影。记标准图像为 $f_s(x,y)$,采集图像为 $f(x,y)$,则正差影为 $f_p(x,y) = f_s(x,y) - f(x,y)$。用缺陷图像"减去"标准图像,将灰度值高的部分分割出来,即负差影,则负差影可表示为 $f_n(x,y) = f(x,y) - f_s(x,y)$。

　　正负相减的图像仍为灰度图。为了便于查找物体,需将灰度图二值化。由于缺陷的灰度分布由中心至四周逐渐减弱,四周又出现亮色畸变,因此应选择合理的阈值将缺陷的核心尺寸分割出来。可以根据缺陷中心灰度及畸变灰度建立相应的成像机理,从而确立阈值函数,利用阈值分割缺陷。在实践中,由于积灰、相机采集等原因,阈值一般都根据目测结果采用估计值,并且正负差影的阈值各不相同。分别记正、负差影取阈值后的图像为 $f_{tp}(x,y)$ 和 $f_{tn}(x,y)$。正、负差影及其取阈值后的图像如图 5-2-6 所示。

　　(3) 玻璃缺陷的特征提取。

　　由于光畸变的影响,预处理图像不仅仅将中心核心部分分割出来,四周的浅色畸变区也被分割出。二值化后的图像中核心部分的面积大,而畸变面积小。如图 5-2-7 所示,气泡、夹杂等明显缺陷又有若干形态。图(a)所示为一幅透明夹杂的实际图像。从正差图(a-1)可以看出,阈值将其分割成两块,然而实际中只应该取较大的白色块计算长径。对图(b)而言,气泡被拉成了长椭圆,而且气泡中间有明显的中空。从经过分割后的图(b-1)看到,白色核心块的中间有一个黑块,为中空所致。图(c)所示为一伴生气泡图像,气泡大小大致相等。看图(c-1),白色块为两个,面积基本相等,长径基本相等。计算此类缺陷时需将其分为两个缺陷来统计。另外,从图(a-2)、(b-2)、(c-2)可以看到负差图像经过阈值化后,将畸变比较完整地分割出来了。但畸变范围较大,分布散乱,没有规律性。小气泡图像见图(d),图中气泡黑点十分明显,

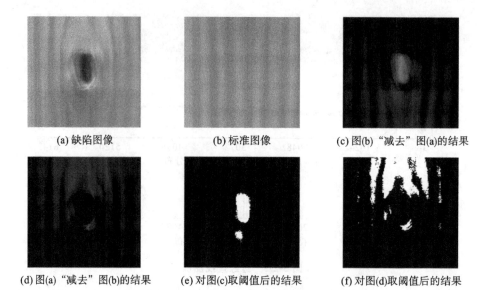

(a) 缺陷图像　　　　　(b) 标准图像　　　　　(c) 图(b)"减去"图(a)的结果

(d) 图(a)"减去"图(b)的结果　　(e) 对图(c)取阈值后的结果　　(f) 对图(d)取阈值后的结果

图 5-2-6　正、负差影及其取阈值后的图像示例

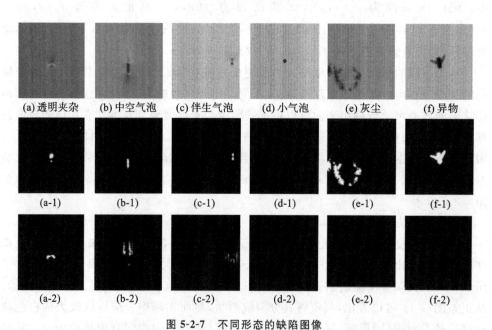

(a) 透明夹杂　(b) 中空气泡　(c) 伴生气泡　(d) 小气泡　(e) 灰尘　(f) 异物

(a-1)　　　　(b-1)　　　　(c-1)　　　　(d-1)　　　　(e-1)　　　　(f-1)

(a-2)　　　　(b-2)　　　　(c-2)　　　　(d-2)　　　　(e-2)　　　　(f-2)

图 5-2-7　不同形态的缺陷图像

(第一排为原始图像,第二排为正差影取阈值后的图像,第三排为负差影取阈值后的图像)

然而畸变却几乎没有。图(d-2)所示的负差图像中就没有分割出畸变块。对于图(e),灰尘面积较大,且分割出多个物体。而图(f)所示为一个落于玻璃表面的异物,只有一个物体,没有形状特征。小气泡、灰尘和异物的负差图像经过阈值化后的畸变不明显,如图(d-2)、(e-2)、(f-2)所示。

　　综上所述,可以知道玻璃内部的真实缺陷和玻璃表面的虚假缺陷区别标志为正差图像是否有畸变。对于气泡和夹杂而言,气泡缺陷核心一般为圆形,比较大的气泡中空。夹杂缺陷形状不固定,且分割出较小的畸变块。在分割不出畸变的三类缺陷中,小气泡为真实缺陷,在实际生产中多以单个小气泡形式出现,形状为圆形。而灰尘是由于生产过程中,设备振动或其他原因落到玻璃表面所致。它通常为多个物体,不均匀分布。异物是一些不规则物体,形状不唯一。

　　由玻璃生产的过程可知,气泡往往会在玻璃向上行走时被拉为椭圆,在分割出的图像上,其长径可用缺陷色块的最大 y 坐标值与最小 y 坐标值之差来表示;气泡为圆形时,则可表示为最大 x 坐标值与最小 x 坐标值之差。而夹杂缺陷由于形状不唯一,不易确定长径,根据气泡的确定方法,取 x、y 方向上较大的差值作为长径。记长径为 l ,则

$$l = \max(l_x, l_y) \tag{5-4}$$

式中: l_x 为 x 方向夹杂物体长度; l_y 为 y 方向夹杂物体长度。

　　玻璃生产中产生的线状物细小均匀,且多在玻璃行走方向上产生。取长宽比表示直线特征:

$$\text{rate} = l_y / l_x \tag{5-5}$$

　　夹杂外形任意,如图 5-2-8(a)所示,而气泡为圆形或椭圆,当玻璃行走速度比较快时,气泡在玻璃向上行走时被拉成椭圆,如图 5-2-8(b)所示。大气泡中部有明显的中空现象,如图 5-2-8(c)所示。为表征缺陷核心与圆形的相似程度,采用圆形度来描述,记为 rou,其计算公式为

$$\text{rou} = c^2 / 4\pi \cdot \text{area} \tag{5-6}$$

式中: c 为缺陷物体周长;area 为缺陷物体面积。

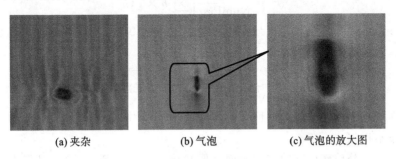

(a)夹杂　　　　　　　(b)气泡　　　　　　(c)气泡的放大图

图 5-2-8　夹杂和气泡图例

　　在玻璃中的夹杂一般为不透光物质,其缺陷核心处图像均为黑色,如图 5-2-9(b)所示。夹杂缺陷灰度值由核心到四周呈阶跃变化,如图 5-2-9(d)所示。而气泡缺陷核心处一般为黑色,由正中心向四周灰度值逐渐变大,且变化平缓,过渡区明显,如图 5-2-8(c)所示。可知,夹杂缺陷与标准图像的灰度相差大,而气泡的则较小。这里定义缺陷核心区域的平均灰度差为 aveA,则

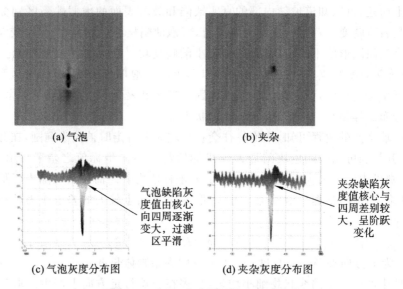

图 5-2-9　气泡、夹杂缺陷核心灰度分布

$$\text{aveA} = \frac{1}{\text{areaH}} \sum_{\substack{i=0 \\ j=0}}^{\substack{j=n}} h_{ij} \tag{5-7}$$

式中：h_{ij} 为缺陷核心区域的正差图像灰度值（没有阈值化）；areaH 为缺陷核心区域面积。

同理，为判断灰度值的离散程度，这里引入标准差的特征。定义缺陷核心的绝对灰度值的数学期望为

$$E = \frac{1}{\text{NumPixel}} \sum_{h=0}^{255} h \times g(h) \tag{5-8}$$

式中：NumPixel 为缺陷核心区域像素个数；h 为灰度等级，$g(h)$ 为相应灰度等级像素的个数。则标准差表示为

$$\text{stddif} = \sqrt{\frac{1}{\text{NumPixel}} \sum_{h=0}^{255} (h-E)^2 \times g(h)} \tag{5-9}$$

标准差越小说明缺陷核心区域的灰度值比较平均；反之，则说明缺陷核心区域的灰度分布不均匀。

畸变是区分玻璃内部缺陷和表面虚假缺陷的明显特征，但检测过程中一般都不需要知道玻璃发生畸变的程度。因此，本项目设置玻璃畸变为无，用 bDistort 表示。对中空的气泡，中空的面积无须知道，其特征值也为无，用 bHollow 表示。

小气泡和虚假缺陷都无法分割出畸变，但灰尘在小范围内分割出多个物体，具有个数多、分布集中的特征。异物产生概率很小，且形状不唯一，面积也一般较大。为了找到真正的核心并去掉灰尘，本项目设置了气泡从属特征，记作 bBelong。当对正差影取阈值后的图像查找到较大缺陷，同时在大缺陷四周含小缺陷时，如果小缺陷的

面积远小于大缺陷的,且纵横向位置距大缺陷很近,则认为这个小缺陷是大缺陷分割出的伪核心,与之对应的大缺陷则设置特征 bCore,表示为真正核心。

　　然而灰尘也含核心和从属特征。由于其没有畸变,因此容易去除。但为了减少查找缺陷的复杂度,在区域内判断为灰尘的缺陷置特征 bDust。由于玻璃导辊上的异物会使玻璃下表面产生滚伤缺陷,其特征是沿 y 方向有连续的小划痕,因此为了识别出此类缺陷,设置其特征为 bLine。这些特征均对缺陷核心区域进行统计和分析,本项目统一称之为邻域特征。为了区分灰尘、线道,提取小气泡和提取邻域特征,本项目设计了如图 5-2-10 所示的提取算法。

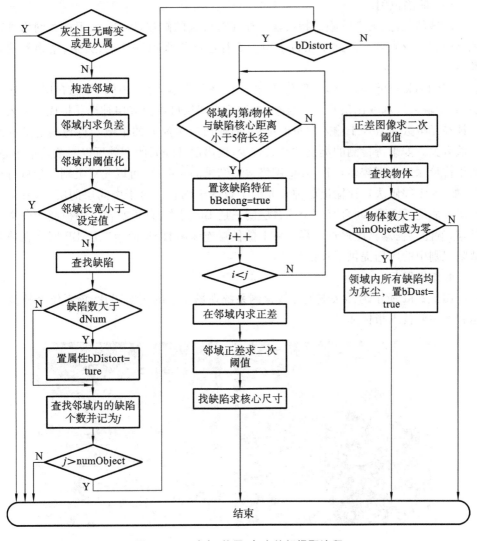

图 5-2-10　畸变、从属、灰尘特征提取流程

图 5-2-10 所示流程中使用了二次阈值,由于第一次预处理时取较小阈值,不能完全分割出核心尺寸,因此,在邻域内查找缺陷后若发现含从属缺陷,则采用二次阈值分割出更加准确的核心。本算法的输入为第一次查找预处理图像后的缺陷排列,缺陷根据面积大小已经排序完成。邻域指的是以缺陷核心位置为中心,正、负 256 像素的正方形区域。若玻璃缺陷大于此区域,即产生了极大缺陷,则可以判定整块玻璃为废品。缺陷在第一次查找完后其 bBelong、bCore、bDust、bLine、bDistort、bHollow特征均赋值为 FALSE。进入特征提取流程,满足条件的特征就相应赋值为 TRUE。如此反复,直至所有缺陷特征都已赋值。

（4）缺陷识别。

玻璃的气泡、夹杂缺陷的特征输入往往有较大的缺损、畸变,采用神经网络处理此类问题十分有效。因此本项目采用人工神经网络来识别气泡、夹杂、粘锡等缺陷类型。

BP（back propagation，反射传播）神经网络分为输入层、中间层（隐含层）和输出层,其中输入层和输出层只有一层神经元,而中间层可以由多层神经元构成。输入层的神经元个数通常等于输入向量的维数,而输出层神经元的个数与待检测的类别的个数有关。如果待检测的类别的个数较少,输出层神经元的个数可以与该数量相等;如果待检测的类别较多,为了降低网络输出结果的复杂度,可以先对类别数量进行编码（如 8421 编码法）,让输出层神经元的个数等于码长。对于中间层的层数,有人给出了万能逼近定理,即含有一个隐含层的三层 BP 网络,只要隐含层的神经元的个数足够,就能以任意精度逼近有界区域上的任意连续函数,从而给三层 BP 网络在玻璃缺陷识别中的应用提供了理论基础。

4. 结果展示

图 5-2-11 所示为浮法玻璃在线检测系统现场安装的实物图片,该系统经检测可达到的主要技术指标如下。

图 5-2-11　浮法玻璃在线检测系统现场安装

(1) 检测速度(生产线运行速度):可满足最高生产速度 60 m/min。

(2) 适应玻璃厚度:3~25 mm。

(3) 缺陷漏检率:≤2%。

(4) 检测版宽:0~4800 mm,可根据用户需要通过增加图像处理模块扩展。

(5) 最大检测精度:0.2 mm(缺陷核心尺寸),并可由用户根据需要调整检测精度。

(6) 能对玻璃进行准确分级、打标,打标准确率大于 99%。

(7) 能为生产管理提供质量反馈信号,具备多检测设备的联网能力。

表 5-2-1 所示为本系统检测结果和人工检测结果的对比。从表中可以看出,本系统检测结果整体上都要好于人工检测的结果,而检测效率要远远高于人工检测,这就大大提高了浮法玻璃生产的自动化水平。

表 5-2-1　本系统和人工检测的检测结果对比

缺陷厚度/mm	系统检出缺陷数/个	人工检出缺陷数/个	误检率/(%)	漏检率/(%)
4	200	199	0.50	0
5	206	207	0	0.48
8	150	149	0.67	0
10	180	180	0.00	0
12	140	139	0.71	0

5.2.2　印刷质量在线检测技术及系统

1. 需求分析

随着人们生活水平的不断提高,各种不同的印刷品越来越多地出现在人们的生活当中,其印刷也越来越精美。印刷领域里广泛采用的印刷技术有胶版印刷、凸版印刷和凹版印刷等。目前对高速生产线(速度>100 m/min)上印刷品质量的检测主要可分为两类,一类是对产品包装材料印刷图像的缺陷检测,常见印后缺陷主要有套色误差、针孔、颜色失真、油墨溅污、黑点、文字模糊、起皱、漏印、刮伤、错位等;另一类是对票券类印刷中的字符、号码、条码的缺损检测与识别,主要缺陷包括漏印、重印、模糊不清、笔画或条码缺损等。

目前国内绝大多数印刷企业所用的质量检测手段如下:对于套印偏差,采用光电探测器进行在线检测,但只能检测纵横向偏差;对于墨色和刮刀线,利用人眼离线检验;对于印刷质量问题,通过单相机间隔采样,供操作人员观察。以上方法存在的问题包括:①离线检测出印刷质量问题时,成堆的印刷品已成为废品;②间隔采样对操作人员而言,由于频闪灯的使用易出现视力疲劳,从而导致误判断;③印刷幅面宽度从 300 mm 到 1000 mm 不等,通常由一个摄像头来回移动进行间隔采样,无法满足实时检测的要求。而且与静止图像采集相比,高速图像采集容易产生以下问题:出现软件和硬件延迟；观测对象位置不确定；照明不充分；存在噪声干扰；等等。这些问题严重影响了机器视觉系统的检测能力，因此研制快速、可靠和准确的鲁棒机器视觉检测技术，是在高速印刷生产线上提高产品质量、降低检验成本、提高生产效率的迫切要求。对于此类微小尺寸的精确快速测量、图案模式的快速匹配和颜色的快速辨识等视觉检测问题，用人眼根本无法连续稳定的进行，其他物理量传感器也难有用武之地，计算机的快速性、可靠性、结果的可重复性，与人类视觉的高度智能化和抽象能力的结合而形成的机器视觉自动检测技术，就成为印刷质量在线检测技术的必然发展趋势。

近年来，对相关理论的研究与系统开发已成为各国机器视觉技术的研究人员与印刷设备制造商的紧迫工作。目前在印刷质量在线检测系统的研制与开发方面，国外企业走在前面。当前市场上应用的高端印刷质量检测系统基本上都是日本、美国、以色列、加拿大等国企业的产品，国内开发并成功应用的只有北京大恒图像推出的人民币号码在线检测系统、上海利盟德有限公司开发的高速字符/条码在线识别系统，以及洛阳圣瑞开发的 EE9200 印刷质量在线检测系统等。因此，为了提高国内中小型印刷企业的生产自动化水平和印刷产品质量，对印刷质量在线检测方法与技术进行研究，并开发出经济实用的印刷质量在线检测系统，是对国内广大科研工作者的迫切要求。

2. 硬件选型

图像采集装置中采用了一台或多台 Teledyne DALSA 公司的线阵相机，相机为根据印刷品类型不同而采用的彩色或黑白相机。在印刷质量在线检测系统中，镜头选择除了要跟相机接口匹配外，最主要的是畸变要小，光谱分布范围要适当地宽一些，尽量在条件许可下采用较短的焦距和物距，以保证照明强度和减少环境光影响，分辨率要能够保证检测精度要求，尽量采用定焦镜头，光圈可以采用手动光圈以降低成本。

图像采集卡的主要功能是对相机所输出的视频数据进行实时采集，并提供与计算机相连的高速接口。在为机器视觉系统选择图像采集卡时，需要重点从匹配相机类型、相机控制功能、数据处理能力、配套软件情况等方面来考虑。本检测装置中采用了与 DALSA 线阵相机相匹配的 Coreco 公司的 Viper-Digital 图像采集卡，该图像采集卡为单 PCI 插槽的高质量视频采集和预处理卡，图像采样率高达 160 MB/s，8 个 8 位输入，支持多种数据格式（8 位、16 位、24 位、32 位），支持触发输入，选通信号输出和数字 I/O，可以实时地预处理、转移图像至系统存储器，基于 Windows 2000 的软件开发包支持 Microsoft Visual C/C++或更高版本。

3. 软件及算法描述

1）软件构成

以票据字符识别系统为例，其软件主操作界面如图 5-2-12 所示。由图可知，本界面包括 8 个部分：产品信息栏（A）、字符图像框（B）、产品信息设置栏（C）、印品批号

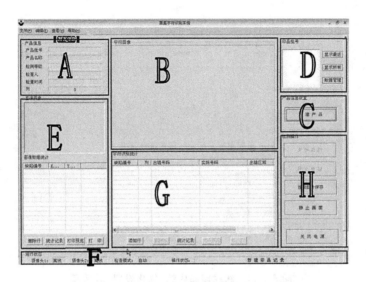

图 5-2-12　票据字符识别系统软件主操作界面

框(D)、套准框(E)、状态栏(F)、字符识别统计框(G)和检测操作栏(H)。

　　产品信息栏显示产品以下信息:产品批号、产品名称、检测等级、检查人、检查时间、列。字符图像框实时显示字符图像。票据字符检测同质量缺陷检测存在一定差异,主要是在新建印品时对检测区域和初始号码来源等方面的设置存在不同,下面重点介绍一下产品信息设置栏中有关功能的设置过程。

　　单击产品信息设置栏中"新建产品"按钮,弹出"检测设置"对话框,如图 5-2-13(见书末)所示。要新建一个印品,首先需设置印品信息。依次设置印品批号,印品名称,检查人,检查时间,检测等级,修正系数(印刷机上纸张左右窜动补偿),印品的版长、版宽和列数等参数。

　　然后单击"印品信息设置完成"按钮,再单击"加载图片"按钮,图像就显示在"检测设置"对话框上部的区域中。选定确定的图像,单击"左边距"按钮,单击图像中左右两边的绿色网格区域边缘的黄线,将图像拖动到合适的位置,使两黄线所夹区域为要检测区域的清晰图像。然后单击"设置"按钮,用鼠标十字线选定图像中要检测的字符,粗略选定后系统会自动弹出一个"优化设置"对话框,如图 5-2-14 所示,然后可单击"精确选择检测区域"按钮再次精选所要检测的图像区域。选定完成后,单击"浏览.."按钮,选择合适的字体文件路径,最后单击"优化设置"对话框中的"OK"按钮。依次重复上述过程,就可选定设置加载图像中的所有要检测的字符(注意:从左到右,一行行选定所有待检测的字符)。假如设置有误,可单击"重置"按钮,重新进行设置。

　　设置完毕后,单击"编码"按钮,弹出"号码来源"对话框,如图 5-2-15 所示。该对话框设置有两种方式:一种是设定起始号码和终止号码,一种是选择数据库来源。设定起始和终止号码就是设置当前印品号码的最大值和最小值,当然还需设置号码列数、号码行数和号码字符数。第二种方式就是选择号码的来源文件,然后设定起始号

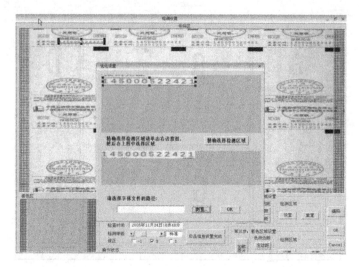

图 5-2-14　新建印品中的"优化设置"对话框

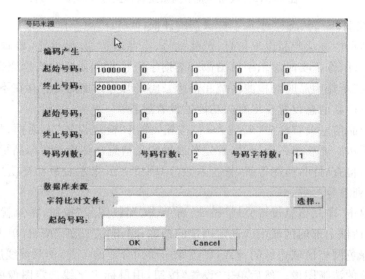

图 5-2-15　新建印品中的"号码来源"对话框

码。编码设置好之后,单击"检测设置"对话框中的"OK"按钮,新建印品过程就全部完成。

2) 图像算法

(1) 24 位真彩色位图图像的间接灰值化方法。

该方法首先产生一个 256 色调色板,先将 24 位位图转化为带调色板的 256 色位图,然后按照非真彩色位图图像灰值化方法进行处理。具体步骤如下:

①从 2^{24} 种颜色中采集 256 种调色板颜色。

因为调色板就是在 16 色或 256 色显示系统中由图像中出现最为频繁的 16 种或

256 种颜色所组成的颜色表,所以将 24 色位图转化为 256 色位图,实际上就是需要对颜色进行采样,找出 256 种颜色来组成 256 色位图的颜色表。

从理论上来讲,256 色应该从 2^{24} 种颜色中搜索采样而得到,需要建立一个长度为 2^{24} 的数组来存放颜色出现频率。但对这么大的数组进行处理需要大量空间和时间,因此需要利用采样取位的方法对数组长度进行压缩,但数组长度应该大于 256。

24 位位图中 R、G、B 分量分别占用一个字节,当每个字节分别取最高 1、2、3、4、5、6、7 位时,可组成的数组长度分别为 2^3、2^6、2^9、2^{12}、2^{15}、2^{18}、2^{21}。其中 2^3、2^6 都小于256,不满足采样要求;其他几种则都大于 256,但 2^{15} 及以上的数组长度都太大,采样效果不明显。所以,2^9、2^{12} 这两种采样长度比较适合。同时,因为图像颜色频率分布存在不确定性,可能会造成在各种频率分布的颜色中出现大量使用频率为 0 的颜色,甚至造成使用频率非 0 的颜色种类不足 256 种,所以要根据颜色频率分布情况和图像质量要求合理选择采样长度。当需要保持较好的图像颜色频率分布信息时,可以采用 2^{12} 的采样长度;当要求更好的图像处理实时性时,可以采用 2^9 的采样长度。

②产生 256 色调色板。

在通过对图像颜色采样后,取频率分布数组中频率较大的 256 种颜色组成 256色调色板,对频率分布数组里其他颜色,可分别用调色板中一种颜色近似代替,替代方法可以采用最小均方差法。

③生成 256 色位图图像。

扫描整个图像的每一个像素,取像素三个颜色分量的高位(位数由采样长度决定)组成一个整数,如果对应值在调色板中,直接将该索引值填入位图中。如果是频率分布数组里调色板之外的颜色,就把其近似的调色板中替代色索引值填入位图中,生成 256 色位图图像。

④对 256 色位图进行灰值化处理。

对于带调色板的非真彩色位图图像,位图中的数据只是对应调色板中的一个索引值,只需要将调色板中的彩色灰度化,形成新调色板,而位图数据不动,就能够达到处理图像的目的。在 256 色位图的调色板中,每一位的 RGB 值表示一种颜色,如果把调色板中每一位的 RGB 值都变成一样的,也就是说 RGB 值从(0,0,0)、(1,1,1)一直变化到(255,255,255),其中(0,0,0)表示全黑色,(255,255,255)表示全白色,中间其他值表示灰色,这样灰度图就可以用 256 色位图来表示了。每个像素灰度 Gray 的取值可以为像素颜色数据中的一个值(最大值、最小值、中间值)或其某个组合(如加权组合或平均值等)。根据对各个色彩分量的视觉效果的分析,采用 $0.3B+0.59G+0.11R$ 的加权组合所得的灰度图像效果最好。(注意:在彩色图像中除了色度信号 RGB 之外,还包括亮度信号(Y 信号),亮度信号代表影像的亮度变化,即黑白影像的亮度细节。实际的亮度信号就是由 30% 的红色加上 59% 的绿色再加上 11% 的蓝色混合而成的,因为人眼对红、绿、蓝三原色拥有不同的感受程度,这个经由不同比例的红绿蓝色所组合而成的 Y 信号恰好可以重现黑白影像的真实灰阶感。）

该算法因为在生成调色板时考虑了色彩使用频率,生成调色板时颜色信息做到了尽量减少损失,最后生成的灰度图像在颜色区域边缘过渡和整体灰度分布上较为自然。

图 5-2-16(a)(见书末)所示为一个 24 位真彩色图像,图 5-2-16(b)(见书末)所示为按间接灰值化方法得到的灰值化图像,从图中可以看出灰度分布均匀细腻,灰值化效果优良。

(2) 灰度图像的对比度增强。

灰度变换包括线性灰度变换和非线性灰度变换,其中线性灰度变换又分为线性变换和分段线性变换。线性变换主要用于处理曝光不足或曝光过度的图像或成像设备动态范围过窄造成的对比度不足的图像,增加图像细节的分辨率。分段线性变换主要用于对感兴趣灰度区间进行突出变换,对不感兴趣灰度区间进行抑止变换,如图 5-2-17 所示,最常用的是三段式线性变换,变换关系式为

$$g(x,y) = \begin{cases} \dfrac{c - \text{Min}(g)}{a - \text{Min}(f)}\big[f(x,y) - \text{Min}(f)\big] + \text{Min}(f), & \text{Min}(f) \leqslant f(x,y) < a \\[2mm] \dfrac{d - c}{b - a}\big[f(x,y) - a\big] + c, & a \leqslant f(x,y) \leqslant b \\[2mm] \dfrac{\text{Max}(g) - d}{\text{Max}(f) - b}\big[f(x,y) - b\big] + d\bigg], & b < f(x,y) \leqslant \text{Max}(f) \end{cases}$$

$$(5\text{-}10)$$

式中:$\text{Max}(f)$ 和 $\text{Min}(f)$ 分别是 $f(x,y)$ 的最大值和最小值;$\text{Max}(g)$ 和 $\text{Min}(g)$ 分别是 $g(x,y)$ 的最大值和最小值。

(a) 印刷灰度图像　　　　　　　(b) 分段线性变换后的图像

图 5-2-17　对比度增强效果

(3) 灰度图像的最佳阈值分割。

在图像的预处理过程中,阈值分割是图像增强后续的一个处理步骤,阈值分割的目的是把感兴趣的区域提取出来。对于印刷质量在线检测系统的图像处理,阈值分割的目的是把缺陷图像或者待识别的号码图像(目标)与背景图像区分开,方便后续

的缺陷提取与识别。为了提高算法的实时性,通常采取先进行灰度图像处理,得到背景与目标灰度分布区别明显的图像后再进行阈值分割的方法。本项目内容以票据号码印刷质量检测为例探讨其阈值分割问题。

图 5-2-18(a)所示为我们采集的一幅动态号码图像,像素是 168×56,采集条件是运动速度为 120 m/min,相机曝光时间为 220 μs。因为光源照明不太足,相机曝光时间设定比较长,所以可以明显看出图像中的号码显示较为模糊。图 5-2-18(b)所示为其灰度直方图,可以看出,图像的灰度分布在 170～250 的一个较窄范围内,这是由采集装置、照明环境、背景颜色等因素综合造成的。因为印刷过程中背景比较单一,所以采集到的图像中背景噪声并不是很大,但因为灰度分布范围较窄,故图像整体对比度不强。要进行字符号码识别,则需要首先对图

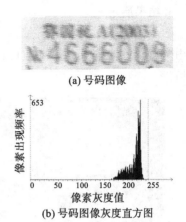

(a) 号码图像

(b) 号码图像灰度直方图

图 5-2-18　号码图像及其灰度直方图

像进行阈值分割,得到二值化图像。为了增强图像对比度,并且不引入新的噪声,我们对采集到的几幅图像首先进行了灰度拉伸和灰度均衡变换处理,但效果并不理想。

经过进一步的试验研究,我们发现对采集到的图像直接进行自适应阈值分割或最佳阈值分割,得到的效果并不比先进行图像增强处理的效果差。因此针对号码图像背景比较简单、采集图像灰度分布范围较窄的特点,设计了基于迭代运算的最佳阈值分割方法。算法具体步骤如下:

①计算图像中灰度(Gray)的最大、最小值 $G_{\max}$ 和 $G_{\min}$,(通常情况下 $G_{\max}=255$,$G_{\min}=0$,在本项目中所采集图像的灰度分布范围较窄,为 250～170),令初始阈值

$$T_0 = \frac{G_{\max} + G_{\min}}{2}$$

②利用初始阈值将图像分割成目标(object)和背景(background)两部分,再分别求出这两部分的平均灰度值 G_o 和 G_b。

③求出新的分割阈值,即

$$T_{k+1} = \frac{G_o + G_b}{2}$$

④如果 $T_{k+1} = T_k$,则迭代结束,否则令 $k=k+1$,转第②步。

图 5-2-19(a)所示为图 5-2-18(a)进行灰度均衡后的结果,图 5-2-19(b)所示为对图 5-2-19(a)再进行固定阈值分割后得到的结果,图 5-2-19(c)所示为对图

(a)

(b)

(c)

图 5-2-19　阈值分割效果比较

5-2-18(a)直接进行最佳阈值分割得到的结果。比较图 5-2-19(c)和图 5-2-19(b),明显可以看出采用最佳阈值分割方法得到的图像质量要好于灰度均衡加固定阈值分割得到的图像质量。

4.结果展示

图 5-2-20 所示为印刷质量在线检测系统在凹印机上安装的现场照片。该系统采用两套彩色线阵相机,采用上下位机的主从模式,实现现场采集与远程处理的架构。

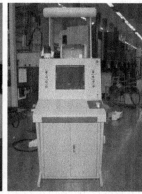

图 5-2-20　印刷质量在线检测系统安装现场

5.2.3　基于机器视觉的玻璃瓶在线检测系统

1.需求分析

具备漂亮的外表、良好的耐腐蚀性、良好的阻隔性、能循环使用等诸多优点的玻璃瓶占据了医疗、酒业、食品等行业产品包装的很大比重。但在制造玻璃瓶的过程中,流水线上的玻璃瓶经常会出现瓶口裂纹、破裂及瓶颈裂纹等缺陷,用这些缺陷瓶装瓶后,不管装入的是气体还是液体,瓶内外都将出现压力差,给生产过程带来巨大的安全隐患。

玻璃瓶成形过程中最为常见的成形缺陷如下:

(1)裂纹。裂纹是玻璃瓶最常见的缺陷,经常产生裂纹的部位是瓶口、瓶颈和肩部,瓶身和瓶底部也常有裂纹产生。

(2)厚薄不匀。这是指玻璃瓶上的玻璃分布不均匀。

(3)变形。

(4)不饱满。

(5)冷斑。玻璃表面上不平滑的斑块称为冷斑。

(6)突出物。这是指玻璃瓶合缝线突出或口部边缘向外凸出的缺陷。

(7)皱纹。皱纹有各种形状,有的是折痕,有的是成片的很细的皱纹。

（8）表面缺点。瓶罐的表面发毛、不平。

（9）气泡。

（10）剪刀印。由于剪切不良而残留在瓶罐上明显的痕迹，常常是裂纹的源头。

图 5-2-21 所示为几种常见的玻璃瓶缺陷。

(a) 瓶口缺陷　　　　　(b) 瓶底异物　　　　　(c) 瓶壁不合格

图 5-2-21　几种常见的玻璃瓶缺陷

玻璃瓶在生产过程中可能会出现各种缺陷，所以在投入使用前必须对玻璃瓶进行检测。现在各玻璃瓶厂商均配有质量检测部门，以控制次品率，最为常见的方法是人工检测，但是人工检测的效率低，检测的准确程度也无法保证。随着经济的快速发展，玻璃瓶生产流水线的生产速度也在加快，人工检测无法满足高速的生产要求，只能作为辅助的检测方法使用。因此开发玻璃瓶缺陷自动检测系统是非常必要的。机器视觉就是用机器代替人眼来做测量和判断，表 5-2-2 所示为人工检测与机器视觉系统检测的特点对比，可见机器视觉检测系统有着速度快、精度高、不易出错等诸多优点，因此研究基于机器视觉的玻璃瓶在线检测系统是十分必要的。

表 5-2-2　人工检测与机器视觉系统检测的特点对比

人工检测特点	机器视觉系统检测特点
速度极慢	速度快
精度低、易出错	精度高、不易出错
易疲劳、检测效果不稳定	检测效果稳定、可靠性高
对检测环境要求高	适用于多样化的检测环境
很难实现信息集成	方便实现信息集成
性价比较低	性价比高

本项目所设计检测系统的检测对象、检测内容及检测要求如下。

（1）检测对象：125 ml 中国劲酒瓶。生产线上玻璃瓶的传输速度为 13000 瓶/小时，系统的检测速度应该不小于该速度，并且系统要有较高的可靠性，能够长时间工作。

（2）检测内容：瓶口和瓶颈螺纹缺陷。瓶口、瓶颈部位可能会出现裂纹、瘤子、气泡、污渍等缺陷,检测标准为缺口面积≥0.5 mm²,裂纹长度≥1 mm,歪斜、塌陷、砂粒、玻璃瘤等面积≥0.5 mm²,瓶口外明显水珠挂壁面积≥1 mm²。

（3）检测要求:检测准确率≥99%,系统要能实时控制剔除机构剔除缺陷瓶,不让其进入下一工艺环节。

2. 硬件选型

本玻璃瓶在线检测系统要求能够同时检测出瓶口上端面缺陷和瓶颈侧面螺纹部分缺陷。由于瓶口缺陷出现的位置是随机的,因此必须完整地检测整个瓶口才能确定有无缺陷,故本检测系统共采用四套相机系统。在瓶子的正上方安装 1 台工业相机,采用正面光源检测瓶口上端面;同时,在瓶子水平方向的四周均匀安装 3 台工业相机,采用侧面光源检测瓶颈侧面螺纹部分的缺陷。这样,就实现了 360°全方位覆盖,不留死角。由于生产速度比较快并且采用了四套相机系统,本项目中的玻璃瓶在线检测系统需要处理的图像数据量是非常大的,因此采用分布式处理系统以实现实时在线检测,分布式处理系统主体由一台服务器(上位机)、两台客户机(下位机)和千兆以太网交换机构成。

系统结构如图 5-2-22 所示。相机系统 1 检测瓶口上表面缺陷,由工业控制计算机(工控机)2 控制;瓶口的螺纹缺陷采用均匀分布的 3 个相机系统进行检测,其中相机系统 2 也由工控机 2 控制;相机系统 3、4 由工控机 3 控制,工控机 1、2 完成图像的在线采集并将数据传入主机(工控机 1)。光电开关及编码器用来定位玻璃瓶,剔除机构则用来剔除缺陷瓶。

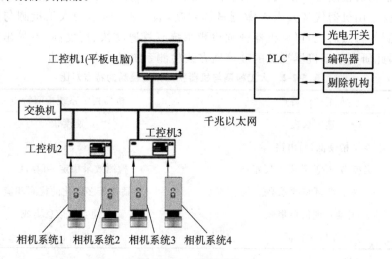

图 5-2-22　系统结构

本系统选用的是德国 Basler 的 ace 系列的 acA1300-30gc 型相机,其接口类型是GigE,选择的镜头为日本 PENTAX 公司的 C418DX 型镜头。因该相机的 GigE 型接口的传输速度为 1 Gb/s,而且该相机输出信息为数字图像,综合了相机和采集卡的功能,故本系统不需要另外选择采集卡。相机和镜头参数如表 5-2-3 所示。

表 5-2-3　相机和镜头参数

外　观	项　目	说　明	项　目	说　明
acA1300-30gc	感光芯片	1/3"CCD	传输速率	1 GB/s
	分辨率	1296×1296	帧速率	30 fps
	像素尺寸	3.75 μm×3.75 μm	外壳尺寸	42 mm×29 mm×29 mm
	接口	GigE	镜头接口	C、CS
	功率	2.5 W	工作温度	最高 50 ℃
C418DX	画面尺寸	2/3 英寸	焦距	4.8 mm
	最大孔径比率	1∶1.8	接口类型	C
	最短摄影距离	0.3 mm	后焦距	9.71 mm
	外形尺寸	40.5 mm×35.5 mm	光圈范围	1.8～C

根据各种光源的特点进行综合比较,本系统选用 LED 光源作为照明光源,光源系统选用 OPT 系列。瓶口部位采用环形光源前光均匀照射,其照射方式如图 5-2-23 所示,瓶颈部位采用 LED 平板光源背向均匀照射,其照射方式如图 5-2-24 所示。

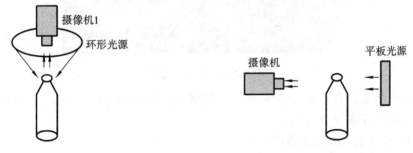

图 5-2-23　瓶口部位照射方式　　　　　图 5-2-24　瓶颈部位照射方式

为了获得可靠的图像数据,本系统采用了一种四自由度可调的工业相机装夹机构,如图 5-2-25 所示。该机构可以使相机沿 x、y、z 方向水平移动和绕 z 轴旋转,调节方便,能适应工业现场的工作环境,同时能使相机在振动的工作环境中保持稳定,以便采集到清晰的图像。

3. 算法描述

1)瓶口定位算法

在玻璃瓶生产检测中,由于传送带波动等因素影响,玻璃瓶瓶口图像的实际位置变化较大。如图 5-2-26 所示,瓶口图像位置在沿传送带方向和垂直于传送带方向都存在偏差,因此在检测瓶口缺陷之前,需要对瓶口进行定位。霍夫变换是目前应用最为广泛的圆检测方法,也是自动视觉检测中常用的一种算法。与其他算法相比,霍夫变换算法具有较强的鲁棒性,即适用于噪声大和边界点不连续的情况;其缺点是计算量大,对存储资源需求大,往往不能满足检测的实时性要求。基于霍夫变换的改进算

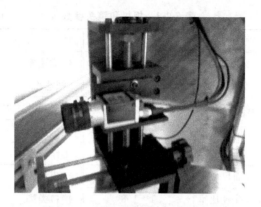

图 5-2-25　相机机架在现场的应用

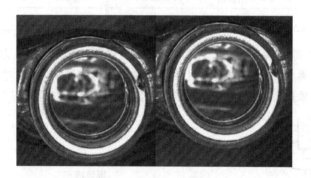

图 5-2-26　瓶口位置波动

法有很多,本着降低算法计算量、提高计算效率的目的,本系统采用了一种改进的霍夫变换算法,下面予以介绍。

(1) 传统的霍夫变换检测圆算法。

广义霍夫变换可用于检测图像中的解析曲线,下面介绍霍夫变换检测圆的方法。圆的解析式为

$$(x-a)^2 + (y-b)^2 = r^2 \tag{5-11}$$

式中:(x,y)为圆上点的坐标;(a,b)为圆心坐标;r为圆的半径。

离散图像将 x、y 坐标轴划分为棋盘式的网格,仅取离散的各个交点位置上的灰度值,也称为采样图像。离散图像的解析式需要对式(5-11)做微小的改动:

$$| (x_i-a)^2 + (y_i-b)^2 - r^2 | \leqslant \varepsilon^2 \tag{5-12}$$

式中:ε 为图像数字化误差的补偿量。

传统的霍夫变换检测圆算法流程如下:

① 根据图像空间的大小估计三维参数空间大小。

② 利用式(5-12)将图像空间的像素点映射到参数空间,并将圆锥面经过的空间点对应的累加值自增。

③ 重复步骤②,直到完成所有图像空间的点到参数空间的映射。

④遍历三维累加矩阵,累加值最大的点对应的坐标值即所求的圆的参数。

(2) 改进的霍夫变换定位算法。

传统的霍夫变换存在以下缺陷:图像空间中的一个点经过变换后成了参数空间的一个曲面,计算量非常大;三维累加矩阵占用了非常大的内存。故传统的霍夫变换在实际工程应用中用处不大,一般都需要加以改进。本系统应用一种改进的霍夫变换定位算法定位瓶口区域。

该算法利用圆周上任意两条不平行弦的中垂线的交点为圆心的性质,将三维的霍夫变换分为两步:第一步,利用圆弦中垂线过圆心的特性求圆心;第二步,利用半径统计图来验证圆的存在和计算半径。该算法需要有比较准确的边缘二值图像,所以在进行霍夫变换前需要对图像进行阈值分割和边缘提取。具体步骤如下:

①利用圆弦中垂线过圆心的特性求圆心。

如图 5-2-27(a)所示,设 A、B、C、D 的坐标分别为 (x_A, y_A)、(x_B, y_B)、(x_C, y_C)、(x_D, y_D),则 AB、CD 的中垂线方程分别为

$$y = \frac{x_B - x_A}{y_A - y_B}x + \frac{x_A^2 + y_A^2 - x_B^2 - y_B^2}{2(y_A - y_B)} \tag{5-13}$$

$$y = \frac{x_D - x_C}{y_C - y_D}x + \frac{x_C^2 + y_C^2 - x_D^2 - y_D^2}{2(y_C - y_D)} \tag{5-14}$$

联立式(5-13)和式(5-14),解方程组,得到圆心的位置为 $(\bar{x}, \bar{y})$。

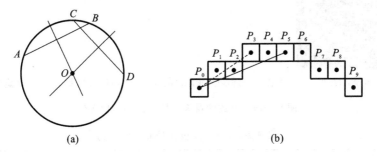

(a)　　　　　　　　　　　　　(b)

图 5-2-27　改进的霍夫变换算法示意图

求圆心的步骤如下:

a. 随机选取边界上的 A 点作为起点,顺时针跟踪边界,当到达和 A 点相距为 n 个像素的 B 点时,连接 A、B 两点,形成 AB 线段,AB 线段的垂直平分线上的点都可能是圆心位置。A、B 都沿着边界顺时针移动,为了提高检测速度,设移动步长为 m,经过 m 个像素后到达 C、D 位置,连接线段 CD。以此类推,遍历边界,直到最后一条线段的段尾在 A 点附近,这些线段便构成了圆周上的弦集合的子集。

b. 求出弦集合中每段弦的中垂线方程,并依次联立求解得出圆心坐标,采用动态链表结构存储所有圆心坐标。

c. 根据图像的大小设定阈值 K,遍历动态链表结构中所有圆心坐标,若经过某个

圆心的中垂线数超过 K，则认为这个圆存在。

②利用半径统计图来验证圆的存在和计算半径。

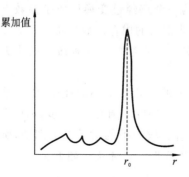

累加值

r_0　　　r

图 5-2-28　半径统计图

首先统计每个像素点到所求圆心的距离，离散化该距离值，并且将相应单元累加，得出半径统计图，如图 5-2-28 所示。如果累加值很大，则其在半径统计图上表现为一个峰值，该半径即为我们所求圆的半径。

与传统的霍夫变换算法相比，该算法极大地减少了变换冗余量和计算量，提高了运算速度。为计算简单起见，我们取 $m=n$。大量实验表明，$n=20$ 时，提取的准确度较高，因此，本项目算法中设定 $n=20$。测试图片为采集到的像素为 $1024×768$ 的瓶口图像，如图 5-2-29(a)所示，图 5-2-29(b)、(c)显示了分割和边界跟踪后的图像以及改进的霍夫变换定位结果。对采集的 100 幅瓶口图像使用传统霍夫变换和改进的霍夫变换算法进行测试，测试结果如表 5-2-4 所示。

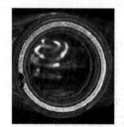

(a) 瓶口图像　　　(b) 分割和边界跟踪后的图像　　　(c) 改进的霍夫变换算法定位结果

图 5-2-29　改进的霍夫变换算法的瓶口定位

表 5-2-4　瓶口定位两种算法的对比

检 测 算 法	准 确 率	运行时间/s
传统霍夫变换算法	99%	8.672
改进的霍夫变换算法	98%	0.095

从图 5-2-29 和表 5-2-4 可以看出，和传统的霍夫变换算法相比，基于中垂线的改进的霍夫变换法的定位速度大大提高，而且定位精度也在理想的范围之内，计算速度和准确率都能满足实时在线检测系统的要求。

2) 瓶口缺陷检测算法

我们首先利用改进的霍夫变换算法得到玻璃瓶瓶口的位置，接下来要进行的是玻璃瓶瓶口图像的缺陷检测。瓶口缺陷主要包括缺口、裂纹等。本系统采用切向差分法进行缺陷检测。

常用的边缘检测算子如 Prewitt 算子、Sobel 算子,可以检测出瓶口图像的边缘,检测效果一般比较理想,如图 5-2-30 所示。但是经典的边缘检测算子不仅会检测出缺陷的边缘也会检测出瓶口的边缘,这样无法判别图像是否存在缺陷。为了获得缺陷的信息,我们必须滤除瓶口的边缘(即图像中的圆环)。二值化后的瓶口图像为一个均匀白色的圆环。对于正常的玻璃瓶,在同一圆弧上相邻两点的灰度值相等,做差分的结果为 0;对于有缺陷的玻璃瓶,缺陷处相邻两点的灰度值不等,做差分的结果不为 0。因此,我们可以沿着圆环切线方向做差分,得出差分结果不为 0 处的图像信息。

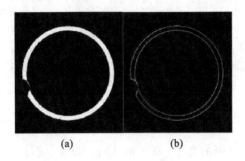

(a)　　　　　　　　(b)

图 5-2-30　Sobel 算子边缘检测效果

在实际的计算中,对瓶口图像沿圆环切线方向做差分,求得圆环上的差分结果。$\nabla(r,\theta)$ 为获得的圆环上点的差分值。用这种方法获得的 $\nabla(r,\theta_i)(i=1,2,\cdots,n)$ 受瓶口定位精度和光环的环宽变化的影响不大,并且此方法可以消除径向投影法的缺陷——无法检测出裂纹。在获得切向差分结果后,我们就可以根据 $\nabla(r,\theta_i)$ 进行缺陷的检测,取得所有 $\nabla(r,\theta_i)\neq 0$ 处的图像。然后我们将差分处理结果根据我们设定的阈值二值化,并去除周长较小的区域,于是我们可以根据得到的图像判断瓶口是否存在缺陷,如图 5-2-31 所示。经过对 100 幅图像进行测试,发现该算法的正确识别率为 96%。

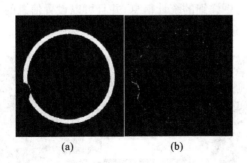

(a)　　　　　　　　(b)

图 5-2-31　切向差分检测结果

4. 软件描述

结合企业的需求,本项目开发了一套瓶口图像的检测处理软件。玻璃瓶在线检测系统软件主界面如图 5-2-32 所示,系统检测主界面的功能描述如下。

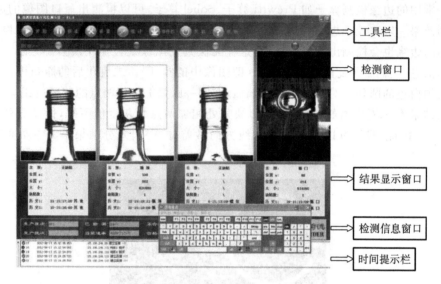

工具栏

检测窗口

结果显示窗口

检测信息窗口

时间提示栏

图 5-2-32　　系统软件检测主界面

（1）工具栏，包括常用的命令（如开始、停止、设置、统计、关机、帮助等）按钮。

（2）检测窗口，又分四个窗口，其中三个为瓶颈检测窗口，另一个为瓶口检测窗口。检测窗口用于显示在线检测所获取并处理后的图片。当检测到缺陷时检测窗口会以红色方框来指明缺陷部位。

（3）结果显示窗口，用于显示各对应的瓶口检测窗口的检测结果，包括有无缺陷，缺陷位置、大小，以及检测时间等信息。

（4）检测信息窗口，显示已检测的玻璃瓶数、不合格数目及当前检测速率等。

（5）时间提示栏，用于显示相机是否连接正常。

单击系统软件检测主界面中工具栏的统计按钮，会弹出数据管理界面，我们可以查看希望了解的时间段的更详细的统计信息，并且可以设置信息的显示格式：柱状图或报表，如图 5-2-33 所示。单击工具栏中的设置按钮就会弹出相应的检测参数设置菜单。

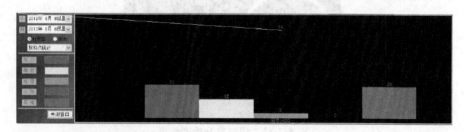

图 5-2-33　　系统软件数据管理界面

5. 结果展示

图 5-2-34 所示为玻璃瓶在线检测系统应用现场，图中左边为视觉检测柜，右边

为电气控制柜。实际应用表明：该系统能实时在线检测出瓶口裂纹、瓶颈螺纹等缺陷，检测准确率为 96%，虽然在运行过程中存在误检、漏检现象，但是控制指标在要求的范围之内，可以用于实际生产。

图 5-2-34　玻璃瓶在线检测系统应用现场

5.2.4　基于机器视觉的分布式石英锭料位监控系统

1. 需求分析

石英锭是石英粉末在高温下融制成的圆柱状石英坨，如图 5-2-35 所示。

图 5-2-35　石英锭

对于石英生产，石英锭的下料情况对石英锭的生产具有很大的影响。石英粉喷洒速度和石英锭自身的下降速度对石英锭的直径和高度也有直接影响，料位情况不同，生产出的石英锭的直径、高度均不同。目前国内部分企业对石英锭的生产控制都是使用开环控制系统，这类系统无法及时反馈生产结果，造成生产的石英锭尺寸不一样，在很大程度上浪费了资源。石英锭料位情况也是通过有经验的工人进行人眼观察，或者通过人工观察相机拍摄后的图片获得（见图 5-2-36），进而确定料位高低、料面宽度情况,然后人工进行石英粉喷洒速度和石英锭下降速度的调整。传统方法中,人工每次只能观察一个料炉的料位情况,这种方法对观察工人的要求较高,观察时间较长,也无法实现料位情况的实时更新,无法实时指导生产。在具备大量料炉的情况下,就需要较多的工人进行料位观察,并且工人不同,观察所得出的结果也不同,这将带来较大差异的生产指导。这种方法效率比较低并且稳定性不好,不具备通用性,无法实现标准生产,自动化水平比较低,降低了企业生产的智能化和信息化水平。

(a) 工人通过料位观察孔观察　　　　　(b) 相机拍摄料位图

图 5-2-36　石英锭料位情况

本系统根据机器视觉原理实现料位情况的自动化检测,通过监测的石英锭数据,实时指导石英锭的下降速度和石英粉的喷洒速度,以实现生产的自动化控制。该系统的研究开发旨在实现石英锭生产的自动化、智能化控制,同时减轻工人的劳动负担,实现生产标准化,提高生产效率和生产自动化、智能化水平。

本项目主要针对石英锭生产系统设计一套基于机器视觉的分布式石英锭料位监控系统,该监控系统不仅能实时显示 15 台石英锭熔炉的料位情况,实现多点监控,每个石英锭的情况不需要同步,还能根据料位情况实时指导石英锭生产,调整石英锭下降速度,进而调整石英锭的直径大小,形成闭环控制。软件部分可保存石英锭料位高度、宽度、面积等数据,同时具备料位的高度报警功能,一旦料位高度超出了系统设置的标准线,系统就会报警,提醒工作人员检查系统,查看系统控制是否正常。该系统可实现石英锭生产的实时性监控、料位高度的及时反馈,同时实现石英锭生产的自动化、智能化控制。从用户角度来看,该系统还具备软件部分的易操作性及界面的美观性。总体来说,本系统需要满足远程多点监控、智能控制、实时反馈、报警提醒和数据收集等功能性需求。

2. 硬件选型

本项目的监控系统是基于机器视觉技术开发的,所以视觉系统的设计至关重要,设计视觉系统时首先需要根据实际情况进行相关硬件设备的选择。由于监控点多且分散,视觉系统采用分布式硬件安装的方式。本项目视觉系统的构成较为简单,主要分为滤光片、相机、工控机等部分,如图 5-2-37 所示。

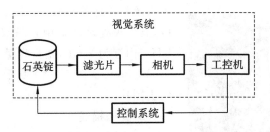

图 5-2-37   机器视觉系统示意图

1）滤光片选择

在石英锭生产过程中，熔炉内的温度高达 1800 ℃，由于温度较高，石英锭发光较强，视觉系统在没有采用任何光源的条件下，进行相机拍摄，得到的是一幅明亮的白色图像，无法分清楚料位的边缘位置。因此，在相机拍摄时，应该减弱相机的进光量。通过在相机镜头前面加黑色滤光片即可达到此目的，完成正常拍摄。图 5-2-38 所示为系统采用的滤光片。

2）相机选择

由于每个石英锭生产时间较长，一般生产 1 m 长的石英锭所需时间大约为 24 h，生产速度较慢，因此石英锭在每秒内的料位变化不明显，基于此，系统采用面阵 CCD相机进行拍摄。因为系统图像的光照对比度较大，所以系统可直接采用黑白相机进行拍摄，得到料位图像的灰度图像，这就减少了在图像处理过程中对图像进行灰度化的操作。由于石英锭料位部分和周围环境的光照强度存在较大差异，因此在相机的选取上，选取 500 像素的 CCD 相机就能满足要求。本系统采用大恒图像公司的水星500 万像素的 CCD 面阵黑白相机，如图 5-2-39 所示。

图 5-2-38   滤光片

图 5-2-39   相机

3）工控机选择

因为石英锭的料位的变换速率较小，所以本项目中图像数据传输速度要求不高，基于此，本项目中的相机和下位机直接采用以太网连接进行数据传输。由于系统的监控点多并且分散，因此需要多个下位机，本项目系统中每个下位机负责三个监控点，下位机负责图像处理和数据传输，并保存计算结果，故对配置要求不高。基于此，

图 5-2-40　研华科技 610L 工控机

本系统采用研华科技 610L 工控机作为所需下位机,其中央处理器采用奔腾双核芯片,频率为2.8 GHz,内存为 2 GB,硬盘容量为 500 G,平台系统为 Windows。图 5-2-40 所示为系统所采用的下位机图片。

3. 算法描述

1)图像滤波处理

由于成像系统、传输介质和记录设备等不完善,图像在形成、传输记录过程中不可避免会受到内部和外部环境中多种噪声的污染。图像滤波的目的就是去除图像中的噪声。图像噪声有高斯噪声、椒盐噪声、随机噪声等,滤波方法也有很多,如中值滤波、均值滤波、高斯滤波等,这三种滤波方法适用于不同的应用场合。由于本项目研究的是石英锭的料位监控系统,在拍摄中不太容易产生连续的噪声,而出现随机噪声的可能性较大,因此本项目选取的是对于随机噪声效果更好的中值滤波方法来进行图像滤波。滤波函数为

$$g(x,y) = \mathrm{Med}x_{i=-k}^{k}\, \mathrm{Med}y_{i=-l}^{l}\big[f(x+i,y+j)\big] \tag{5-15}$$

式中:$\mathrm{Med}x$ 为沿水平方向取中值;$\mathrm{Med}y$ 为沿垂直方向取中值;k,l 为点 (i,j) 的邻域。

从式(5-15)和中值滤波的步骤中,可以看出中值滤波的滤波程度受邻域 k 和 l(滤波核)的大小影响,中值滤波在去除大噪声时,所需要选取的邻域值较大,从而会使图像的细节部分模糊化,导致图像细节信息的部分损失。经过反复实验,对于本系统采集的石英锭料位图像,采用 3×3 的滤波核,就可以满足要求。图 5-2-41 所示为噪声图像经过中值滤波后的对比图像。

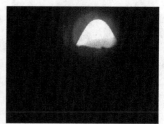

(a) 噪声图像　　　　　　　　　(b) 中值滤波图像

图 5-2-41　噪声图像经过中值滤波的对比

2)图像分割

阈值分割的基本原理是通过阈值把图像分成几个不同灰度级别的部分,并且同一部分的像素点属于同一集合。通过阈值分割不仅可简化图像信息分析和处理步

骤,而且还可以极大地压缩数据量。当图像目标和背景的灰度级差距明显时,采用阈值分割能取得较好的效果。阈值选取方法(例如手动选取阈值、自动选取阈值(Otsu)、迭代选取阈值等方法)不同,阈值分割方法的效果也存在差异。图 5-2-42 所示为运用 Otsu 法分割图像的前后效果对比,图 5-2-43 所示为运用迭代选取阈值法分割图像的前后对比。

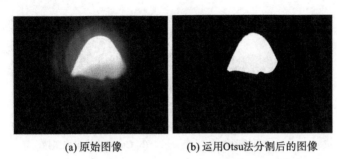

(a) 原始图像　　　　　(b) 运用Otsu法分割后的图像

图 5-2-42　运用 Otsu 法分割图像

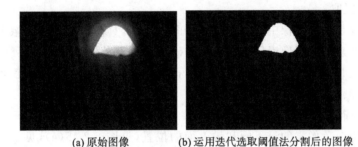

(a) 原始图像　　　　(b) 运用迭代选取阈值法分割后的图像

图 5-2-43　运用迭代选取阈值法分割图像

通过图 5-2-42、图 5-2-43 可以看出,阈值分割对于获取石英锭料位液面的准确位置具有不错的效果,排除了石英锭观察孔的影响,为后面直接提取石英锭液面的高度等数据打下了基础。Otsu 法和迭代选取阈值法分割图像的效果差不多,但是迭代选取阈值法分割的图像边缘信息没有 Otsu 法分割的图像边缘信息完整,并且迭代选取阈值法分割图像时运算速度比 Otsu 法慢,因此本项目选取 Otsu 法作为图像分割的方法。

3)边缘提取

图像的边缘是图像的基本特征。边缘提取一般是将图像中灰度变化比较剧烈的区域保留下来。边缘检测算法在通过平滑滤波去除噪声的同时,也使边缘的定位准确变得更加困难;反之,在使算子对边缘更加敏感的同时,也使算子对噪声更加敏感,所以需要平衡噪声去除与边缘定位的算子。Canny 算子就是一个不错的选择,且 Canny 算子对边缘的定位精度较高。

使用 Canny 算子进行边缘提取的具体步骤如下:

（1）用高斯滤波器进行图像滤波。

（2）用一阶偏导数计算梯度幅值和方向。

（3）对梯度幅值进行非极大值抑制。

（4）用双阈值算法检测和连接边缘。

图 5-2-44 所示为使用 Canny 算子对石英锭料位图像进行边缘提取的结果。

(a) 原始图像　　　　　　　　(b) Canny 边缘提取图像

图 5-2-44　使用 Canny 算子进行边缘提取

4）特征提取

特征提取是指从图像中提取所需要的图像信息，具体是指提取图像中具备某些共同特征的像素点或者像素区域。本项目研究的是石英锭料位监控系统，最后需要的图像信息是与石英锭料位情况有关的。石英锭料位液面的高度、宽度、面积等对石英锭的质量和标准化生产非常重要。

（1）熔炉液面高度数据提取。

通过遍历白色像素的最下面和最上面的位置（见图 5-2-45（a），见书末）建立 O-xy 坐标系，如图 5-2-45（b）（见书末）所示，则二值化图中红线为观察孔的上下位置，设其坐标分别为 min 和 max，而实际上在监控显示中 min 代表的是 0，max 代表的是 100。

图 5-2-46（见书末）所示为石英锭原始图像经过中值滤波、Otsu 图像分割后得到的二值化（黑白）图像，从中可以看出白色像素区域就是石英锭液面部分，建立 O-xy 坐标系，石英锭液面的高度数据就是白色像素在 Y 方向上的最小坐标值 l，然后再将这个像素的坐标值进行转换，得到最终石英锭高度为

$$H = \frac{|\max - l|}{|\max - \min|} \times 100 \tag{5-16}$$

将图像高度数据 H 保存在数据库中，同时在原始图像中将最高位置用红色水平线标记出来，便于监控人员直接获得石英锭料位。

（2）熔炉液面宽度数据提取。

根据实际生产需要，只需要计算石英锭液面宽度（中间位置所对应的宽度）即可，计算示意图如图 5-2-47（见书末）所示。找出石英锭液面图像在 y 轴方向上的最大坐标值 m 和最小坐标值 l，并求出两者的平均高度值，再计算这个平均高度的液面在 x 坐标方向的最小坐标值 w_1 和最大坐标值 w_2，可以得到 x 方向上白色像素的个数，

最后得到宽度 W,计算公式为

$$W = |w_2 - w_1| \times \sigma \tag{5-17}$$

式中:W 为液面平均宽度;σ 为相机标定的像素精度(每个像素代表的真实尺寸)。

（3）熔炉液面面积计算。

要计算液面的面积大小,只需要计算图 5-2-48(见书末)中白色像素点的个数 M,然后根据每个像素代表的实际面积来计算出真实的液面面积 S。液面面积的计算公式为

$$S = M \times \sigma^2 \tag{5-18}$$

式中:M 为液面的像素个数;σ^2 为单位像素面积精度。

4. 软件描述

系统软件的主要功能就是使工作人员能通过软件界面操作,实时知道石英锭现场的生产情况,完成石英锭生产的远程监控。工作人员打开软件后,输入登录密码,进入软件主界面,然后可以打开监控设备进行监控,同时进行相关参数设置,还可以进行历史监控信息的查询。在监控显示界面操作时,软件也会执行相关图像处理程序,对抓取的图像进行处理,并将得到的液面高度数据发送给控制系统,进而调整石英锭的高度。数据保存在数据库中,同时在监控界面进行相应的标注显示,系统会根据设置的参数判断是否报警提示。根据监控系统的具体功能,系统软件的界面设计思路如图 5-2-49 所示。

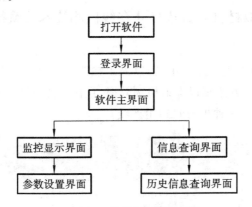

图 5-2-49　软件界面设计思路

5. 结果展示

图 5-2-50 所示为石英锭料位监控系统实施架构,系统采用一台工控机通过工业交换机在线监控 15 个熔化炉的工作情况。

图 5-2-51 所示为软件界面,软件界面中第一个监控图像显示的是参与测试的某一台熔化炉中石英锭的料位情况,图中最上面和最下面的红色线为系统设置的料位的极限标准,相对高度分别为 10 和 90,此时石英锭料位的高度为 82,在可接受的高度范围内。一旦超过警戒线,系统就会进行报警提醒。第二个监控图像中料位高度

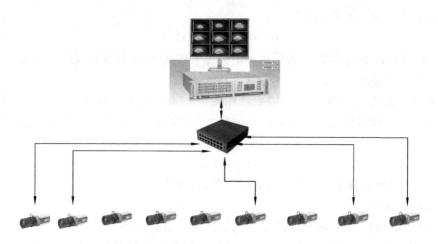

图 5-2-50　石英锭料位监控系统实施架构

为 77,上、下警戒线分别为 0 和 100;第三个监控图像中料位高度为 85,上、下警戒线高度分别为 30 和 100。

从图 5-2-51(见书末)所示的监控图像中可以看出,该系统检测的料位高度较为准确,并且可将料位高度控制在系统可接受的高度范围内。经验证,该系统满足了功能需求,达到了企业的应用要求,并具有较好的可靠性与稳定性。

5.2.5　家具板材自动封边尺寸在线检测技术及系统

1. 需求分析

在定制家具板材的生产过程中,常以人工检测的方式对板材封边后的尺寸进行检测,这种传统的检测方法难以保证检测效率,且检测的精度受到工作人员主观性的限制,图 5-2-52 展示了一种板材封边生产线。

图 5-2-52　板材封边生产线示意图

本项目旨在开发一种基于机器视觉的自动封边机在线尺寸检测全新系统，实现以封边板材为对象的视觉在线尺寸测量系统的开发，实现对不同类型、不同尺寸板材的尺寸在线实时测量和检验。具体研究内容包括系统的硬件方案设计、板材图像的亚像素边缘检测、板材尺寸的计算，实现在线实时检测家具板材在封边后的几何尺寸，并与设计尺寸比对，及时发现封边后超差的板材并报警，为家具板材的加工质量提供可靠的实时检测保障。

本项目所研究的板材自动封边尺寸在线检测系统，能够实现对生产线上封边后板材的尺寸进行自动化测量。本系统要求的技术指标及要具备的功能如下。

（1）被测板材尺寸：200～2440 mm。

（2）被测板材设计公差：±0.5 mm。

（3）系统检测精度：±0.2 mm。

（4）生产线运行速度：42 m/min。

（5）检测环境温度：-10～40 ℃。

（6）系统软件应能提供获取的图像及测量结果的显示、上下位机的通信和人机交互等功能。

（7）系统应具有较好的独立性和可扩展性，不能影响企业现有生产线的正常运行。

（8）系统应能够读取板材所带有的二维码信息，能根据该信息从企业数据库中检索板材的设计信息，同时与系统测量的板材实际尺寸进行对比，并提供相应的超差处理方案。

本系统需要检测多种规格板材封边后的尺寸，板材形状皆为标准的矩形。由于自动化封边生产线每一次只会完成板材两条对边的封边，因此一次测量只需要测量矩形板材的一个尺寸，即矩形的长或宽。在实际的测量中，板材边缘的封边橡胶条与板材采用了两种不同的材质，这两种材质具有不同的反光特性，因此会对所获取的板材图像边缘的准确定位产生影响，使检测系统无法精确定位封边橡胶条，从而影响尺寸测量的精度。另外，不同规格的板材具有不同的颜色和不同的表面纹理，这也会影响尺寸检测的精度。

2. 硬件选型

本系统的硬件部分主要包括光源模块和图像采集模块。接下来将重点介绍这两个硬件组成部分。

1）光源模块

在实际的生产和应用过程中，光源常常需要根据机器视觉检测系统的工作场景和检测指标来选择。LED 光源具有比较好的发光性能和工作寿命。这种光源的优点：发光效率高，响应速度较快，体积小，寿命长，具有稳定的光照效果并且也很容易组成不同形状的光源，同时色域广，显示一致性好，不会存在散斑和彩虹效应。这些优点使得 LED 光源可以很好地用于视觉检测系统。

因此本系统选择定制的 LED 光源,光源颜色选择为白色,光源的形状为长条形,光源的长度为 2800 mm,大于待检测工件的最大测量尺寸。考虑到定制光源的尺寸较大,在使用的工作过程中会有较大的发热功率,若该光源一直处于工作状态,则其工作时间过长,会产生严重的发热现象。这样不仅会影响光源的使用寿命和光照效果,同时也对系统的散热性能提出了更高的要求。若为光源引入额外的冷却装置,那么就会使系统结构变得复杂,导致硬件结构和硬件成本提升。为了避免上述情况,本系统选择改变光源的触发方式,使用光电传感器,当检测到板材将要通过相机下方时,系统便通过 PLC 控制点亮光源,同时相机也开始工作;当没有板材通过相机时,光源和相机就不会工作。这样光源和相机的工作方式为间歇工作,从而可大大减少硬件的工作时间,降低功耗,延长系统的工作寿命和增强系统稳定性。

本系统选用背光照明的光源布置方式。由于系统获取板材图像的过程相对稳定,在工作过程中,相机和光源的位置保持不变,因此将光源直接固定在板材工作台下方,这样板材正好位于相机和光源中间,可达到背光照明的效果,从而不必额外设计系统光源的夹持机构,可避免系统的结构过于复杂。系统光源布置方式如图 5-2-53 所示。

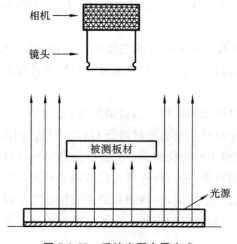

图 5-2-53　系统光源布置方式

2) 图像采集模块

系统的图像采集功能是获取被测物体图像信息的关键。由于被测物体处于高速运动状态,首先应该保证能够得到被测物体清晰的高质量图像,这就对图像采集模块提出了较高的要求。

由于本系统主要用于在线尺寸测量,被测物体在生产线上处于确定的匀速运动状态,且板材尺寸并不固定,因此相比面阵相机,线阵相机凭借其具有拍摄图像幅面灵活的特点而更为合适。在拍摄过程中相机固定不动,板材处于匀速运动的状态,这样就可以实现对板材的均匀检测,而且由于线阵相机比面阵相机具有更高的分辨率(也可以保证更高的检测精度),因此本系统选择线阵 CMOS 工业相机。在选择相机的具体型号时,通常需要考虑相机分辨率、最大行频和像素深度等参数。线阵相机的分辨率就是采集一行图像时的像素个数,该参数直接决定精度,分辨率越高,所能达到的检测精度就越高,但这也意味着更大的数据传输量和更高的硬件成本,因此应该在满足检测精度的基础上适当选择合适的相机分辨率。对于线阵相机,分辨率的计算公式一般为

$$R_{\mathrm{f}} = \frac{L}{d_{\mathrm{pixel}}} \tag{5-19}$$

式中:R_{f} 为系统所需要线阵相机的最小分辨率;L 为相机所需要拍摄的最大视场距离,单位为 mm;d_{pixel} 为能够保证精度的情况下每个像素代表的最小物理尺寸,单位为 mm。

本系统所需要检测的板材的最大尺寸约 2440 mm,使用三台相机同时对其进行拍摄,考虑到相机视场的重叠,因此每台相机的视场约为 820 mm,而系统要求的检测精度为 0.2 mm,因此每个像素代表的物理尺寸可以取为 0.1 mm。将这些数据代入式(5-19)中可以计算出相机的分辨率约为 8K。综合上述分析,本系统最终选用了加拿大公司 Teledyne DALSA 的 LA-GM-08K08A 系列的 CMOS 线阵黑白相机,该相机采用标准的 GigE 接口,可以实现稳定、快速和远距离的数据传输。

本检测系统直接架设在家具板材封边生产线上,可以完全独立于原有的生产系统而存在,系统的具体工作为检测生产线上封边后板材的尺寸,当检测到尺寸不合格的板材时,系统就会自动报警并做出相应的标记。系统结构如图 5-2-54 所示。

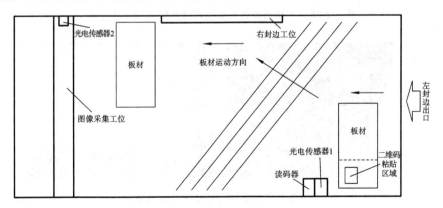

图 5-2-54　家具板材生产系统结构示意图

3. 软件及算法描述

本系统通过三台线阵相机分别采集板材的宽度信息,如图 5-2-55 所示。线阵相机基于小孔成像原理工作,因此被测物体实际大小和其在相机传感器上所成图像大小

的比值与镜头焦距和镜头到被测物体距离的比值相关,而在现有光源照射下,板材本身厚度造成板材边部灰度变化梯度小,加上封边条存在倒角,使得边部特征很难精确提出,这就会对测量的尺寸造成影响,导致误差的产生。为了解决此问题,已有学者提出了一种在光学系统上采用线阵相机+远心镜头+同轴光源的检测光路的新方案,所设计的系统简称远心光路系统。远心光路系统只允许垂直于镜头的光线进入相机,可有效屏蔽掉因倒角而产生的散射光线,形成锐利的边缘图像,保证测量精度。通过测试,目前测到板材的边缘图像效果比较明显,测试板材的边缘图片如图 5-2-56 所示。

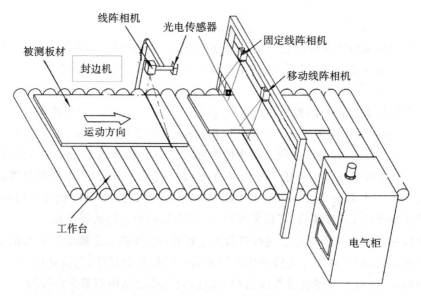

图 5-2-55　家具板材自动封边尺寸在线检测系统方案

图 5-2-56　测试板材的边缘成像效果图

　　本系统的具体实施方案如下。如图 5-2-55 所示,在线检测系统安装在封边机的出口,当有封边后的家具板材离开封边机时,线阵相机被触发,测量板材的宽度(粗测),系统根据粗测板材的宽度尺寸,及时驱动移动线阵相机快速移动到相应的位置,通过移动线阵相机测量板材一端的边缘位置参数,将其与固定线阵相机检测的另外一端的边缘位置参数进行代数相减,得到家具板材的尺寸信息。上位机软件对尺寸信息进行处理、判断后,将结果显示在显示器上,同时在有板材尺寸超差时报警,并通过显示器显示超差信息。

本系统所涉及的图像处理算法介绍如下。

(1) 图像去噪。

图像去噪的主要作用是提高被测物体图像的信噪比,从而提高后续边缘检测的精度。由于本系统采用的是背光照明的光源布置方式,因此其获取的图像本身就具有非常高的对比度,可以很好地区分前景和背景。由于均值滤波和高斯滤波具有良好的噪声平滑效果,但是对边缘的模糊十分严重;中值滤波不仅可以很好地去除噪声,同时对边缘的保留也最为完整,而在尺寸测量系统中,对去噪方法的要求是既要有很好的去噪效果,同时边缘也要得到很好的保留,因此本尺寸检测系统图像去噪的方法选择中值滤波。

(2) 像素级边缘提取。

常用的边缘提取算子有 Roberts 算子、Sobel 算子、Prewitt 算子、Laplacian 算子、LoG 算子以及 Canny 算子,通过对比不同算子的边缘提取精度以及处理速度,本系统选用了 Laplacian 算子来提取图像的像素级边缘。表 5-2-5 展示了各个边缘提取算法的运行时间。

表 5-2-5　各个边缘提取算法运行时间对比

所用算子	Roberts	Prewitt	Sobel	Laplacian	LoG	Canny
时　间	0.762 s	0.551 s	0.596 s	0.243 s	0.275 s	1.283 s

(3) 亚像素边缘提取。

传统的图像边缘提取算法一般都是基于像素级精度的图像而进行的,所获得的图像边缘的坐标都只能是像素级的坐标,此时提高检测精度的方法就是选用分辨率更高的工业相机来实现,但这样就会提高系统的硬件成本。本系统需要测量尺寸从 200~2240 mm 不等的工件,测量精度需要达到 ±0.2 mm,在现有的硬件条件下,若使用像素级的边缘检测算法,在检测大尺寸板材时系统将无法达到精度要求。基于上述情况,本系统选择亚像素级的边缘检测算法,使用替换软件而非提升硬件品质的方法来提高精度,这样不会造成系统硬件成本的提升,而且只牺牲一点计算速度就可以带来实质的精度提升。基于亚像素级的方法通过细分像素来提升精度,即用像素级提取算法实现边缘的粗定位,在此基础上通过拟合或插值等方法计算亚像素边缘,本系统采用曲线拟合法。最后结果显示,基于亚像素级的算法可以很好地细化图像边缘,检测效果优于像素级边缘检测算法。

亚像素边缘提取的步骤通常如下。

(1) 确定图像中任意一个像素级边缘点邻域内边缘灰度梯度的方向(也就是图像边缘法线的方向)。

（2）在该点边缘梯度的方向上，找到合适的曲线模型对其邻域内灰度差值进行拟合，然后对得到的函数求导，所得到的极值点位置就是该点的亚像素边缘位置。

（3）根据上述提取点位置，从邻域更新待计算边缘像素点，重复上述步骤，直至提取出所有目标。

4. 结果展示

为了验证本检测系统的精度，需要进行尺寸测量实验。由于本系统需要测量不同规格的板材尺寸，因此随机选择生产线上的板材进行尺寸测量，然后使用游标卡尺测量被测板材的尺寸，作为板材的实际尺寸，用来验证本系统的精度。其中，系统测量尺寸的平均误差为每个工作的实际尺寸与标准尺寸之差的平均值。对板材尺寸的测量结果如表 5-2-6 所示。

表 5-2-6　尺寸测量实验结果

工 件 编 号	板材标准尺寸/mm	实际尺寸/mm	系统测量尺寸/mm
1	2400	2400.23	2400.41
2	2400	2400.24	2400.40
3	1419	1419.35	1419.50
4	530	529.87	529.96
5	360	1360.16	360.20
平均误差		0.132	

从表 5-2-6 中可以看出，测量结果的误差基本可以保证在 0.2 mm 以内，达到了最初的设计指标，满足检测系统的精度要求。进一步分析实验数据，还会发现本系统对尺寸较小的板材的检测效果明显好于对大尺寸板材的检测效果。而最终经过分析可知，造成本系统的尺寸在线检测产生测量误差的原因是多方面的，其中既有系统自身的误差，也有环境因素带来的误差，软件算法也会存在误差。对系统存在的误差进行分析并使用合理的方法进行误差矫正，对提升尺寸检测系统的精度具有非常重大的意义。图 5-2-57 所示为自动封边机在线尺寸检测系统上位机软件界面示意图，图 5-2-58 所示为现场设备安装图片。

5.2.6　激光切割板材自动识别与机器人码垛自动纠偏视觉系统

1. 需求分析

激光切割技术是激光加工应用领域的重要技术，是当前世界上先进的切割工艺之一，有着切割精度高、切口宽度小、切口光洁、切割速度快等优点，目前已被广泛应用到汽车、航空、冶金等相关的大型工件加工领域。在零件加工流水生产线上，首先利用激光切割技术从原料板材中切割下设计好的零件。由于在切割过程中加工设备会同时切割出形状不同、种类不同的零件，因此对切割后不同类别的工件进行分类，以及将切割成形的零件进行码垛又是一项极具挑战性的任务。其次，由于切割后的

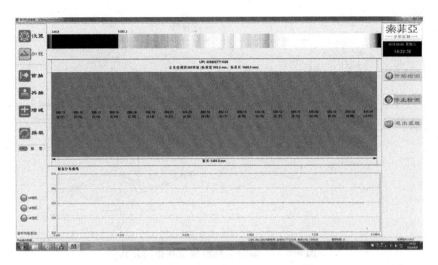

图 5-2-57　家具板材自动封边尺寸在线检测系统上位机软件界面示意图

工件尺寸较大且切割后工件的分类及码垛任务均需与生产线预设的生产节奏相一致,因此对于板材分类识别任务,需要在有限时间内实现板材分类识别;对于机械臂码垛任务,在码垛过程中需要尽可能地将工件对齐,以便后续打包运输工作顺利进行。

　　本项目主要介绍一个激光切割板材自动识别与机器人码垛自动纠偏视觉系统,主要实现了在流水生产线上的工件自动识别以及机器人码垛自动纠偏对齐任务。具体的需求分析如下。

　　不同类型的板材工件都是在原料板材上通过激光切割所得到的。为了实现原料板材的最大利用率,需要提前完成待切割零件在原料板材上的位

图 5-2-58　现场设备安装图片

置规划。在完成板材的下料规划和激光切割后,将连续平铺的多个切割工件和余料经过传送带传到机器视觉工位,工件传送带在整个传输过程中不停顿,即工件和余料不会在机器视觉工位停留以提供静态的零件类别识别以及机器人的码垛任务。故本机器视觉系统需要在板材运动过程中完成工件类别的识别以及定位抓取进而完成码垛。本项目中工件的布局方式一共有两种,分别为单排和双排两种布局方式,其中部分工件形状及其布局方式如图 5-2-59 所示。

　　该视觉系统需完成两个任务。

　　第一个任务:激光随动传送带将经过激光切割工序后的工件传送至堆垛传送带上,激光随动传送带与堆垛传送带之间有一个 10 mm 的缝隙,图5-2-60展示了激光随

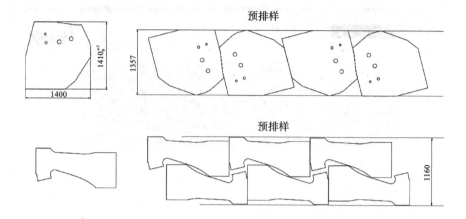

图 5-2-59　部分工件形状及其布局方式

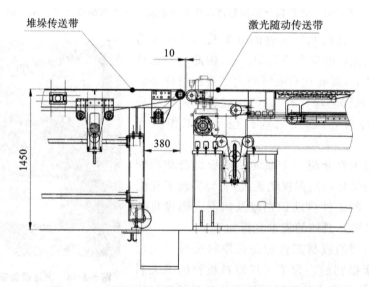

图 5-2-60　激光随动传送带和堆垛传送带之间的缝隙

动传送带和堆垛传送带之间的缝隙位置关系。通过相机采集到工件的图像可以对工件进行分类,然而在工厂中光照环境并不理想,无法拍摄到清晰的工件图像,一个解决办法是将一个光源放在激光随动传送带与堆垛传送带之间的 10 mm 缝隙底部,将光源向上打光,而工件在由激光随动传送带经过该缝隙时,放在该缝隙上方的相机可以拍摄到清晰的高对比度的工件边缘图像。之后将工件边缘图像与预先输入计算机中的工件 CAD(computer-aided design,计算机辅助设计)图纸信息进行识别以及类别匹配,进而完成对切割板材类别的自动识别。

第二个任务:在工件被传送到机械臂抓取范围内时,通过编码器以及传送带固定的运行速度计算出工件此时的运行位置,并且根据效率优先原则,通过 PROFINET 协议获取指定的 4 台机器人空闲状态,然后进行规划和调度,选择合适的机器人并且向该机器人发送工件坐标位置与取料任务指令,并且实现机器人工件码垛的纠偏任务,其应用场景如图 5-2-61 所示。PROFINET 协议指的是一种开放式的工业以太网标准,主要用于工业自动化和过程控制领域,以完成工业控制器与机器人之间的信息传输,其速率可达百兆或千兆。

图 5-2-61　板材类别识别实际场景

该系统的具体技术要求如下。

(1) 成品板材区域尺寸:长度范围为 200～4000 mm,宽度范围为 400～2050 mm。图 5-2-62 展示了抓取机器人大型电气吸盘。

图 5-2-62　抓取机器人大型电气吸盘

(2) 目标移动速度不超过 1000 mm/s(成品板与废品板之间激光割缝小于 0.15 mm)。

(3) 成品板材成像运算重复位置精度在 ±1 mm 以内,目标区域形心位置精度在 1 mm 以内,堆垛两相邻板之间产品板(层与层)错位精度在 ±1 mm 以内。

(4) 在工件完整通过 10 mm 缝隙区域的扫描线后,获取 4 台机器人的空闲状态,进行规划和调度,即决定哪台机器人抓取该工件的效率最高,就指定哪台机器人抓取该工件以进行堆垛任务。

（5）现场工作环境湿度不大于 95%。

2. 硬件选型

激光切割板材类别自动识别与机器人码垛自动纠偏视觉系统主要由线阵相机扫描系统与面阵相机飞检系统两部分组成，其中线阵相机扫描系统用于完成切割板材类别的自动识别以及板材工件质心坐标和角度的计算；面阵相机飞检系统主要将板材工件从上料位置移动到下料位置，并且通过局部图像匹配来计算实际位置与理想位置的偏移量，从而及时纠正码垛参数。

1）线阵相机扫描系统

线阵相机扫描系统的结构示意图如图 5-2-63 所示。

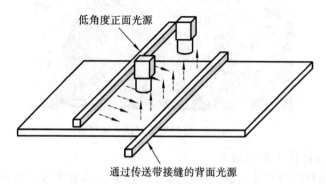

图 5-2-63　线阵相机扫描系统结构示意图

线阵相机扫描系统采用一排线阵相机配合地面的背面光源，寻找余料与工件间的激光切割缝隙，并通过图像算法提取有效零件的边缘，之后将零件边缘与系统导入的 CAD 模板图像进行匹配定位，计算加工零件的质心数据（包括质心 x,y 坐标以及旋转角度），通过 PROFINET 网络与机器人控制系统进行通信和数据交换，以保证机器人对加工零件的准确抓取与堆垛。数据采集系统采用进口线阵相机，最高可支持 8 m/s 的运动速度，识别精度可达到 0.1 mm。

2）面阵相机飞检系统

面阵相机飞检系统如图 5-2-64 所示，其主要由 4 个面阵相机以及 4 套红外点阵光源组成。飞检系统主要部分如图 5-2-64 中的黑色虚线部分所示。通过线阵相机扫描系统识别出工件的类别；利用编码器，根据传送带固定的运行速度，得到工件在传送带上的位置；再根据预先设定好的机器人优化调度算法，抓取指定的工件进而堆垛到机器人旁的端拾器更换架上。在机器人抓起工件并将工件移动到端拾器更换架的过程中，工件会通过由红外点阵光源与面阵相机（图 5-2-64 中绿色框表示）组成的图像纠偏区域。机器人的吸盘夹具上会事先贴好"标记点"（mark 点），该"标记点"与机器人之间的相对坐标关系是固定的。在实际工作过程中，机器人的吸盘夹具与被抓起的工件间的相对位置可能与理想工件位置有偏差。在机器人的吸盘夹具以及被抓起的工件经过图像纠偏区域时,可以在该区域拍摄到工件及标记点图像并与标准图像进行匹配,进而求出当前抓取的工件与标准堆垛位置的坐标偏差,最后将该偏差反馈至机械臂控制器,实现板材的码垛纠偏功能。图 5-2-65 所示为夹具、标记点以及工件的相对位置关系示意图。

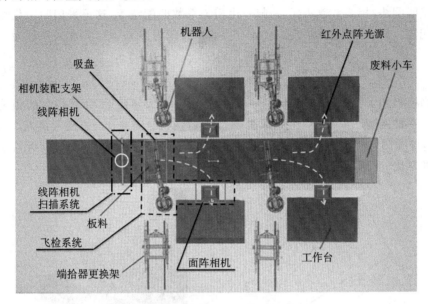

图 5-2-64　面阵相机飞检系统示意图

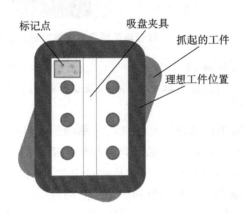

图 5-2-65　夹具、标记点以及工件的相对位置关系示意图

3. 软件及算法描述

1) 线阵相机扫描系统算法

线阵相机扫描系统的主要工作是利用激光随动传送带和堆垛传送带之间的 10 mm 缝隙来拍摄清晰的高对比度的工件边缘图像,然后将工件边缘图像与事先设计好的工件 CAD 图片进行模板匹配以完成工件的分类。

　　模板匹配是一种最原始、最基本的模式识别方法,主要用于寻找图像中与模板图像相同的区域,进而识别对象。此外,它也用于图像定位,即通过模板匹配找到指定的位置,然后进行后续的处理。对于本项目,模板就是事先导入的工件 CAD 模型,通过将线阵相机拍摄的图片与模板进行匹配以实现工件的分类。模板匹配的方式有平方差匹配法、相关系数匹配法、归一化相关系数匹配法等,这里采用归一化相关系数匹配法。假设图像模板为 $T(m,n)$,待识别图像为 $S(m,n)$,则相关系数为

$$R(m,n) = \frac{\sum_{m,n} S(m,n) \times T(m,n)}{\sqrt{S(m,n)^2 \ T(m,n)^2}} \tag{5-20}$$

　　当模板和子图相同时,$R(m,n)=1$,子图与模板越接近,计算得到的相关系数越大。在被匹配图集合 S' 中完成全部搜索后,找出 $R(m,n)$ 的最大值 $R_{\max}(m_{\max}, n_{\max})$,该子图即与模板成功匹配。图 5-2-66 所示为某类板材的 CAD 模板与采集实际图像对比。

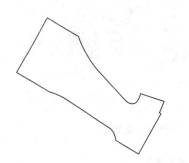

图 5-2-66　CAD 模板与采集实际图像对比示意图

　　2)面阵相机飞检系统算法

　　(1) 机器人在跟踪到需要抓取的工件后,按线阵相机扫描系统给定的质心坐标值 (x,y,θ) 抓取工件。

　　(2) 机器人抓取完板材之后从上料位置 A 移动到下料位置 B;通过 PROFINET 在事先设定的位置(可以任意给定)触发面阵相机拍摄带标记点的工件局部图像,移动路径满足如下条件:钢板的一个特征角从相机的上方按照一定高度经过,以面阵相机能够同时拍摄到钢板的一个特征角和标记点为触发点。

　　(3) 根据局部图像做匹配后,给出目前抓取的工件与理想工件位置的偏移量,通过 PROFINET 及时返回结果,相对应的机器人及时修正码垛参数。工业相机拍摄的图像中同时包含了吸盘夹具、标记点以及实际的工件位置信息,可以根据图像中实际工件的位置与标记点之间的偏移量来反映实际工件的位置与理想工件位置间的偏移量。计算偏移量时,通过采用工业相机拍摄的钢板的两条边的交点坐标,将图像中工件的顶点坐标 (x,y) 和旋转角度 θ 分别转换成机器人下料坐标系下的坐标 (u,v) 和机器人旋转角度 α。单应矩阵可表征两个不同坐标系之间存在一一对应的映射关

系,如图 5-2-67 所示。

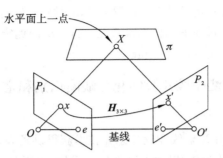

图 5-2-67　不同坐标系之间一一对应的映射关系

单应矩阵约束了同一 3D 空间点在两个像素平面中的 2D 齐次坐标,它有 8 个参数:

$$\boldsymbol{H} = \begin{bmatrix} m_0 & m_1 & m_2 \\ m_3 & m_4 & m_5 \\ m_6 & m_7 & 1 \end{bmatrix} \tag{5-21}$$

式中:m_2 和 m_5 分别表示水平和竖直方向的位移;m_0,m_1,m_3,m_4 均代表相邻图片旋转变化程度和缩放变化程度;m_6 和 m_7 分别代表水平和垂直方向的形变量。在取得两个图像之间的单应矩阵 $\boldsymbol{H}$ 后,映射关系可以表示为

$$\begin{bmatrix} u_1 \\ v_1 \\ 1 \end{bmatrix} = \boldsymbol{H} \begin{bmatrix} u_2 \\ v_2 \\ 1 \end{bmatrix} \tag{5-22}$$

式中:$[u_1, v_1, 1]^{\mathrm{T}}$ 表示图像 1 中的像点;$[u_2, v_2, 1]^{\mathrm{T}}$ 表示图像 2 中的像点;单应矩阵 $\boldsymbol{H}$ 将图像 2 中的像点变换到图像 1 中,使它们对应起来。

4. 结果展示

图 5-2-68 所示为激光切割板材自动识别及机器人码垛自动纠偏视觉系统应用场景。如图 5-2-68(a)所示,线阵相机扫描系统自动识别激光切割工件的类别,同时获得

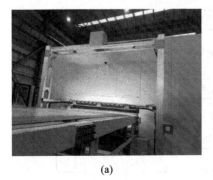

(a)　　　　　　　　　　　　　(b)

图 5-2-68　激光切割板材自动识别及机器人码垛自动纠偏视觉系统应用场景

工件经过线阵相机扫描系统区域时的起始坐标;然后,系统利用编码器,根据传送带固定的运行速度计算工件在传送带上的位置信息,之后将位置信息发送给码垛机器人,码垛机器人抓取工件后经过面阵相机飞检系统进行二次纠偏定位,如图 5-2-68(b)所示。本系统的码垛精度可以达到±1.0 mm。

5.2.7　无损检测中胶片数字化与缺陷识别和定位系统

1. 需求分析

特种设备公司使用 X 射线和胶片感光技术获得设备焊接处的焊缝胶片图像,随后再对该胶片进行评片工作,以此来评价焊接质量,判断是否存在焊缝缺陷等问题。即在实际工程中,焊缝缺陷的判定主要依赖人工,利用人眼来检查焊缝的胶片图像,并依据工作人员过往的知识和经验来判定缺陷的存在与缺陷类型。但仅仅依靠人工存在许多弊端,首先在判定时人会带有主观性,判定的结果会受到过往经验的影响。此外,待判焊缝胶片数量往往十分庞大,所需的工作时间也会较长,而长时间进行图像识别会导致人眼疲劳,使作业的准确率降低,造成误判、漏判等问题。而当焊缝胶片图像的成像质量较差时,人眼能力的局限性,也极有可能影响结果的可靠性。

近年来,人们正越来越多地应用计算机视觉和机器视觉来解决工业上的诸多问题,这一应用能够尽力避免人的主观性所造成的误判、漏判等问题,使得结果具有最大程度的精准性。但是 X 射线焊缝图像的噪声较多,且边缘模糊,同时焊缝缺陷的类型也较为复杂,因此目前还没有成熟且高效的焊缝缺陷识别方法能够应用在工业实践中。

2. 系统架构

本项目开发的系统目标是根据 X 射线焊缝图像缺陷识别与定位的任务要求,设计基于卷积神经网络的焊缝图像缺陷识别与定位系统。该系统主要包括 X 射线焊缝胶片数字化的硬件部分和基于卷积神经网络(CNN)的软件部分,主要实现对焊缝缺陷的精确分类与坐标定位,完成对焊缝质量的自动判定。该系统的架构如图 5-2-69 所示。

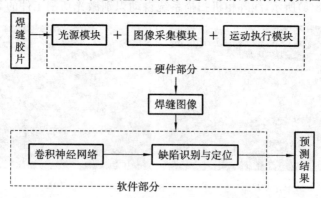

图 5-2-69　焊缝图像缺陷识别与定位系统架构

硬件部分的主要功能为将焊缝胶片数字化,主要包括光源模块、图像采集模块以及运动执行模块。软件部分的主要功能是对数字化后的焊缝图像进行缺陷识别与定位并返回预测结果,主要包括针对焊缝胶片图像设计的卷积神经网络。对设计好的卷积神经网络进行训练的具体操作为:将所有图像按一定比例划分为训练集与测试集,并在前期人工对训练集中的图片进行真实标签的标注,其中真实标签包含目标的位置坐标和类别,随后将标注文件与图片输入卷积神经网络并对模型进行训练,最终利用训练好的模型完成对新图像缺陷的准确预测。

图像采集模块是获得焊缝胶片数字化图像的关键。工业相机大多基于 CIS(contact image sensor,接触式图像传感器)、CMOS 或 CCD 芯片。其中 CIS 相机是一种新兴的工业相机,由传感器模块、光源模块和透镜模块等部件组成。本项目根据待测对象特点与检测要求选择 CIS 接触式线阵相机进行焊缝图像数字化。采用 CIS相机具有以下优势。

(1)闭式集成防尘结构:结构简单,体积较小,重量轻,能够方便地应用于便携式移动式设备。

(2)LED 光源阵列:亮度高,响应快,功耗低,抗振好,节能环保,能克服环境光干扰,有利于分离焊缝图像中的背景与前景,可进一步提升成像速度及图像对比度,适用于灰度区间窄、亮度差异大的焊缝图像照明。

(3)背光源投射式照明:有利于获得高对比度的图像,可突出图像信息轮廓,适用于对比度低、信息边缘模糊的焊缝图像。

焊缝图像长度尺寸为 200～240 mm,根据焊缝图像信息检测任务的经济性与便携性需求、焊缝胶片形状及尺寸特征,本项目选择型号为 Python400BW-CLM 的线阵相机进行胶片扫描成像,该相机技术参数如表 5-2-7 所示。

表 5-2-7　Python400BW-CLM 线阵相机主要技术参数

指　　标	说　　明
有效成像宽度	400 mm
行频	16 kHz
分辨率	1200 dpi(21 μm/pixel)
位深	8 位
传感器类型	CIS
尺寸	478 mm×65 mm×83.7 mm
数据接口	Camera Link

运动执行模块为直线导轨,运动速度根据焊缝图像尺寸与相机行频确定,一般为 10 mm/s。导轨带动焊缝胶片做直线运动,经相机扫描生成焊缝数字化图像。

3. 算法描述

1)算法框架

因为卷积神经网络能够在目标识别与定位任务上取得令人满意的结果,且单阶段的网络速度更快,更加符合工程应用中对于实时性的需求,因此本项目基于单阶段的卷积神经网络设计缺陷识别与定位算法,算法框架结构如图 5-2-70 所示。

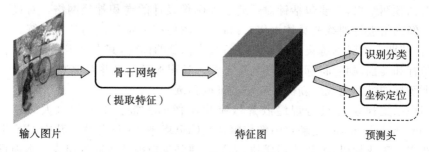

骨干网络
（提取特征）

识别分类

坐标定位

输入图片　　　　　　　　　　　特征图　　　　　　预测头

图 5-2-70　算法框架结构

骨干网络和预测头组成了算法框架中的主要部分,其中骨干网络用于提取输入图片的特征图,也承担了整体框架中大部分参数的学习任务。骨干网络的设计是否合理有效,直接决定了能否从图像中提取到有价值的信息特征。预测头部分的功能是依据最终提取到的特征图和标注信息对网络进行类别和位置信息的学习,预测头通过将识别与定位这两个任务的损失函数相结合来实现对类别和位置信息的学习,确保网络能够既定位准确又拥有高识别精度。

2) YOLO v3 网络

YOLO v3 网络是一种著名的单阶段卷积神经网络模型,相对于先产生候选区域,再进行识别与定位的双阶段算法,YOLO v3 的预测速度更快,且具有较高的预测精度,故非常适用于本项目所涉及的实际工程应用领域。YOLO v3 网络结构如图 5-2-71 所示,所使用的骨干网络为 DarkNet52,共有 106 层,层次较深的网络结构使得 DarkNet52 能够从原始图像中提取到更加复杂且高维的特征信息。YOLO v3 采用了三个尺度的预测输出,其分别对应图像中尺寸为大、中和小的目标,能应对复杂的任务与场景。而为了进一步增强网络的鲁棒性以及所提取特征图的表达能力,YOLO v3 网络在结构中引入了多尺度融合的方式。在卷积神经网络中,与深层特征图相比,浅层特征图往往具备更多的纹理、边缘和位置等细节信息,且其因分辨率较高、保存特征更为完整而更适合用于小目标对象的预测;而深层特征图一般更加偏向于表达语义信息,也因此更加适合用于大目标对象的预测。将不同尺度的特征图通过一定的方式进行结合,能够使特征图在信息表达上有着更加全面的能力,使融合后的特征信息既具备浅层的细粒度特征,也拥有深层的高维抽象语义特征,同时也赋予特征图更大的同时应对不同尺寸的物体而进行精准预测的能力。但深层的 CNN 模型通常在训练上难度较大,因此 YOLO v3 引入了 ResNet 中的残差结构,避免了产生"梯度爆炸"的问题。YOLO v3 作为一种全卷积的单阶段网络,可利用输出特征图的不同通道预测不同的目标信息,例如类别、坐标位置等,能够在保证较高精度的同时具有较快的推理速度。

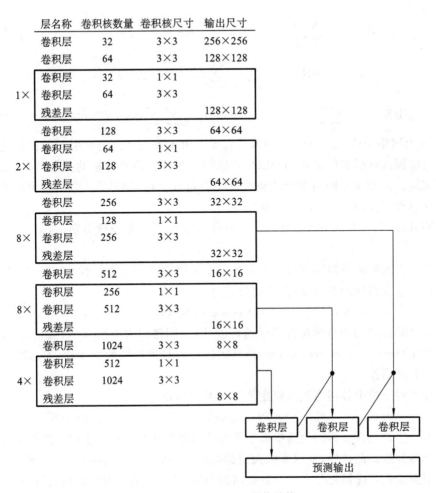

层名称	卷积核数量	卷积核尺寸	输出尺寸
卷积层	32	3×3	256×256
卷积层	64	3×3	128×128
卷积层	32	1×1	
卷积层	64	3×3	
残差层			128×128
卷积层	128	3×3	64×64
卷积层	64	1×1	
卷积层	128	3×3	
残差层			64×64
卷积层	256	3×3	32×32
卷积层	128	1×1	
卷积层	256	3×3	
残差层			32×32
卷积层	512	3×3	16×16
卷积层	256	1×1	
卷积层	512	3×3	
残差层			16×16
卷积层	1024	3×3	8×8
卷积层	512	1×1	
卷积层	1024	3×3	
残差层			8×8

图 5-2-71　YOLO v3 网络结构

网络每个预测层的输出特征都为 $S \times S \times 3 \times (N+5)$ 维向量,其中:S 表示对应预测层尺度下输出特征图的边长,YOLO v3 网络将待检测图像分为 S^2 个网格;3 表示每个网格包含 3 个预选框;N 表示分类数;5 表示每个预选框的 5 个预测参数,即预选框的中心坐标(x,y)、宽度 w、高度 h 和预选框框中目标的概率。

YOLO v3 网络使用的均方误差损失函数由预选框中心坐标误差 ERR_{center}、预选框边界宽高误差 ERR_{wh}、分类误差 ERR_{class} 和预测置信度误差 ERR_{conf} 四个部分构成。有

$$\mathrm{Loss} = \lambda_{coord}(\mathrm{ERR}_{center} + \mathrm{ERR}_{wh}) + \mathrm{ERR}_{class} + \mathrm{ERR}_{conf} \tag{5-23}$$

式中:

$$\mathrm{ERR}_{center} = \sum_{i=0}^{s^2} \sum_{j=0}^{n} \iota_{ij}^{obj} \left[(x_i - \hat{x}_i)^2 + (y_i - \hat{y}_i)^2 \right] \tag{5-24}$$

$$ERR_{wh} = \sum_{i=0}^{s^2} \sum_{j=0}^{n} \iota_{ij}^{obj} \left[\left(\sqrt{w_i} - \sqrt{\hat{w}_i} \right)^2 + \left(\sqrt{h_i} - \sqrt{\hat{h}_i} \right)^2 \right] \tag{5-25}$$

$$ERR_{class} = \sum_{i=0}^{s^2} \iota_{ij}^{obj} \sum_{j=0}^{n} \left[p_i(c) - \hat{p}_i(c) \right]^2 \tag{5-26}$$

$$ERR_{conf} = \sum_{i=0}^{s^2} \sum_{j=0}^{n} \iota_{ij}^{obj} (c_i - \hat{c}_i)^2 + \lambda_{coord} \sum_{i=0}^{s^2} \sum_{j=0}^{n} (1 - \iota_{ij}^{obj})(c_i - \hat{c}_i)^2 \tag{5-27}$$

式中：n 为网格个数；λ_{coord} 为坐标误差的权重。由于大尺度预选框引起的误差明显大于小尺度预选框引起的误差，YOLO v3 采用了预测宽高平方根的方法，而不是直接预测宽高。ι^{obj} 用来反映网格中的预选框是否包含目标，如果第 i 个网格中的第 j 个预选框包含目标，则 $\iota_{ij}^{obj} = 1$，否则为 0。

YOLO v3 认为每个网格只包含一个分类对象，若 c 是正确类别，则 $p_i(c) = 1$；否则为 0。

在损失函数的不同加权部分引入参数 λ 可提高模型的鲁棒性，式（5-27）中 c_i 表示预选框包含目标的置信度，其计算公式为

$$c_i = Pr(object) \times IOU \tag{5-28}$$

式中：$Pr(object)$ 为预选框包含目标的可能性，若网格包含某个目标，该值为 1，否则为 0；IOU（intersection over union）为真实标注框与预选框的交并比，表示模型预选框位置的准确性。

待检测图像中各网格预选框在某个类别的得分为

$$Pr(classi \mid object) \times Pr(object) \times IOU = Pr(classi) \times IOU \tag{5-29}$$

得分代表包含目标的预选框属于某类的可能性大小。将小于阈值的得分归 0 后把剩余得分按高低排序，采用非极大值抑制（non-maximum suppression，NMS）算法使每个预选框只保留得分大于 0 且最高的类别，从而得到各类目标检测结果。

3）图像预处理

因为焊缝图像的尺寸比较大，但缺陷尺寸较小，故本项目需对原始的焊缝胶片图像进行预处理，过程如图 5-2-72 所示。

具体的预处理步骤如下：

（1）首先得到焊缝胶片图像的尺寸，即长度 H 与宽度 W，并分别计算出大于 H 与 W 且为 832 倍数的最小值 H' 和 W'。

（2）分别计算出竖直与水平方向上需要补齐的像素个数 ΔH 和 Δw，$\Delta H = H - H'$，$\Delta W = W - W'$。

（3）在竖直与水平方向的图像周围分别采取补 0 操作，补 0 的像素值分别为 $\Delta H/2$ 与 $\Delta W/2$。

（4）将图像按像素值为 832×832 进行分块切片，并将切片后的图片像素值归一化为 416×416。

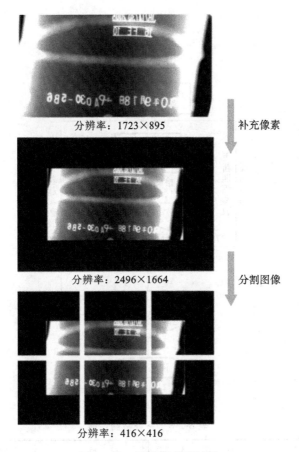

图 5-2-72　图像预处理过程

4）实验环境及训练过程

本项目实验运行环境如下：CPU 为 Intel(R)Core(TM)i7-8700K CPU @ 3.70 GHz，主板为 ASUS PRIME Z370-A，显卡为技嘉 GTX1070Ti A8G，内存为 32 GB，固态硬盘为 NVMe Samsung SSD 970 EVO 500G，操作系统为基于 Linux 内核的 Ubuntu16.04，所有实验均在深度学习框架 PyTorch 上完成。使用优化器 SGD（stochastic gradient descent，随机梯度下降）进行训练，初始学习率为 0.001，动量设置为 0.937，权重衰减为 0.0005，并使用 LambdaLR 学习率调整策略，训练过程如图 5-2-73 所示。

4. 结果展示

胶片数字化与缺陷识别和定位系统已取得较高的性能，并在相关合作企业投入试运行，目前运行效果良好。表 5-2-8 展示了系统的检测性能，图 5-2-74 展示了系统的缺陷识别结果。

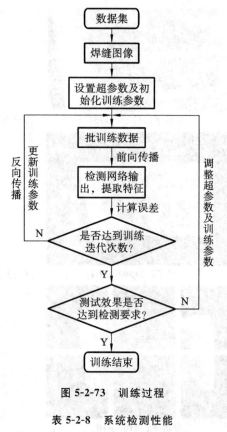

图 5-2-73　训练过程

表 5-2-8　系统检测性能

多类平均精度	准 确 率	召 回 率	单张图片预测时间
89.2%	83.2%	86.2%	0.022 s

5.2.8　锂电池隔膜粒度分布图像检测系统

1.需求分析

随着锂电行业的飞速发展,隔膜作为锂电池核心元件,其重要性不言而喻,实现其生产自动化的需求也愈发迫切。隔膜涂布结束后会随机产生一些细微颗粒,这些颗粒的分布规律及尺寸是影响隔膜电学性能的决定性因素,甚至影响整个锂电池的生产质量。

针对隔膜图像对比度过低的问题,本项目设计了中值滤波与高斯滤波复合作用的滤波算法,采用对比灰度变换与直方图修正的图像增强算法,其中,考虑到时间复杂度这一因素,设计了二次多项式灰度线性变换算法,最后采用 Otsu 算法对隔膜图像进行了阈值分割。

针对锂离子电池隔膜生产系统,设计了基于机器视觉的锂电池隔膜粒度分布图

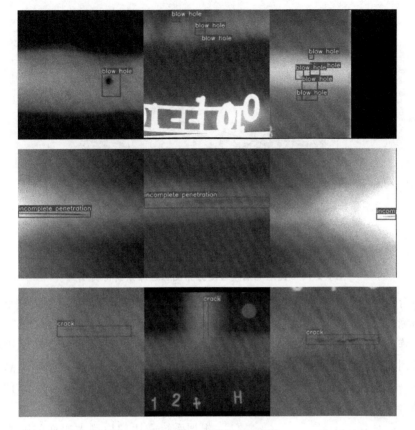

图 5-2-74　缺陷识别结果

像检测系统。此系统采用进口高精密工业相机,配合光学元件,可采集隔膜图像,采用上述特定的图像处理算法,自动测量隔离膜涂布粒度的分布并将结果显示出来,便于员工进行数据分析,可以减轻测量人员的劳动强度、提高效率及准确率,对电池隔膜的生产自动化具有重大意义。

2. 硬件选型

锂电池隔膜粒度分布图像检测系统具体由图像采集单元、运动控制单元、吸附平台、显示器、工控机、机架组成,主要功能包括采集电池隔膜图像、控制电池隔膜与相机的相对运动等。据此搭建实验平台的仿真模型如图 5-2-75 所示。

1) 图像采集单元

图像采集单元用于获取高质量的电池隔膜表面图像,由相机、镜头、光源等组成。

(1) 相机。

工业相机按采集方式分为线阵相机和面阵相机。

线阵相机感光元素单行排列,所以其行频与分辨率都极高。它经常用于金属、玻璃、纸张、布匹等连续物体的检测,一般视野为带状,而且检测精度要求较高。相机数

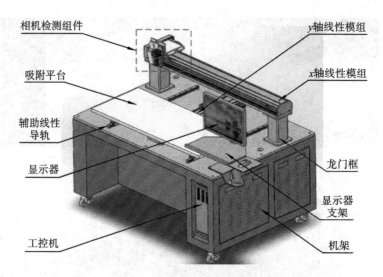

图 5-2-75   锂电池隔膜粒度分布图像检测系统仿真模型

量为一台或多台,检测时线阵相机与被测物体做相对运动,以实现对物体整个表面的均匀检测。

面阵相机可用于测量物体的面积、尺寸、形状、位置等物理量。面阵相机可以直观地得到图像的二维信息,但其像元总数多,而单行像元数少,所以帧率不高。面阵相机可一次成像,其分辨率以一个感光晶片所代表的实际尺寸大小来衡量,两者呈反比关系。往往根据不同任务要求选择不同的相机类型。

图 5-2-76   加拿大 Teledyne DALSA 公司的 8K 黑白相机

根据系统需达到检测大幅面隔膜的性能指标,结合上述线阵相机与面阵相机成像方式等特点的对比,本系统选用线阵相机。除了成像方式外,还需考虑分辨率、行频等因素。分辨率是根据单帧检测幅宽和最小检测精度来确定的,常见的线阵相机分辨率有 2K、4K、8K、16K。根据电池隔膜表面图像的最低分辨率要求(8K)及单帧幅宽(50 mm),本实验平台所采用的相机为加拿大 Teledyne DALSA 公司的 8K 黑白相机,型号为 LA-GM-08K08A-00-R,如图 5-2-76 所示。该线阵相机的主要技术参数如表5-2-9所示。

表 5-2-9   加拿大 Teledyne DALSA 公司的 8K 黑白相机主要技术参数

指　　标	数　　值
分辨率	8K
最大行频	45 kHz

指　标	数　值
像元尺寸	7.04 μm×7.04 μm
尺寸	76 mm×76 mm×47 mm

（2）镜头。

镜头的焦距 f 为焦点到成像面的距离,景深 DOF 表示清晰成像的范围,光圈值 F 影响相机进光强度。F 越大,进光量越小,景深越大,采集到的图像所包含的背景信息越多。

根据电池隔膜检测系统的性能指标以及所选相机型号,此实验平台选用法国 Schneider 公司的 Apo 定焦镜头,如图 5-2-77 所示。此镜头的性能指标如表 5-2-10 所示。

图 5-2-77　法国 Schneider 公司的 Apo 定焦镜头

表 5-2-10　Apo 定焦镜头性能指标

指　标	数　值
最大光圈值 F	4.0
焦距 f	59.9 μm
实际通光量	400～700 nm
尺寸	47 mm(D)×41.8 mm(L)

（3）光源。

合理的光源设计可将前景与背景最大化地分离,便于图像分割与识别,最终提高整体的综合性能。光源的主要功能:照亮目标,实现最佳成像效果,抑制外界光照影响。

由于检测系统要完成隔膜的双面检测,隔膜正面为基膜面,反面为陶瓷面,反面的对比度更低,因此结合相机对波长为 550～700 nm 的光较为敏感的特性,选用较大波长的红光。LED 条形光源具有亮度高、寿命长、抗干扰能力强的优点,且与线阵相机搭配使用时,可提高隔膜颗粒图像的对比度与清晰度。综合以上因素,本实验平台选用我国上海嘉励自动化科技有限公司的型号为 JL-ZLT-150 的红色条形 LED 光源,如图 5-2-78 所示,它的有效发光尺寸为 150 mm,功率为 6.8 W,波长为 625 nm。

图 5-2-78　JL-ZLT-150 红色条形 LED 光源

　　光源的布置方式对照明效果的影响也很大,常见的布置方式有低角度入射、高角度入射、多角度入射等,经过大量实验最终选用低角度入射,并确定入射角为 23°,光路设计及实物图如图 5-2-79 所示。

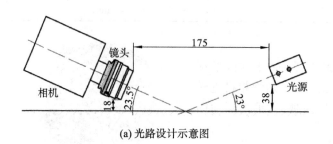

(a) 光路设计示意图　　　　　　　　　(b) 光路实验实物图

图 5-2-79　光路设计及实物示意图

　　2) 运动控制单元

　　运动控制单元由运动控制卡、驱动器、电动机、编码器、导轨滑块组成。运动控制卡用于向驱动器发送运动指令,选用我国成都乐创自动化技术股份有限公司的 MPC2810 运动控制卡。驱动器发送脉冲到电动机,以控制它的转动规律。编码器发送脉冲到相机,触发其采集图像。

　　3. 软件及算法描述

　　根据上述对电池隔膜图像质量的分析,同时考虑检测系统的性能指标,需要将硬件系统与软件系统集成为一体。软件部分的功能包括电池隔膜图像的滤波、增强、分割,以及形态学运算、特征提取、指标计算,涉及人机交互软件界面。图 5-2-80 展示了电池隔膜低对比度图像检测系统的软件和硬件架构及流程。

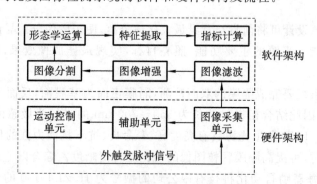

图 5-2-80　软件硬件架构及流程

接下来详细介绍本检测系统使用到的软件及算法。

　　1) 图像滤波

　　中值滤波是非线性的,它用邻域灰度中值代替原值,依次遍历每个像素点,从而得到新的灰度值集合,并用其替代原图像的灰度值集合。具体实现:将某一位置像素邻域内所有点的灰度值 $\{a_1, a_2, \cdots, a_m\}$ 按升序排列,若 m 为奇数,将第 $(m+1)/2$ 个像素值取为中值,若 m 为偶数,则将中间两像素值的均值取为中值。标准一维中值滤波器的数学表达式为

$$y_k = \mathrm{med}\{x_{k-m}, x_{k-m+1}, \cdots x_k, \cdots x_{k+m-1}, x_{k+m}\} \tag{5-30}$$

式中:med 表示取中位数运算。

二维高斯函数的表达式为

$$h(x,y) = \frac{1}{2\pi \sigma^2} \mathrm{e}^{-\frac{x^2+y^2}{2\sigma^2}} \tag{5-31}$$

式中:(x,y) 为点坐标,在图像处理中可认为坐标值是整数;σ 是标准差,标准差越小,二维高斯图像越细窄,平滑效果越不明显,反之,标准差越大,二维高斯图像越扁平,滤波效果越明显。本系统采用中值滤波与高斯滤波复合作用,同时引入线性与非线性滤波,得到了更好的预处理效果,为之后的处理保证了图像的质量。

2) 图像增强

锂电池隔膜正面喷涂的白色的聚偏氟乙烯颗粒与灰白色的基材颜色相近,而且反面基材上还镀上了一层薄陶瓷,陶瓷的颜色与聚偏氟乙烯颗粒颜色更接近,要检测的颗粒目标与隔膜背景对比度低,灰度范围窄,图像相邻像素的相关性较高。再考虑到可能存在光照不均的现象,采集到的隔膜图像对比度较低,会对后续颗粒轮廓提取与各项检测指标的计算准确性产生较为严重的影响,故需要增强图像的对比度。

本系统采用基于二次多项式的灰度变换,通过将伽马变换 $s = cr^{\gamma}$ 中的 γ 取为 2、1、0,进行多项式 $y = ax^2 + bx + c$ 组合求解。该方法可以将颗粒前景与隔膜背景很好地分离开来,便于之后的目标分割。

3) 电池隔膜图像的分割方法

在对图像进行分析时,往往对感兴趣区域(ROI)较为关注,例如在锂电池隔膜表面图像中,着重关注的是涂层颗粒的粒径、数目以及喷涂覆盖率等指标,而无须关注隔膜上的其他区域。我们感兴趣的带有某些特征的区域,通常被定义为前景,而其余不感兴趣的区域通常被定义为背景。图像分割的目的就是将前景从复杂的背景中分离出来,以便后续对前景的图像进行分析。分割的结果是将图像分为各自具有一致性的区域,同区域内像素特征相似,不同区域间像素特征相异。欲得到电池隔膜图像准确度较高的计算指标,须实现高质量的分割。

本项目采用最大类间方差法(Otsu 法)进行电池隔膜图像的分割,它创新性地选择类间方差作为图像分割阈值选取的指标。根据图像灰度值的特点,选用一个阈值将图像分割为两部分,再计算背景和前景的类间方差,方差越大,则背景和前景的差别越大。当将前景错分为背景或将背景错分为前景时,均可造成两者灰度值差别变小,所以类间方差最大时,正确分割概率最大。最大类间方差法原理简单,无须实时监督,无须调参,可实现自动获取阈值,而且分割效果较好,故应用广泛。

4）目标数据的获取算法设计

掌握隔膜颗粒的分布规律并准确获取隔膜颗粒尺寸对锂电池的生产有着重大意义，所以需要选择一系列物理指标来对其分析，现选择最大粒径、最小粒径、周长、面积、颗粒涂覆面积率等参数作为评价指标。对于最大粒径的计算，基于轮廓点集遍历，在轮廓上逐个遍历两个点之间的距离来求取最大值。先将当前距离初始化为 0，再计算两点之间的距离，进行排序，取最大值作为颗粒的最大直径。两点之间距离的计算式为

$$d_{\max} = \sqrt{(\mathrm{con}\,[\mathrm{index}][i].x - \mathrm{con}\,[\mathrm{index}][j].x)^2 + (\mathrm{con}\,[\mathrm{index}][i].y - \mathrm{con}\,[\mathrm{index}][j].y)^2}$$
(5-32)

式中：con 为轮廓；index 为轮廓的索引号；i,j 分别为轮廓上的点，其最大值为轮廓上所有点的数量；x,y 分别为点的横、纵坐标。

选用基于最小面积外接矩形的方法来计算颗粒最小粒径，如图 5-2-81（见书末）所示，绿色矩形框为该颗粒的最小面积外接矩形，a 为长边，b 为短边，以短边 b 作为最小粒径。再由相机标定后得到的每个像素代表的实际尺寸，得到实际的最小粒径 $d_{\max}$，计算公式为

$$d_{\max} = b \times \mu$$
(5-33)

式中，μ 表示图像中每个像素代表的实际尺寸。

颗粒的周长即最外层轮廓的长度，在边界跟踪的过程中根据中心像素的八邻域来搜索轮廓边界点，搜索过程结束后找到颗粒的轮廓，最后统计轮廓像素个数，再乘以像素实际尺寸计算出实际周长数值。计算公式如下：

$$C = n \times \mu$$
(5-34)

式中：C 为轮廓周长；n 为颗粒轮廓曲线上像素的个数。

隔膜颗粒的面积可通过计算轮廓所包围区域内所有像素的个数，然后乘以每个像素的实际面积来求取。计算像素个数时可采用计算颗粒最大粒径时等效圆形面积法中向量叉乘的方法。计算出隔膜颗粒的面积后，还需将颗粒轮廓以醒目的颜色标识出来，以便工作人员能够直观地感受到颗粒的大小。轮廓面积计算公式为

$$S = N \times \mu^2$$
(5-35)

式中：S 为颗粒的面积；N 为轮廓所包围区域内所有像素的个数；μ 为每个像素代表的实际尺寸。

颗粒面积覆盖率是一个重要的检测指标，需保证其大小在一定范围内。若隔膜表面颗粒面积覆盖率太小，则锂电池中锂离子流通的效率将会降低，锂电池工作性能下降；若面积覆盖率太大，将会造成喷涂浆料的浪费，提高企业生产成本。如图 5-2-82 所示，颗粒面积覆盖率定义为相机检测区域内所有颗粒的总面积与整个图像的面积之比，计算公式为

$$\rho = \frac{\sum_{i=0}^{\mathrm{con}-1} N_i \mu^2}{\mathrm{raw} \cdot \mathrm{col}} \times 100\%$$
(5-36)

图 5-2-82　电池隔膜颗粒覆盖面积

式中：ρ 为相机所检测隔膜区域的颗粒面积覆盖率；N_i 为第 i 个颗粒轮廓所包围的像素个数；μ 为每个像素代表的实际尺寸；i 为从 0 到 con-1 的整数；con 为轮廓的个数，即此区域内总的颗数量；raw 为所检测图像区域的高；col 为所检测图像区域的宽。

4. 结果展示

经过硬件选型和软件设计后，即可组成系统的整体。锂电池隔膜粒度分布图像检测系统的应用现场如图 5-2-83 所示。

图 5-2-83　锂电池隔膜粒度分布图像检测系统的应用现场

相机与平台的运动行程分别为 1200 mm、500 mm，当电池隔膜运动到目标位置时，平台带着相机开始往前运动一定距离，平台在运动的同时，相机在多个位置进行图像采样,多次循环,最终平台反向回到起点,完成检测过程。

　　在电池隔膜颗粒图像检测系统中进行实验测试。本项目以厚度为 12 μm 的聚乙烯电池隔膜为测试对象,检测正面,相机经过多次标定后,取平均值,得到每个像素的尺寸为 5.378 μm,曝光时间为 53 ms,行频为 10 kHz,光源控制器输出功率为 18 W,平台与相机运动速度设为 40 mm/s。实验完成后,截取一帧检测结果图像中的某个区域,如图 5-2-84 所示。取其中两帧隔膜颗粒图像,粒径分布指标与显微镜所测结果对比如表 5-2-11 所示(以最大粒径及颗粒面积覆盖率为例)。

图 5-2-84　一帧检测结果图像中的某个区域示意图

表 5-2-11　粒径分布指标与显微镜所测结果对比

隔膜序号		最大粒径均值/μm	最大粒径标准差/μm	颗粒面积覆盖率/(%)
1	本系统	215	183	15.89
	显微镜	217	180	16.31
2	本系统	345	198	14.87
	显微镜	340	200	14.35

　　分析表 5-2-11 中数据可知,以采用显微镜所测两帧隔膜图像的颗粒分布规律指标为基准,采用锂电池隔膜粒度分布图像检测系统所检测结果的准确率为 96.9%,满足检测要求。通过对测试图像进行实验,得到高精度的计算结果,表明本系统具有准确、高效、可靠的检测能力。

5.2.9　基于图像化编程图像处理软件的机械零件测量

1.需求分析

机械零件的二维几何形状尺寸的自动测量在工业生产上的应用越来越广泛,其检测结果直接关系到生产效率和产品质量。随着现代工业的发展和进步,传统的检测手段已不能完全满足现代化工业生产对机械零件测量的要求,实时、在线、非接触、高速、高准确率的检测模式是现在制造业检测环节的特点。基于机器视觉的机械零件几何尺寸的检测技术是最近几年研究的热点之一,也是现代化检测技术的发展趋势之一。

在工业生产中,测量是进行质量管理的手段,是贯彻质量标准的技术保证。机械零件的尺寸检测作为产品加工的一个关键环节,其检测结果不仅影响产品的质量,而且对后续零件的再加工和装配起着决定性作用。目前,常规的零件尺寸测量主要采用游标卡尺、激光测量仪和轮廓仪等完成检测环节。以上零件尺寸测量方法要么受测量工具限制,其测量精度有限;要么检测仪器过于昂贵且操作复杂,同时其准确率往往受人为因素的影响。

利用机器视觉技术,通过工业相机和工业镜头,搭配相应的光源,计算机控制触发开关可以抓拍到清晰的机械零件图像,通过图像预处理和形状模板匹配算法可以实现机械零件的自动粗定位,进而精定位测量相关尺寸,测量结果可以作为合格或者不合格产品的信息反馈给计算机。此项研究具有非常强的实际应用意义:

(1)检测准确率高,利用机器视觉技术代替人工进行测量,可以避免在测量过程中人为因素造成的误测、漏测、错测。

(2)测量速度快,基于机器视觉的测量方法比人工测量节约很多时间,为生产企业提高了生产效率。

(3)自动化程度高,用机器代替人进行测量,可以节约劳动力成本,优化企业内部人力资源。

图像化编程软件是近些年在视觉应用中被广泛推广和使用的软件。以前的视觉项目的开发大部分是基于项目本身进行非标定制的,究其原因是没有一款通用的软件可以用来评估和测试项目,其缺点是开发周期长、人力成本高、通用性不好。为了解决这些痛点,深圳市启灵图像科技有限公司联合武汉筑梦科技有限公司,集多年行业经验,打造出一款图形化编程软件——Kimage。

Kimage 是一款完全拥有自主版权的智能型的图形化编程视觉软件,提供丰富的图像处理算法,支持各类工业相机及 GPIO(general purpose input/output,通用输入/输出)硬件,包含丰富的接口。

应用人员使用该软件,无须编写代码,采用拖拽式配置项目,获得简单快速的上手体验,能够大大简化项目的复杂度。Kimage 视觉软件的丰富功能及流程拖拽配置,既方便项目方案的测试验证,也为项目实施及售后服务提供高效、高质的保证。

Kimage 软件支持灵活的插件开发,使用者可快速自主开发算法,并将其导入平台。同时支持二次开发,软件提供 SDK(software development kit,软件开发工具包)库,软件工程师可将平台嵌入个人应用程序,方便整合应用软件。

Kimage 视觉软件已广泛用于机械、电子、通信、新能源、物流、塑胶、纺织等众多行业，以及高校、科研单位等，应用于定位、测量、检测、对位贴合、产品组装、物料分拣、字符识别、ID(identity document，身份证标识号、账号等)读码等领域。

2.硬件选型

机械硬件的尺寸规格：大小为 69 mm×45 mm，高度为 2±0.2 mm。视觉的测量精度要求不超过±0.05 mm。由产品尺寸大小和测量精度的要求，可以算出 500 万像素的相机即可满足，又因为不需要识别颜色，所以本项目选择 500 万像素黑白相机。

工作距离的要求是 200～300 mm，根据比例关系

$$\frac{芯片尺寸}{视野大小}=\frac{镜头焦距}{工作距离}$$

可以计算出焦距为 25 mm 的镜头是最为合适的选择。

采用透明的冶具，可以使背光透过冶具，实现背光照射的打光方式。因为背光在尺寸测量过程中可以保证边界灰度稳定变化，从而保证测量的稳定性。

3.软件及算法描述

1) 软件构成

以 Kimage 图形化编程的机械零件测量系统，包含软件登录界面、软件项目配置界面、软件主界面等。软件登录界面如图 5-2-85 所示。

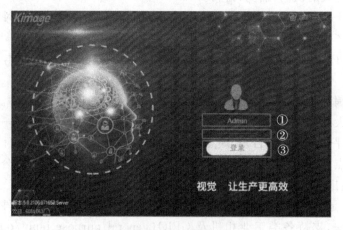

图 5-2-85　软件登录界面

①用户栏：用于选择登录的用户。

②密码栏：用于输入登录的密码。

③登录按钮：用于单击后登录，进入平台界面。

软件项目配置界面如图 5-2-86 所示。

①导航栏：用于进入各个模块，设置资源以及设置各种视觉工具。

②文件列表：用于选择不同的项目。

③文件信息栏：用于填写项目的信息和操作。

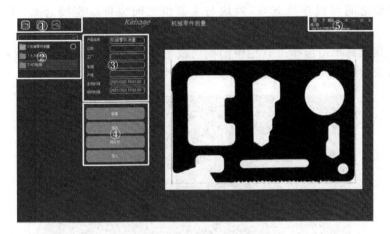

图 5-2-86　软件项目配置界面

④文件操作栏：用于新建、保存、另存和导入项目配置。

⑤系统按钮：进行系统操作。

软件主界面如图 5-2-87 所示。

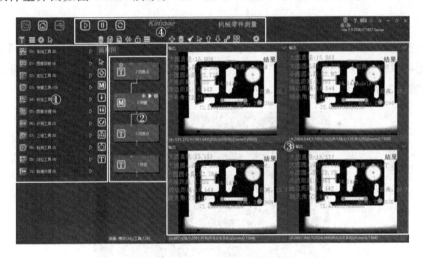

图 5-2-87　软件主界面

①工具栏：包含所有的 Kimage 平台软件的功能工具。

②配置栏：根据项目、实验要求进行图形化编程配置项目。

③显示栏：显示图像、轮廓、文字、数据等。

④操作栏：有单步运行、连续运行、停止运行等。

Kimage 软件采用的是图形化编程。根据项目、实验的逻辑要求搭建对应的模块和工具组，模块里面可以添加模块、工具组，使得整个软件配置看起来界面整洁、逻辑清晰；工具组里面根据需求添加各种功能工具。工具与工具之间可以连接起来，工具组与工具组之间可以连接起来,模块与工具组之间也可以连接起来,实现不同的功能。

首先用鼠标单击选择工具栏中的模块或者工具组,将其添加到配置栏中,如图5-2-88所示,并用连接线连接起来以实现顺序执行。

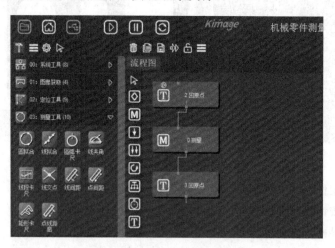

图 5-2-88 模块和工具组的添加

在模块中又可以单击添加工具组,工具组里面还可以单击添加工具组,同时它们之间还可以添加各种逻辑判断工具,比如并行逻辑、判断逻辑、分支逻辑、循环逻辑等,如图5-2-89所示。

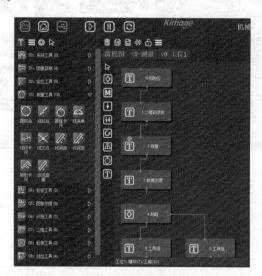

图 5-2-89 工具组和逻辑的添加

在工具组中一般可以通过单击添加各种功能工具,如图5-2-90所示,对于机械零件测量,主要添加一些测量类的工具。

图 5-2-90　工具的添加

测量功能实现后,配置相关的通信和界面显示,以达到整个项目、实验的要求。整个流程都是在执行图形化的编程过程和相关参数的设置过程,真正实现智能化的图形化编程。

2)图像算法

(1)基于阈值处理的形状特征提取法。

最常用也是最简单的阈值处理法就是图像二值化:根据设定的阈值,图像中大于设定阈值 T 的像素都设为白色,小于设定阈值的像素都设为黑色,处理后的图像就成了只有黑白两色的二值图像,从而可以将目标特征与背景分离开。

$$g(x,y) = \begin{cases} 255(白色), f(x,y) \geqslant T \\ 0(黑色), f(x,y) < T \end{cases} \qquad (5-37)$$

式中:$g(x,y)$ 是二值图像;$f(x,y)$ 是原图像的灰度值;T 是设定阈值。

基于阈值处理的形状特征提取法在特征提取的过程中容易受环境因素的影响,光照条件的改变则带来图像灰度值的变化,灰度值的改变会使得原先设定的阈值不能满足阈值处理的条件。

(2)基于轮廓的形状特征提取法。

基于轮廓的形状特征提取法是通过图像分割技术获得目标边缘的像素点,根据这些像素点拟合出目标的轮廓特征,至于边缘内部像素之间的连接关系、几何位置则都不予考虑,根据边缘上像素点之间的连接关系拟合出形状轮廓。目前有两大类形状描述子可以用来表征边缘上像素点之间的特征,一类是结构化的方法,比如链表、B 样条、多边形等;另一类是全局方法,比如 Fourier 描述子、小波描述子、周长、尺度空间、形状上下文、Hausdorff 距离等。前一类形状描述子的优点是计算量比较小、鲁棒性好,缺点是区分能力不强、查询精度不高。而后一类形状描述子具有比较好的区分能力。

一个简单的轮廓描述子的基本参数包括轮廓的长度、轮廓的直径、离心率、斜率、曲率和角点等。

轮廓长度是指目标特征区域的最小外轮廓的总长度。目标轮廓可以通过四连通链码或者八连通链码连接边缘上的像素点组成。根据轮廓上像素点链码的奇偶数,可以计算出轮廓的长度,其计算公式为

$$L = M + \sqrt{2}N \tag{5-38}$$

式中:L 为轮廓的长度;M 为链码是偶数的像素点个数;N 为链码是奇数的像素点个数。

轮廓直径是指目标区域边缘上最远两点之间的距离。

轮廓离心率是指轮廓的长轴与短轴的比值。长轴就是轮廓的直径,短轴是边缘上最远两点之间的距离且垂直于长轴。

轮廓的斜率是指轮廓上各点的切线方向。

轮廓的曲率是指轮廓在某点的弯曲程度。

轮廓的角点是指曲率的局部极值点,它在一定程度上反映了轮廓的复杂性。

常见的特征点提取方法有:Moravec 角点检测算法、Harris 角点检测算法等。

①Moravec 角点检测算法。Moravec 算法的思想比较简单,后来的很多算法都是在该算法的基础上改进的。首先计算每个像素的兴趣值 IV(interest value)。然后给定经验阈值,将兴趣值大于该阈值的点作为候选点。阈值的选择应以候选点中包括所需要的主要特征点而又不含过多的非特征点为原则。最后在一定大小的窗口内,将兴趣值不是最大的那些候选点去掉,仅留下一个兴趣值最大者,作为一个特征点。

②Harris 角点检测算法。Harris 角点检测算法是在 Moravec 算法的基础上发展起来的。Harris 角点检测算法是研究图像中一个局部窗口在不同方向进行少量的偏移后,窗口内图像亮度值的平均变化。

4. 结果展示

深圳市启灵图像科技有限公司联合武汉筑梦科技有限公司开发了型号为 LX-VS-2021-AI01 的设备,该设备和 Kimage 软件已应用于 2021 年全国职业院校技能大赛高职组"机器视觉系统应用"赛项,如图 5-2-91 所示,赛题考察了机械零件测量的相关内容。

5.2.10　基于 2D 视觉传感器的大型曲面测量与质量评估

1. 需求分析

现代制造业的产业变革,总是伴随着各类学科知识的突破和融合。随着制造业的不断发展,在生产制造的过程中为了满足空气动力学、流体力学、仿生学等方面特

图 5-2-91 机器视觉系统应用大赛赛场

定功能的需要,大型曲面在高速列车、飞行器、船舶设计等领域有着广泛应用。例如车身覆盖件、大型风机叶片等,均由大尺寸曲面参与构成,如图 5-2-92 所示。伴随现代生产作业的发展和工业生产制造的需要,针对大型零件的三维信息提取与应用已成为重要的自动化技术,同时也为逆向工程的实现提供基础条件,其在不同领域尤其是制造行业中有着广泛的应用和不断提升的需求。

图 5-2-92 大型曲面成型加工

在现代加工过程中,一些大型零件在表面尺寸检测、质量控制等方面的自动化实现上需大尺寸表面测量技术的支持。研发准确、高效的大型曲面测量系统是解决相关问题的重要方式,对大型装备的生产和检测有重要意义。

不同于具有显著几何特征的典型表面,这些典型表面可以采用测量其数量相对较少的控制点来获得相应的表面特征子信息,大型自由曲面无显著几何特征,采用传统检测方式、工具难以测量。使用有刻度测量工具(如塞规、卡尺等)只能针对部分典型几何特征进行采样密度较低的离散测量,测量所得的数据体量少且难以数字化,不利于计算和评价。而使用无刻度测量工具,则需要针对具体待检测对象定制,虽然效率高,但测量工具的适应性差,难以满足在线测量的要求。

综上所述,曲面三维测量技术在现代加工生产中有着重要的作用。各类曲面三维测量方法根据其原理,适用于不同的测量对象和环境特点。因此,针对大型曲面的三维测量方法及系统的研发具有重要意义。

2. 硬件选型

系统的整体结构如图 5-2-93 所示。视觉传感器安装于工业机器人末端,工业机器人安装于导轨小车上,导轨小车位于直线导轨上,待检测曲面位于导轨一侧。

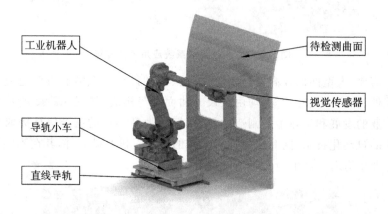

图 5-2-93　系统结构

该系统的硬件结构分为视觉扫描和机械运动两个模块,其具体功能如下。

1) 视觉扫描模块

视觉扫描模块的功能是将表征曲面三维信息的数据进行采集、记录,主要包含相机、激光源和相机控制板。由于被测工件较大,在采集过程中难以移动,因此在采集过程中需要图像采集设备相对工件进行移动。在移动过程中设备会存在一定的振动,使相机和激光发生器的相对位置发生变化,换句话说,相机的标定信息会失效,同时工业现场的粉尘会影响相机和光源使用寿命。因此在本项目中采用德国 AT 公司的一体式结构光视觉传感器作为采集器。

如图 5-2-94 所示,本项目选用的采集器型号为 C5-2040CS16-640。线激光器与相机被封装于一个整体的铝合金外壳中,镜头对应位置采用镀膜光学玻璃进行密封,具有良好的密闭性,使相机和光源与外界环境隔开,避免粉尘对光学器件的影响。同时线激光器与相机安装于同一个结构件上,在外部设备振动的情况下能够保证两者

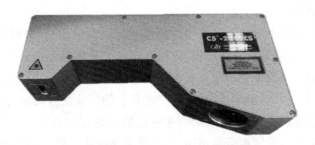

图 5-2-94 一体式线结构光视觉传感器

相对位置固定不变,即保证了相机三维标定信息的有效性。

该传感器的图像数据传输采用 GigE Vision 相机接口标准,其特点是较高的数据传输速率(大于 300 Mb/s),高速信息传输使该传感器的采集频率较高。GigE Vision 采用网口通信使其在传输距离上可达 100 m,远远大于其他图像采集接口标准,由于本项目中大型曲面的曲面长度大于 25 m,因此该特点也是重要的参考。另外,GigE Vision 网口通信所占 CPU 负载小,有利于图像处理保持在较高效率上。在采集控制方面,该传感器配有 I/O 控制板卡,支持三种触发方式——脉冲触发、框架触发和编码器触发,可由硬件控制曝光,并有 Windows 平台开发工具箱,开发难度小。

该传感器的工作方式如图 5-2-95 所示,激光发出的光平面与安装平面垂直,便于光平面坐标系与安装坐标系转换。该传感器的工作参数如表 5-2-12 所示。

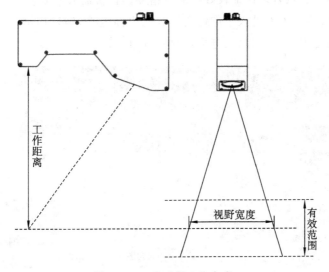

图 5-2-95 传感器工作方式

表 5-2-12 本项目所采用传感器的工作参数

标准工作距离/mm	视野宽度/mm	有效范围/mm	x 轴像素	采集频率/Hz
700	480~820	500	2048	25000

2)机械运动模块

机械运动模块的主要功能是实现传感器空间位姿的调整、获得位移信息以及控制外部触发信号,主要包括直线导轨、导轨小车和工业机器人三个部分。其中直线导轨和轨道小车配合实现传感器在 y 轴方向的移动,小车与导轨之间以轮轨结构完成承载,该结构具有较大的承载能力,保证安装其上的工业机器人在运动过程中的稳定性。导轨内侧装有齿条,它与安装于小车底部的齿轮相配合可实现高精度的运动控制。小车上的齿轮与旋转编码器相连,当小车移动时齿轮带动编码器旋转,编码器根据其旋转角度发出相应数量的脉冲信号,实现对小车位置信息的获取以及产生触发相机的帧信号。

工业机器人采用 ABB 公司的 IRB-6640 型(见图 5-2-96),其工作半径为 2.8 m,其工作范围能够覆盖车身段包括侧立面和车顶外沿的绝大部分的曲面区域。视觉传感器安装于工业机器人末端法兰盘上,使视觉传感器光轴平面与机器人工具坐标系中的 xOz 平面平行,并使得该平面与直线导轨方向的 y 轴垂直。使机器人工具坐标系与相机坐标系重合,可通过读取机器人末端姿态来获得传感器在 x 轴和 z 轴的位置,并且可以通过调整机器人末端 x 轴位置来保证视觉传感器对曲面不同区域的扫描,调整 z 轴位置保证传感器与被测曲面的距离在工作范围以内。同时对于车身顶部等曲面法向量与世界坐标系 z 轴夹角过大的曲面,可以通过调整机器人四轴使相机坐标系 z 轴与之重合来保证较好的测量精度。在机器人末端装有反射式距离传感器,当检测到机器人末端进入工作距离后其输出高电平,触发相机开始工作;当末端远离工作距离范围时,其输出低电平,使相机停止采集。

图 5-2-96　IRB-6640 型机器人

3.算法描述

1)深度图像的增强

对图像噪声组成特征进行分析,可知其主要包含由机械振动引起的条纹状脉冲噪声和由于相机感光元件受到电磁干扰产生的高斯噪声。

针对条纹状脉冲噪声,其主要特点沿扫描运动方向最为显著,因此采用长宽不等的矩形滤波核对图像进行中值滤波,增加扫描方向像素点的影响程度,减少噪声对两侧细节的影响,相当于在滤波过程中对图像 y 轴采用大滤波核而对 x 轴采用较小的滤波核。

对于高斯噪声,采用具有阈值干预的双边滤波对图像进行处理。双边滤波是在高斯滤波的基础上进行改进,对卷积滤波核中邻域中的像素是否参与滤波进行判断。其数学表达如下:

空间域核为

$$k(x,y) = \frac{1}{2\pi\,\sigma_k^2}e^{-\frac{x^2+y^2}{2\sigma_k^2}} \tag{5-39}$$

值域核为

$$z(x,y) = \begin{cases} e^{-\frac{\|f_0-f(x,y)\|^2}{2\sigma_z^2}}, & |f_0-f(x,y)| < T \\ 0, & |f_0-f(x,y)| \geqslant T \end{cases} \tag{5-40}$$

双边滤波核为

$$r(x,y) = k(x,y)z(x,y) \tag{5-41}$$

式中：f_0 为滤波核中心点像素灰度值；$f(x,y)$ 为滤波核中坐标为 (x,y) 的像素点对应的灰度值；σ_k,σ_z 分别为空间域和值域的控制方差；T 为值域截断阈值。

如图 5-2-97 所示,通过滤波后的深度图像,条纹状脉冲大幅降低,图像边缘仍较为清晰。图 5-2-98 所示为原始图像和滤波后图像同一位置的局部放大对比,可见滤波方法有效地消除了背景中的噪声,使相同区域的灰度分布平滑,同时图像边缘的细节没有被平滑。因此该方法可以较好地保证曲面数据的真实性。

图 5-2-97　滤波后深度图像和曲面重建模型

2) 计算图像平均曲率

根据曲面曲率理论的基本公式可以得到曲面上某点的平均曲率：

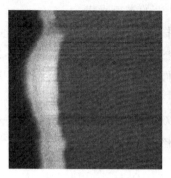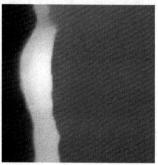

图 5-2-98　原始图像和滤波后图像局部放大对比

$$H = \frac{LG - 2FM + QN}{2(QG - F^2)} \tag{5-42}$$

式中：Q, F, G 称为曲面的第一基本量；L, M, N 称为曲面的第二基本量。

由于曲面信息通过深度图像进行描述，此时图像中曲面已经离散为各像素对应采样点，即曲面不再由连续的函数表达，同时其参数 u, v 为像素坐标且相互正交。因此，结合图像信息特征和处理方法，可采用线性 Sobel 算子对图像进行卷积处理即可得到相应导数信息。

$$\begin{cases} \boldsymbol{S}_x = \dfrac{1}{2} \begin{bmatrix} -1 & 0 & 1 \end{bmatrix} \\[2mm] \boldsymbol{S}_y = \dfrac{1}{2} \begin{bmatrix} -1 & 0 & 1 \end{bmatrix}^{\mathrm{T}} \end{cases} \tag{5-43}$$

对于导数图像，有

$$\begin{cases} \boldsymbol{I}_u = \boldsymbol{I} * \boldsymbol{S}_x \\ \boldsymbol{I}_v = \boldsymbol{I} * \boldsymbol{S}_y \\ \boldsymbol{I}_{uu} = \boldsymbol{I}_u * \boldsymbol{S}_x \\ \boldsymbol{I}_{vu} = \boldsymbol{I}_u * \boldsymbol{S}_y \\ \boldsymbol{I}_{vv} = \boldsymbol{I}_v * \boldsymbol{S}_y \end{cases} \tag{5-44}$$

式中：$\boldsymbol{S}_x, \boldsymbol{S}_y$ 分别为 x, y 方向的一维 Sobel 算子核；$\boldsymbol{I}_u, \boldsymbol{I}_v$ 为一阶导数图像；$\boldsymbol{I}_{uu}, \boldsymbol{I}_{uv}$，$\boldsymbol{I}_{vv}$ 为二阶导数图像；$\boldsymbol{I}$ 为深度图像。

根据第一基本量的计算公式（请读者自行参考相关书籍）可得 Q, F, G 对应图像：

$$\begin{cases} \boldsymbol{I}_Q = \boldsymbol{I}_u \cdot \boldsymbol{I}_u + \boldsymbol{E} \\ \boldsymbol{I}_F = \boldsymbol{I}_u \cdot \boldsymbol{I}_v \\ \boldsymbol{I}_G = \boldsymbol{I}_v \cdot \boldsymbol{I}_v + \boldsymbol{E} \end{cases} \tag{5-45}$$

式中：$\boldsymbol{E}$ 为单位矩阵。结合相关公式可得法向量图像，并用三通道分别表示向量 $\boldsymbol{n}$ 的三个坐标：

$$\begin{cases} I_{n.1} = \dfrac{-I_u}{\sqrt{I_u^2 + I_v^2 + 1}} \\[2mm] I_{n.2} = \dfrac{-I_v}{\sqrt{I_u^2 + I_v^2 + 1}} \\[2mm] I_{n.3} = \dfrac{1}{\sqrt{I_u^2 + I_v^2 + 1}} \end{cases} \qquad (5\text{-}46)$$

可得 L, M, N 对应图像：

$$\begin{cases} \boldsymbol{I}_L = \boldsymbol{I}_{uu} \cdot \boldsymbol{I}_{n.1} \\ \boldsymbol{I}_M = \boldsymbol{I}_{uv} \cdot \boldsymbol{I}_{n.2} \\ \boldsymbol{I}_N = \boldsymbol{I}_{vv} \cdot \boldsymbol{I}_{n.3} \end{cases} \qquad (5\text{-}47)$$

得到平均曲率图像如图 5-2-99 所示。

3）基于平均曲率的区域划分

在曲面加工工艺要求中,与周围曲面延展趋势不一致的区域被定义为缺陷。在平缓区域中曲率较大的区域和变化较快区域中曲率较小的区域均为缺陷,即与某区域的整体平均曲率不一致的区域为异常区。

由于曲面是连续变化的,因此不能采用同一曲率来表示整个曲面的背景曲率。但由于曲面的连续性,在某处的邻域内曲面的曲率是相近的,因此可以通过

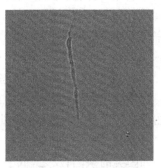

图 5-2-99　平均曲率图像

对曲率图像进行均值下采样来实现对曲率图像的分区域均值化。其数学表达为

$$I_k = \frac{1}{N} \sum_{(i,j) \in S_k} f(i,j) \qquad (5\text{-}48)$$

式中：I_k 为下采样图像中第 k 个像素的灰度值；S_k 为滤波核遍历的第 k 个区域；$f(i,j)$ 为曲率图像中坐标为 (i,j) 的像素的灰度值,即对应点曲率。

如图 5-2-100 所示,对滤波核内所有元素的灰度值进行代数平均,将其作为下采样图像的像素灰度值,并滑动滤波核对曲率图像的其他区域进行处理。当滤波核遍

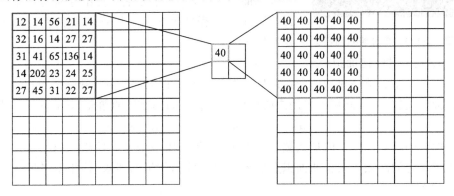

图 5-2-100　区域均值下采样过程

历曲率图像的所有区域后获得均值下采样图像时,该图像中像素灰度值即为曲率图像中对应区域的平均曲率。

　　经过均值下采样的图像与曲率图像的尺寸不一致,使得深度图像信息与区域均值曲率信息不能相互对应。为了便于图像计算,再将均值下采样图像进行相同尺寸的上采样,得到与曲率图像尺寸一致的区域均值图像,该图像上的像素与曲率图像的一一对应,即表示曲率图像中对应坐标点的背景曲率。

　　采用尺寸为原始图像边长五分之一的模板对曲率图像进行上述区域均值化处理,结果如图 5-2-101(见书末)所示,可见曲面被划分为 25 个区域,在图中左侧曲面趋势较为平缓的区域其对应曲率的均值接近 0,可认为是平面;在右侧曲面变化明显的区域,随着曲面弯曲程度的增加,对应区域的均值也增加。

　　为了在数值层面上验证对曲面曲率进行分区域求取的均值是否能够反映曲面曲率的整体分布,将原始曲面曲率信息和区域均值化后的曲率信息进行对比,结果如图 5-2-102(见书末)所示,图中×为曲面各点的原始曲率,·为经过区域均值后的曲率。

　　4) 深度图像的曲面缺陷定位

　　用区域曲率均值代替曲面在区域上的理想曲率值。将曲率图像与区域曲率均值图像进行差分,可获得采集曲面上与理想曲面上曲率的差别。

　　差分结果中高于零值的区域表示椭球类形变,说明在相对平缓区域上存在凸起或凹陷类的缺陷;反之,低于零值的区域表示马鞍类形变,说明在相对弯曲较大区域上存在曲率过低的平缓缺陷。

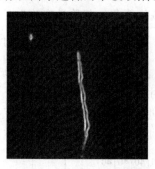

图 5-2-103　差分绝对值图像

如图 5-2-103 所示,对于图中灰度值较大的区域,其实际曲率与理想曲率相差较大,即该区域在曲率上存在较大突变。通过将差分绝对值结果映射至曲面对应位置上,结果如图 5-2-104(见书末)所示。图中曲面缺陷所在位置均显示为较大的差分值,而曲面其他区域的差分结果几乎为零,表示其他区域内曲面曲率与理想曲率一致,表明差分绝对值图像所得结果与曲面缺陷在很大程度上吻合。因此可以由差分结果确定缺陷位置。

　　5) 缺陷区域曲面拟合

　　采用最小二乘法对缺陷所在区域的局部曲面进行拟合。由于缺陷面积相对于整个曲面占比较小,因此可以采用二阶曲面方程表示局部区域的曲面,其数学方程为

$$f(x,y) = a_0 + a_1 x + a_2 y + a_3 x^2 + a_4 xy + a_5 y^2 \tag{5-49}$$

　　曲面的缺陷用图像的形式被分割出来,因此采用一个包含缺陷在内的矩形区域作为待拟合的区域。根据曲面拟合输入点的质量和数量的要求,该矩形区域的选取方法如下。

　　(1) 将差分绝对值图像的阈值分割结果按照连通域进行标记。

（2）对标记后的连通域，分别计算其外包围轮廓。

（3）根据各连通域的外包围轮廓，计算其最小外接矩形。

（4）以矩形中心为原点，将最小外接矩形的长宽各增加 10%。

（5）计算外接矩形面积与外包围轮廓面积的比值，若比值大于 2，则进入步骤（6）；否则进入步骤（4）。

（6）判断是否存在相互重叠的矩形区域，如果有，合并重叠矩形对应的缺陷编号区域，进入步骤（3）；如果无，则进入步骤（7）。

（7）将矩形区域作为待拟合曲面的区域。

如图 5-2-105（见书末）所示，对根据差分绝对值图像和分割阈值得到的缺陷区域（青、品、黄区域），按照上面所述方法计算出每个区域对应需要进行曲面拟合的区域。通过这个方法，可以根据曲面上缺陷的位置和影响面积的大小自动划分需进行曲面拟合的矩形区域。

接着采用点坐标所在的区域进行筛选：

（1）依照标号顺序选择待拟合矩形区域。

（2）顺序读取当前矩形区域内在分割图像中的灰度值。如果为 0，表示该点不属于缺陷位置，记录该点的 x、y、z 的坐标信息，并添加至输入数组；如果为 1，表示该点属于缺陷位置，舍弃该点 z 信息，记录 x、y 的坐标信息，并添加至输出数组。

（3）判断该矩形区域内是否存在未遍历的点。是，重复步骤（2）；否，将当前输入数组内的点的信息作为输入点，计算该区域的曲面方程。

（4）根据计算所得曲面方程，将输出数组中 x、y 信息代入，计算得对应点的 z 坐标，并用计算结果代替深度图像对应像素的灰度值。

（5）判断当前矩形区域标号是否为最末标号。是，结束计算，输出拟合曲面深度图像；否，执行步骤（1）。

根据上述步骤对图 5-2-105（见书末）中的缺陷区域进行处理，得到如图 5-2-106 所示的缺陷区域的处理结果。

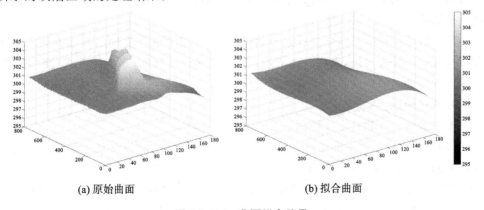

(a) 原始曲面　　　　　　　　　　　(b) 拟合曲面

图 5-2-106　曲面拟合结果

为了验证拟合曲面与原始曲面的吻合程度,将两个曲面在深度方向进行差分,获得如图 5-2-107(见书末)所示的结果。

6)缺陷评价指标计算

(1)单缺陷评价。

对单缺陷的评价都是基于缺陷区域在世界坐标系中 xOy 平面上投影区域的结果进行的,其主要反映一个具体缺陷的信息。

针对缺陷的超差信息评价指标中的缺陷区域面积进行计算,即计算缺陷的投影面积大小,计算过程为

$$m_0 = \sum_{(u,v) \in S} f(u,v) \tag{5-50}$$

式中:m_0 为图像的一阶矩;$f(u,v)$ 为图像坐标矩函数;S 为缺陷在 xOy 平面的投影区域。

(2)曲面整体评价。

针对曲面的整体评价指标都是基于单一缺陷特征结果的统计学计算,包括缺陷面积与曲面面积比值、总体积、缺陷平均体积、超差极值。

缺陷面积与曲面面积比值是指曲面上各缺陷区域面积之和与被检测曲面面积的比值。该比值反映了曲面受到缺陷影响的程度,比值越大表明该曲面上缺陷的面积越大,即曲面整体质量越差,需要后续修正加工的相对工作量越大;反之,则表明该曲面质量越好。

缺陷总体积包含两个参数,即曲面上所有缺陷导致的冗余体积之和与缺失体积之和,其中冗余体积之和表明后续加工中需要去掉的体积,而缺失体积之和表明后续加工中需要填补的体积。该参数能够反映曲面成形质量的好坏。

若冗余体积之和的数值为正,缺失体积之和的数值为负,则缺陷平均体积指的是冗余体积之和与缺失体积之和的数值之和,该值与零的差值反映了曲面缺陷在体积上分布的倾向性。该值越大表明曲面缺陷的分布越不均匀,具有明显的下凹或上凸倾向;反之,缺陷平均体积越接近于零,即冗余体积与缺失体积越接近,表明曲面缺陷越接近随机分布。

超差极值指缺陷与曲面高度之差的极值,即超过曲面高度的凸起最高值和低于曲面高度的凹陷最大值,表明曲面缺陷在深度范围内的区间,超差极值越大说明缺陷在深度方向的离散程度越大。

4. 软件描述

本系统的交互软件主要界面如下:

(1)主界面,包括相机控制面板、处理面板、图像显示面板以及关键评价指标结果显示面板,如图 5-2-108(见书末)所示。

(2)设置界面,包括相机参数设置、图像处理参数设置等,如图 5-2-109 所示。

(3)模型界面,包括模型显示面板和模型姿态控制面板,如图 5-2-110 所示。

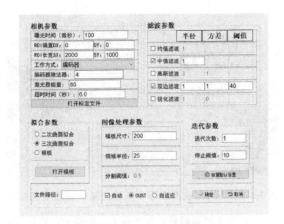

图 5-2-109　参数设置界面

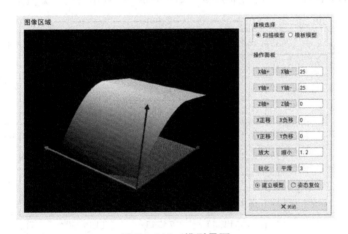

图 5-2-110　模型界面

5. 结果展示

图 5-2-111 所示为基于 2D 视觉传感器的大型曲面表面质量检测系统现场安装布置。

如表 5-2-13 所示,将设计系统测量结果与传统人工测量方法所得结果进行对比。整体上系统测量与人工测量结果一致,两者差值为 7% 左右,说明本系统测量结果具有真实性。在测量精度上,本系统在 x、y 方向上为 0.5 mm,高于人工测量的 1 mm;z 轴方向精度为 0.05 mm,高于人工测量的 0.1 mm,说明本系统测量结果具有更高准确性。对于测量数据种类,本系统能够测量缺陷面积、缺陷体积、绝对体积等人工方法难以测量的评价数据,说明本系统在测量数据上多于人工测量。同时本系统为自动化设备,测量并分析该曲面用时仅 4 min,少于人工测量所用的时间,说明本系统具有高效性。

图 5-2-111　大型曲面表面质量检测系统现场安装布置

表 5-2-13　设计系统测量结果与传统人工测量方法所得结果对比

缺陷编号		超差极值/ mm	中心坐标/ mm	矩形面积/ (10^3 mm^2)	缺陷面积/ mm^2	缺陷体积/ mm^3	绝对体积/ mm^3
1	系统	1.95	(390.8,4294.0)	8.777	2658.84	552.31	822.93
	人工	1.80	(392.0,4299.0)	7.580	—	—	—
2	系统	1.35	(202.8,4486.4)	10.287	2382.38	694.60	985.89
	人工	1.20	(204.0,4492.0)	9.650	—	—	—
3	系统	8.05	(194.8,4890.8)	12.160	3810.88	4541.04	6126.92
	人工	7.60	(199.0,4897.0)	13.730	—	—	—
4	系统	1.45	(153.6,5007.2)	9.079	1091.44	120.61	536.74
	人工	1.30	(156.0,5012.0)	8.850	—	—	—
5	系统	0.80	(434.3,5014.4)	7.565	1196.00	170.37	345.22
	人工	0.70	(435.0,5018.0)	7.040	—	—	—
6	系统	0.75	(367.2,5103.8)	6.917	1331.84	275.70	371.51
	人工	0.70	(370.0,5120.0)	7.240	—	—	—

思考与练习题

5-1　通过 C♯程序设计,实现一幅图像中物体的轮廓提取。

5-2　通过 OpenCV 开源代码实现二维码的识别。

5-3　采用 Kimage 软件实现一工件的尺寸与质心坐标的测量。

参 考 文 献

[1] GONZALEZ R C,WOODS R E. 数字图像处理[M]. 阮秋琦,阮宇智,译. 4 版. 北京:电子工业出版社,2020.

[2] 章毓晋. 图像工程[M]. 4 版. 北京:清华大学出版社,2018.

[3] HARTLEY R,ZISSERMAN A. 计算机视觉中的多视图几何(原书第 2 版)[M]. 韦穗,章权兵,译. 北京:机械工业出版社,2020.

[4] BISHOP C M. Pattern Recognition and Machine Learning [M]. New York: Springer-Verlag New York Inc. ,2006.

[5] 胡广书. 数字信号处理:理论、算法与实现[M]. 2 版. 北京:清华大学出版社,2003.

[6] OPPENHEIM A V,WILLSKY A S,NAWAB S H. 信号与系统[M]. 刘树棠,译. 2 版. 北京:电子工业出版社,2011.

[7] 张明星. X 射线钢管焊缝缺陷的图像处理与识别技术研究[D]. 成都:电子科技大学,2015.

[8] 尚会超. 印刷图像在线检测的算法研究与系统实现[D]. 武汉:华中科技大学,2006.

[9] 孙碧亮. 基于机器视觉的检测算法研究及其在工业领域的应用[D]. 武汉:华中科技大学,2006.

[10] 彭向前. 产品表面缺陷在线检测方法研究及系统实现[D]. 武汉:华中科技大学,2008.

[11] 刘怀广. 浮法玻璃缺陷在线识别算法的研究及系统实现[D]. 武汉:华中科技大学,2011.

[12] 张洋. 印刷质量在线检测系统照明设计与系统实现[D]. 武汉:华中科技大学,2006.

[13] 谢经明,刘默耘,何文卓,等. 基于轻量化 YOLO 的 X 射线焊缝图像信息检测[J]. 华中科技大学学报(自然科学版),2021,49(01):1-5.

[14] 陈川. 基于机器视觉的分布式石英锭料位监控系统的研究开发[D]. 武汉:华中科技大学,2018.

[15] 魏松林. 基于机器视觉的玻璃瓶在线检测系统研究与实现[D]. 武汉:华中科技大学,2013.

[16] 胡爱民. 基于机器视觉的封边板材尺寸在线检测系统的研究与开发[D]. 武汉:华中科技大学,2019.

[17] 王长成. 电池隔膜低对比度图像检测系统研究[D]. 武汉:华中科技大学,2019.

[18]　易天格. 基于 2D 视觉传感器的大型曲面检测系统研究与开发[D]. 武汉:华中科技大学,2019.

[19]　周诗洋. 基于视觉显著性和稀疏表示的钢板表面缺陷图像检测方法研究[D]. 武汉:华中科技大学,2017.

[20]　殷永凯,张宗华,刘晓利,等. 条纹投影轮廓术系统模型与标定综述[J]. 红外与激光工程,2020,49(03):127-144.

附录 机器视觉领域相关的重要国际学术会议及重要国际期刊

一、重要国际学术会议

1. 国际计算机视觉与模式识别会议（CVPR，IEEE International Conference on Computer Vision and Pattern Recognition）

https://cvpr2021.thecvf.com/

2. 国际机器人与自动化会议（ICRA，IEEE International Conference on Robotics and Automation）

https://www.ieee-ras.org/conferences-workshops/fully-sponsored/icra

3. 国际计算机视觉会议（ICCV，IEEE International Conference on Computer Vision）

https://iccv2021.thecvf.com/home

4. 国际模式识别会议（ICPR，International Conference on Pattern Recognition）

https://www.icpr2022.com/

5. 欧洲计算机视觉会议（ECCV，European Conference on Computer Vision）

https://eccv2020.eu/

6. 亚洲计算机视觉会议（ACCV，Asian Conference on Computer Vision）

https://accv2020.github.io/

二、重要国际期刊

1. IEEE Transactions on Pattern Analysis and Machine Intelligence（TPAMI）

https://ieeexplore.ieee.org/xpl/RecentIssue.jsp? punumber＝34

2. GraphicalModels and Image Processing（CVGIP）

https://www.sciencedirect.com/journal/cvgip-graphical-models-and-image-processing

3. Computer Vision，Graphics，and Image Processing

https://www.sciencedirect.com/journal/computer-vision-graphics-and-image-processing

4. IEEE Transactions on Systems，Man，and Cybernetics：Systems（SMC）

https://ieeexplore.ieee.org/xpl/RecentIssue.jsp? punumber＝6221021

5. IEEE Transactions on Image Processing(TIP)

https://ieeexplore. ieee. org/xpl/RecentIssue. jsp? punumber=83

6. Machine Vision and Applications

https://www. springer. com/journal/138

7. International Journal on Computer Vision (IJCV)

https://www. springer. com/journal/11263

8. Image and Vision Computing

https://www. journals. elsevier. com/image-and-vision-computing

9. Pattern Recognition

https://www. journals. elsevier. com/pattern-recognition

彩　　图

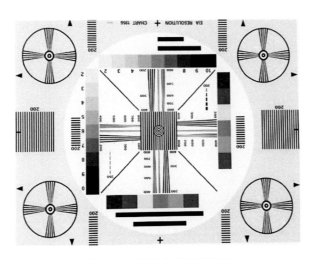

图 2-3-8　镜头分辨率测试图

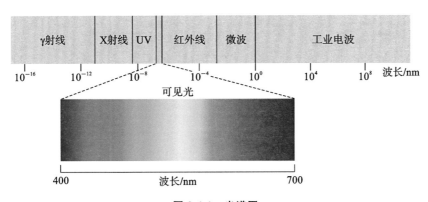

图 2-4-1　光谱图

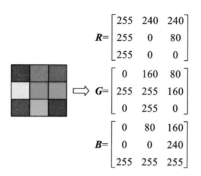

$$R=\begin{bmatrix} 255 & 240 & 240 \\ 255 & 0 & 80 \\ 255 & 0 & 0 \end{bmatrix}$$

$$G=\begin{bmatrix} 0 & 160 & 80 \\ 255 & 255 & 160 \\ 0 & 255 & 0 \end{bmatrix}$$

$$B=\begin{bmatrix} 0 & 80 & 160 \\ 0 & 0 & 240 \\ 255 & 255 & 255 \end{bmatrix}$$

图 3-1-5　彩色图像

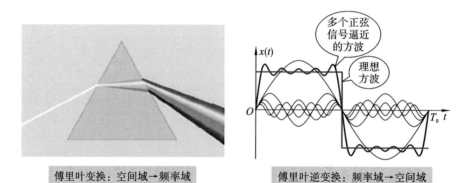

傅里叶变换：空间域→频率域　　　　傅里叶逆变换：频率域→空间域

图 3-1-30　傅里叶变换与逆变换

原图　　　　　　灰度图　　　　　　高斯平滑图

图 3-2-13　图像灰度化和滤波平滑

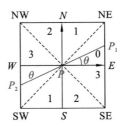

图 3-2-15　非极大值抑制示意图

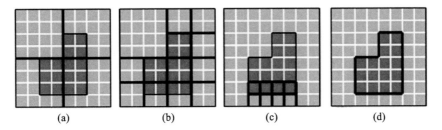

(a)　　　　　　(b)　　　　　　(c)　　　　　　(d)

图 3-2-23　分裂-合并法示例

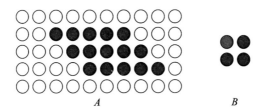

A　　　　　　　　　　B

图 3-3-5　图像腐蚀示例的原图

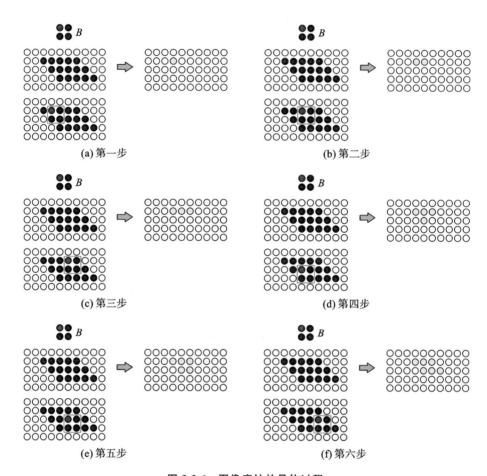

(a) 第一步   (b) 第二步

(c) 第三步   (d) 第四步

(e) 第五步   (f) 第六步

图 3-3-6   图像腐蚀的具体过程

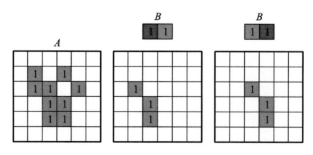

图 3-3-7   图像腐蚀示例(一)

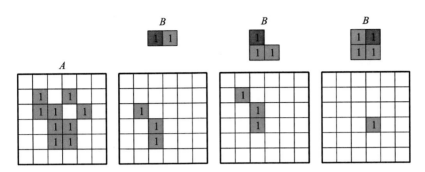

图 3-3-8　图像腐蚀示例(二)

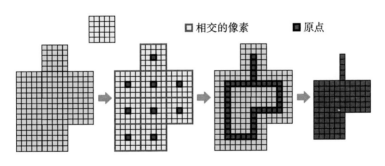

图 3-3-9　腐蚀使图像"变瘦"

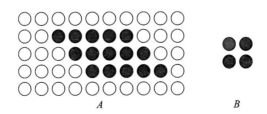

图 3-3-14　图像膨胀示例的原图

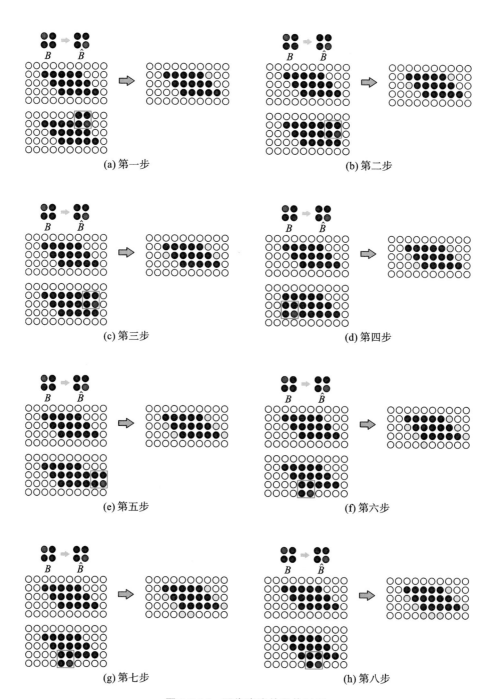

图 3-3-15 图像膨胀的具体过程

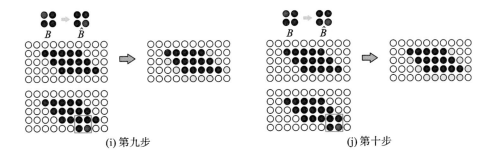

(i) 第九步　　　　　　　　　　　　　　　　　　(j) 第十步

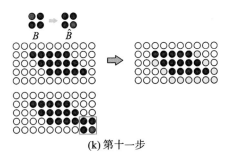

(k) 第十一步

续图 3-3-15

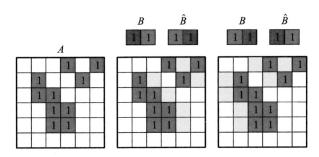

图 3-3-16　图像膨胀示例(一)

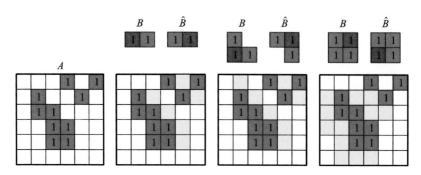

图 3-3-17　图像膨胀示例(二)

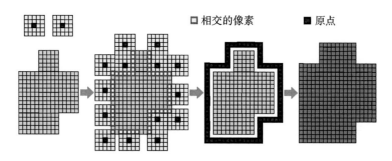

图 3-3-18　膨胀使图像"变胖"

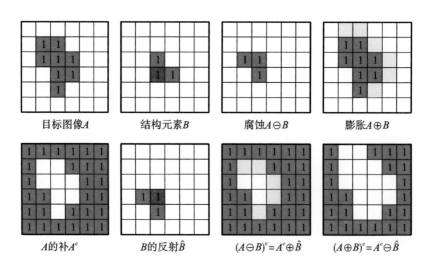

图 3-3-22　腐蚀与膨胀的对偶性

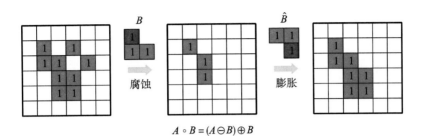

$$A \circ B = (A \ominus B) \oplus B$$

图 3-3-25　开运算

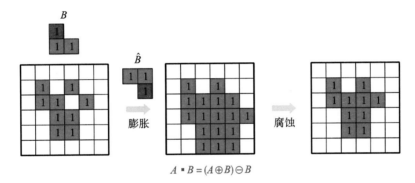

$$A \bullet B = (A \oplus B) \ominus B$$

图 3-3-26　闭运算

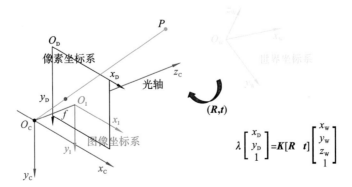

$$\lambda \begin{bmatrix} x_D \\ y_D \\ 1 \end{bmatrix} = K[R \quad t] \begin{bmatrix} x_w \\ y_w \\ z_w \\ 1 \end{bmatrix}$$

图 4-2-5　相机标定

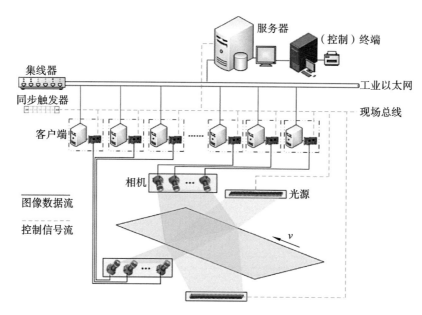

图 5-1-2　机器视觉系统的总体框架图

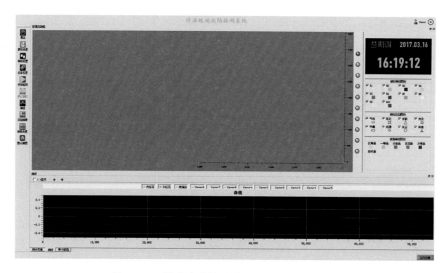

图 5-2-1　浮法玻璃缺陷检测系统软件主界面

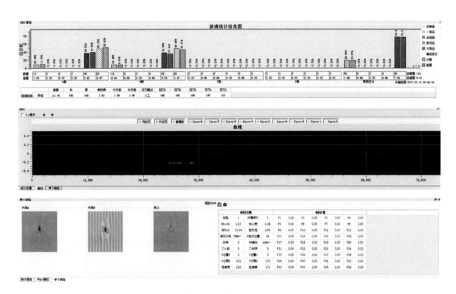

图 5-2-2　玻璃缺陷统计信息、缺陷详细信息

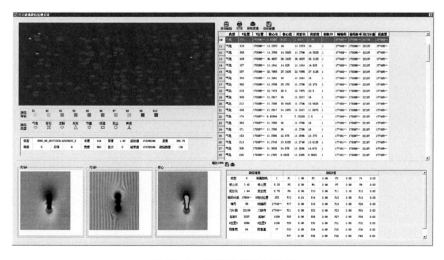

图 5-2-3　当前玻璃详细信息

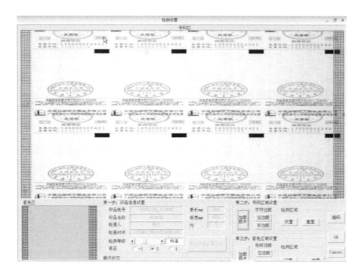

图 5-2-13 "检测设置"对话框

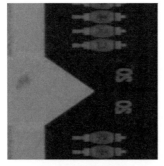 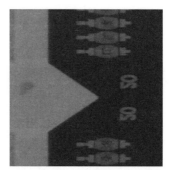

(a) 24位真彩色图像　　　　　　　(b) 灰值化图像

图 5-2-16 24 位真彩色图像灰值化方法效果

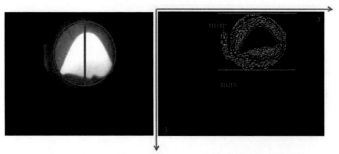

(a) 熔炉观察孔示意图　　　　　　(b) 熔炉观察孔位置提取

图 5-2-45 熔炉观察孔及其上下位置提取

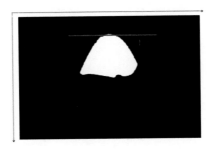

图 5-2-46　石英锭液面高度提取示意图

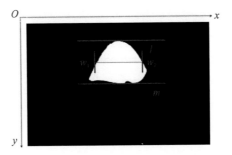

图 5-2-47　石英锭液面宽度提取示意图

图 5-2-48　液面面积计算示意图

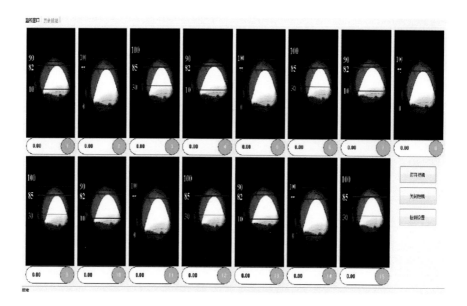

图 5-2-51　软件界面

图 5-2-81　基于最小面积外接矩形方法计算颗粒最小粒径

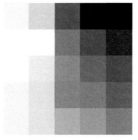 

(a) 区域均值图像（归一化）　　　　　　(b) 曲面映射结果

图 5-2-101　区域均值结果

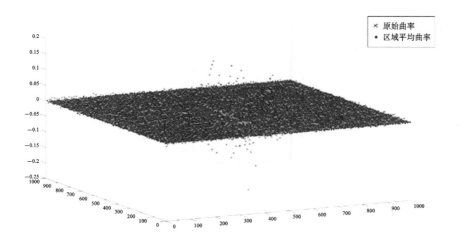

图 5-2-102　曲面曲率与区域均值曲率对比

图 5-2-104　曲率差分结果映射

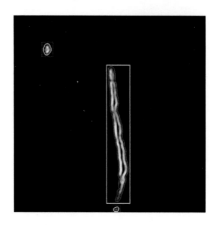

图 5-2-105　划定待拟合区域

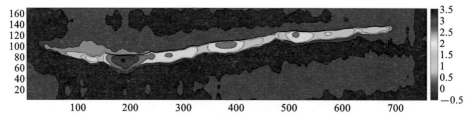

图 5-2-107　原始曲面与拟合曲面差分结果

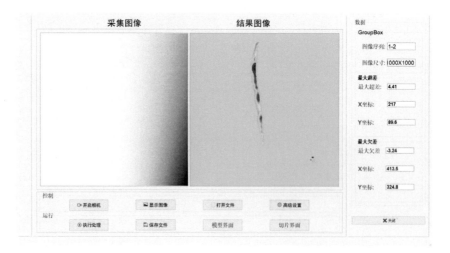

图 5-2-108　主界面